光编码安全光通信

吉建华　著

科学出版社

北　京

内 容 简 介

近些年来，光通信系统的物理层安全性已经成为国内外研究热点。本书论述基于光编码的物理层安全光通信系统，包括光纤通信系统、自由空间光通信系统和混合光通信系统，涉及理论分析、系统仿真和系统实验。本书内容是作者课题组相关研究成果的总结，读者可以从中了解光编码物理层安全的研究进展，对本领域的下一步研究方向也有一定的启示。

本书可供光通信相关领域的科技工作者参考，也可作为通信工程、电子信息类高年级本科生和研究生的参考书。

图书在版编目(CIP)数据

光编码安全光通信/吉建华著. —北京: 科学出版社, 2022.3

ISBN 978-7-03-070908-0

Ⅰ. ①光… Ⅱ. ①吉… Ⅲ. ①光通信系统-安全技术-研究 Ⅳ. ①TN929.1

中国版本图书馆 CIP 数据核字 (2021) 第 262275 号

责任编辑: 周 涵 / 责任校对: 杨 然
责任印制: 赵 博 / 封面设计: 无极书装

科 学 出 版 社 出版
北京东黄城根北街 16 号
邮政编码: 100717
http://www.sciencep.com
北京中科印刷有限公司印刷
科学出版社发行 各地新华书店经销
*
2022 年 3 月第 一 版 开本: 720 × 1000 1/16
2024 年 4 月第三次印刷 印张: 11 1/4
字数: 227 000
定价: 98.00 元
(如有印装质量问题, 我社负责调换)

前　言

现有光通信系统的传输链路,包括光纤通信链路和自由空间激光通信链路。在光层没有进行安全防护处理，使光通信系统毫无防备地处于被入侵攻击状态，随时可能发生信息被截获或系统瘫痪等严重的安全事件。

传统的数据层加密是一种安全措施，但随着计算资源和攻击算法的发展，数据加密算法不能保证不被破译。量子密钥分发的安全性最高，可实现无条件安全性，但密钥速率远远低于光通信的标准速率。作为一种折中方案，物理层安全加密可以实现长距离大容量的传输，其安全性是信息理论安全 (可证明的安全)。目前的主要技术方案有混沌光通信、量子噪声随机编码和光码分多址 (optical code division multiple access，OCDMA)。

本书论述基于光编码的物理层安全光通信系统，包括光纤通信系统、自由空间光通信系统和混合光通信系统。各章主要内容如下：第 1 章介绍了光通信系统的安全隐患和物理层安全技术，综述了光编码安全系统的研究进展，并讨论了物理层安全评估方法。第 2 章从信息论角度讨论了光纤 OCDMA 物理层安全系统，并采用两种方案来增强 OCDMA 系统的物理层安全性能。第 3 章讨论了 FSO-CDMA 物理层安全系统,给出了理论分析和系统仿真。第 4 章讨论了混合 FSO/光纤 OCDMA 物理层安全系统，并给出了相应的实验结果。第 5 章讨论了时间分集 FSO-CDMA 物理层安全系统，进行了理论分析和实验验证。第 6 章讨论了空间分集 FSO-CDMA 物理层安全系统，搭建了单用户和双用户的实验系统。第 7 章讨论了基于光编码的跨层安全光通信系统，初步分析了该系统的安全性。

本书的相关研究工作得到了国家自然科学基金项目 (60772027，61671306) 和深圳市基础研究项目 (JCYJ20200109105216803) 的支持。本书的撰写得到了深圳大学课题组杨淑雯教授、马君显教授、徐铭副教授、王可助理研究员、宋宇锋助理教授的帮助。本书的部分内容参考了作者指导的研究生张桂荣、陈雪梅、黄倩、巫兵、张建佳、李文俊、彭芳和郑紫化的毕业论文，在此表示衷心的感谢。

作　者

2021 年 9 月

前言

目　录

第 1 章　物理层安全光通信系统

1.1　光网络的安全隐患

美国“棱镜门”事件暴露出 200 多条光缆已被窃听，美国海浪级核潜艇吉米·卡特号已具备对海底光缆进行切割窃听的能力。基于光缆已被窃听的事实，光通信系统中光信息传输的安全性问题已刻不容缓亟待解决。光信息的安全传输要求其通信系统具有好的安全性，应具有抗毁、抗截获、抗攻击、能身份认证和信息隐藏的功能。

随着科技的不断发展，对光网络安全性的要求越来越高。然而，无论是光纤链路，还是自由空间光 (free space optical, FSO) 链路都存在着安全隐患。若不了解其中的风险，就无法在通信网络管理中融入检测和预防机制，那么传输的光信号就会被外部窃听者拦截，丢失部分信息。

1. 光纤链路

对于光纤链路，窃听者可以采用弯曲光纤、光分裂、V 型槽切割、光散射等方法，从光纤中截取部分光信号。对于弯曲光纤，窃听者需要将单个光纤剥离到包层，然后弯曲包层，降低总的内部反射，从而允许一部分光信号耦合出来，具体操作机制如图 1.1 所示，窃听者的目标是在不完全中断光信号或损坏光纤的情况下，利用所需的最小弯曲损耗来获取可识别的数据信号。这种方法不会损坏光纤，也不容易被察觉。

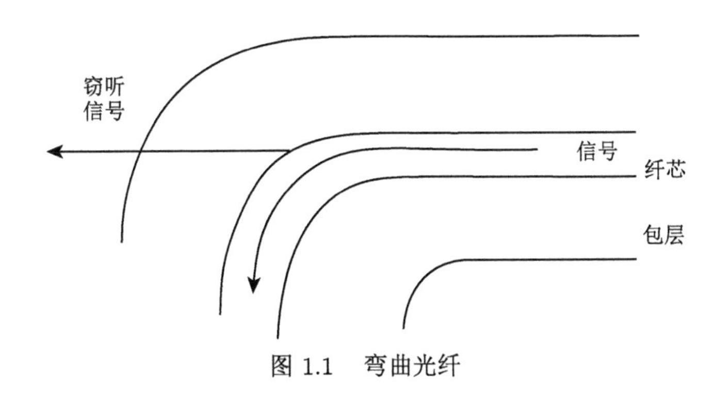

图 1.1　弯曲光纤

利用光分路器实现光分裂，如图 1.2 所示。首先必须切割目标光纤，然后再将两端拼接到光分路器上，从原信号中分出一路信号。但是，将光纤拼接到光分路器上所需时间较长，会导致服务中断，容易被合法用户察觉。另一种隐蔽的窃听方法是采用光纤夹钳，合法用户很难察觉。

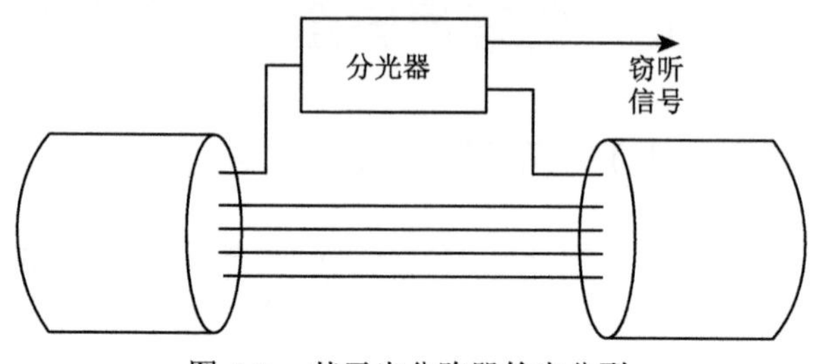

图 1.2　基于光分路器的光分裂

V 型槽切割则是在靠近纤芯的光纤包层上切出一个 V 型槽，如图 1.3 所示，使得光纤中传输的信号与 V 型槽表面之间的角度大于全反射的临界角度，这样在包层中传播并与 V 型槽重叠的部分信号将经历全反射，并通过光纤侧面耦合输出。这种方法的光学损耗很小，很难被检测到，但是 V 型槽的切割需要精密仪器和较长的时间。

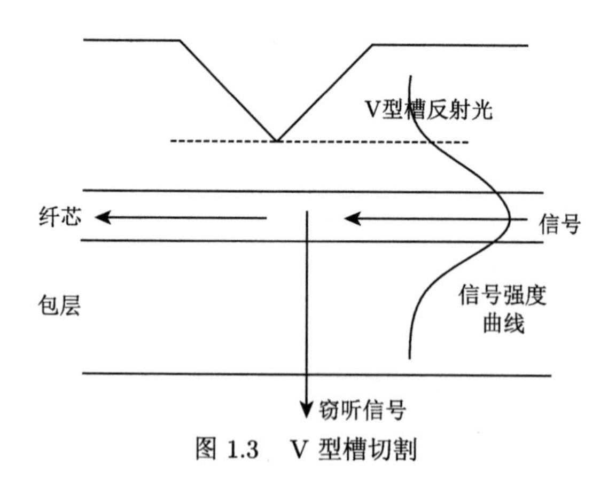

图 1.3　V 型槽切割

光散射使用光纤布拉格光栅 (FBG) 来截获光信号，如图 1.4 所示。这个过程需要使用准分子紫外激光器来产生一个紫外光场，将 FBG 刻蚀到光纤芯中，于是 FBG 便将一部分光信号从目标光纤反射到捕获光纤中。

2. FSO 链路

虽然激光在 FSO 链路的传输中具有很高的方向性，但是由于大气信道的开放性，FSO 链路也存在着安全隐患，特别是当激光束的主瓣比接收机的尺寸大得

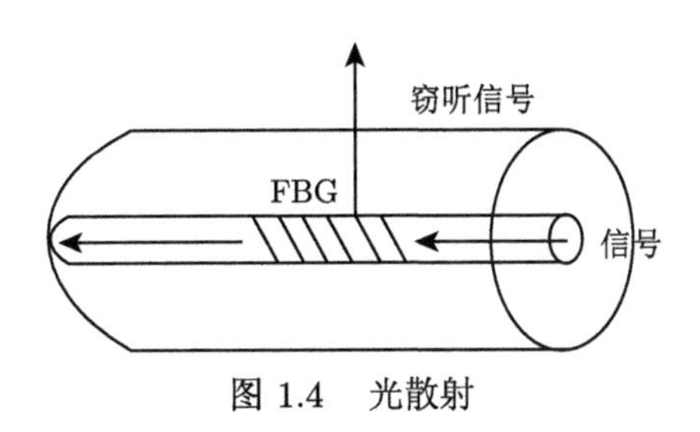

图 1.4 光散射

多的时候。事实上，窃听者可以通过在光束的发散区域内放置探测器或者在发射机侧使用光分束器来截获信号。

激光束在传输过程中会发散，而且距离越长，发散的区域就越大，如图 1.5 所示，此时窃听者将探测器放在远离合法用户的后方，就能截获一部分光信号，一般这种窃听方法是在长距离 FSO 链路的接收端使用。

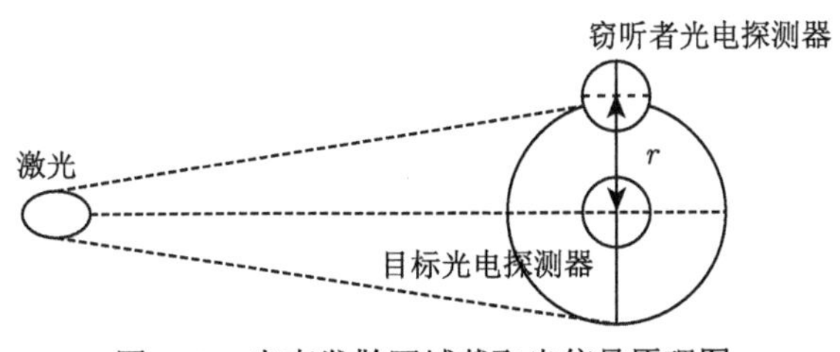

图 1.5 光束发散区域截取光信号原理图

即使窃听者不在激光束的传输范围内，大气散射也会造成信息泄漏。窃听者可以通过大气环境中的大气分子产生的非视距散射通道来检测光信号，如图 1.6 所示，同时窃听者可以选择最佳的指向角，尽可能增大接收信号的强度。

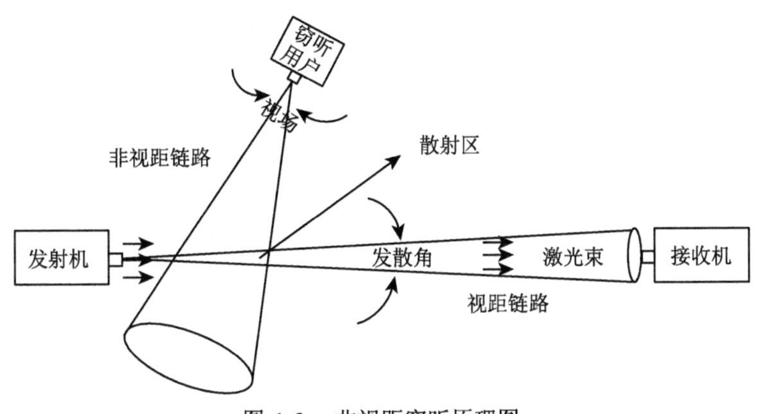

图 1.6 非视距窃听原理图

1.2　光网络物理层安全技术

文献 [1] 比较了不同加密机制的安全性与可用性，可用性包括速率、距离等。量子密钥分发 (quantum key distribution，QKD) 的安全性最高，可实现无条件安全性，但密钥速率远远低于光通信的标准速率，因此可用性并不高。光子网络可实现宽带和长距离传输，因此可用性高，但它的安全性基于第三层 (或更高层) 的算法加密。物理层安全加密可以作为一种折中方案，实现长距离、大容量的传输，其安全性是信息理论安全 (可证明的安全)。因此，有必要研究光网络的物理层安全性。同时，与数据加密结合，可进一步提高光网络的安全性。

光网络物理层安全的主要技术方案主要有：混沌光通信、光码分多址 (optical code division multiple access, OCDMA) 和量子噪声随机编码 (quantum noise randomized cipher, QNRC) 等。混沌光通信、QNRC 以及 OCDMA 通信均得到快速发展，在美国、欧洲、日本以及我国都在进行研究和推广。混沌光通信是通过混沌键控、混沌隐藏和混沌调制等方法将信号隐藏于混沌载波中。关于光混沌保密通信的诸多研究已经取得了部分研究成果，混沌光通信尚需要解决参数失配、噪声干扰等问题，使其能够在最大程度上适用于实际环境下的通信系统。QNRC 是一种新型光物理层加密技术，它采用成熟的多进制全光外调制技术，借助量子噪声物理极限保证物理信道的不可破译。QNRC 系统的发送端对高速明文信息进行多电平调制，收发双方如果在此调制过程中采用双方唯一共享的一对密钥，对信号空间基进行选择，映射成为伪 M 进制的调制信号。传输链路上的信号功率和信噪比不足以实现 M 进制的调制信号的解调，只有拥有密钥的合法接收用户，通过逐比特的选择空间基，数据才可以正确解调。而没有密钥的窃听用户，所观察的是被叠加了量子随机噪声的伪 M 进制信号，由于无法回避的真随机量子噪声附着在信号之中，窃听用户无法观测到正确眼图，无法实现光电转换，也无法对信号进行存储分析。

OCDMA 通信系统具有多种防护功能，可实现光信息的安全传输，主要优点包括：

(1) 抗截获，“棱镜门”事件已暴露出了有 200 多条光缆被窃听，使信息传输安全受到严重威胁。OCDMA 系统基于时频域变换的扩频机理及安全体系，使其具有较强的抗截获的功能。

(2) 抗攻击，面对恶意入侵，OCDMA 系统可以采用跳频编码或码字重构等措施，有效避开入侵光信号的影响，保障系统正常运行，从而具有抗攻击能力，确保信息通信的安全。

(3) 身份认证，OCDMA 系统对每个用户赋予一个唯一的光域地址码，非授权用户不能获取到系统中所传输其他用户的信号，确保用户只能接收本身的信号，通过动态可重构地址码，系统可以随时确认每个用户的身份，确保信息的可信传输。

(4) 隐匿性，对机密性要求高的信息传输，采用隐匿传输，增加被发现的技术难度，从而增加其安全性。OCDMA 系统利用其扩频扩时特性，将所传输的信号变为类噪声，隐匿在常规传输系统中，甚至隐匿于背景噪声中。

1.3 基于光编码的物理层安全技术

文献 [2] 对通信系统的物理层安全机制进行分类研究，并指出下一步的研究方向：① 多种加密机制结合，如 OCDMA 与量子噪声极限；②安全性的定量分析问题。在相干光通信系统中 (光纤或无线光通信系统)，采用带宽扩展技术，并且使合法用户接收机工作在相干检测的量子极限附近 [3]。由于合法用户有相应的密钥，在相干检测时可以解扩接收信号，而窃听用户由于没有相应的密钥，无法正确解扩接收信号，所以窃听者的信噪比低于合法用户的信噪比。由于合法用户的接收机工作在量子极限附近，因此，窃听者的信噪比将不足以正确恢复用户数据。

美国加州大学和加州大学 Davis 分校在 DARPA 和 SPAWAR 项目等支持下，在加州湾区进行了频谱相位扩时编码 (SPECTS)OCDMA 系统的场地试验 [4]。系统数据速率 2.5Gb/s，实现了 150km 无误码传输。美国 MIT 林肯实验室、加州大学 Davis 分校在 DARPA 和 SPAWAR 项目支持下，联合在波士顿进行了 BOSSNET 场地试验 [5]。实验系统的数据速率 10Gb/s，采用集成的 AWG 光编码器/解码器，传输距离 80.8km，误码率 1×10^{-9}。WDM/DPSK-OCDMA 系统场地实验是由日本 NICT、Osaka，意大利 Roma 大学联合在东京及附近地区的 Japan Gigabit Network II (JGNII) 上进行 [6]，这是一个低成本、高效、异步的 WDM/DPSK-OCDMA 场地试验，使用混合的编/解码器，频谱效率为 0.27b/(s·Hz)，系统总容量为 3-WDM × 10-OCDMA ×10.71Gb/s，传输距离 111km。

美国 Princeton 大学 Paul R.Prucnal 研究组 (DARPA 项目)，分析了二维非相干 OCDMA 系统的保密性 [7]。在多用户 OCDMA 系统中，窃听者很难检测目标用户信号，安全性会明显高于单个用户 OCDMA 系统。在码字键控的多用户二维 OCDMA 系统中，其安全性取决于 WHTS 系统的用户数。提出了几种改善 WHTS 系统安全性的措施：① M 进制码键控；② 切普的多比特间隔编码；③ WHTS 码字变换。另一种增加二维 OCDMA 系统安全性方案采用与光 XOR 逻辑门加密结合的方案。数据与密钥进行光 XOR 逻辑运算，输出的控制信号实现码字 1 和码字 2 之间的切换。数据速率 2.5Gb/s，输入脉冲序列的波长为

1548.51nm，光功率 3dBm，数据和密钥波长为 1550.92nm，光功率 7dBm。

文献 [8] 提出了基于 OCDMA 的自愈环，每个节点分配一个地址码，对数据信号进行编解码，每个节点可在东西两条链路进行信号的上下路，链路失效后，两条链路的信号进行汇聚。OCDMA 的大容量地址码，不仅增加了窃听者的检测难度，同时也提高了 OCDMA 自愈环的可用性。其特点在于：① 由于地址码远大于节点数，OCDMA 环不需要保留独立的波长或独立的时隙防止链路失效。同时，不需要码字交换就可以实现节点的全连接。② 由于 OCDMA 具有软容量，OCDMA 环很容易增加新节点而无须改变已有的系统硬件。③ 由于节点信号通过特定的地址码区分，OCDMA 环系统不需要提供同步时钟，具有无延迟随机异步接入能力。④ 通过不同的地址码，OCDMA 环可实现数据、语音和图像的混合传输，并满足不同的 QoS 要求。⑤ OCDMA 环的每个地址码在目的节点去除，防止在下行节点被截获，增加了信息的安全性。

美国 Northwestern 大学 Prem Kumar 采用时域和频域光编码，用于高度机密系统的密钥分发。该项目采用多层加密方案来提高安全性，155Mb/s 的密钥数据经 DPSK 调制后，由 4096 进制的随机相移器进行光层加密，相移序列由 AES 算法产生，该层加密的主要优点是：量子噪声使窃听者无法正确检测出正确的相移序列。第二层加密通过时域相位编码实现，速率为 10Gb/s 的二进制相位调制。第三层加密通过频谱相位编码实现 (40 个频率)，由 AES 算法生成 128 相移键控。实验数据速率为 155Mb/s，光脉冲 10GHz，脉宽 10ps，传输距离 70km，误码率 4×10^{-5}。

根据 Kerckhoffs 准则，窃听者知道 OCDMA 系统信息 (数据速率、编码类型、码字结构等)，但不知道用户使用的具体码字。目前，常见的窃取信号方式主要有码字搜索法、码字拦截、盲解扩法三种。

1. 码字搜索法

码字搜索法是指窃听者逐个扫描合法用户的地址码，进行暴力破解。码字搜索法的破解时间正比于码字容量。如果破译时间很长，大大超过通信系统的信息传递时间，即使获得了匹配解码码字，也已失效了，系统也是安全的。

对于多址系统而言，无论是电 CDMA 和 OCDMA 系统，必须考虑地址码的正交性，因此码字容量有限，如 511 GOLD 码，码字容量为 513。而对于光编码的物理层安全系统来说，只有 1 个合法用户，其他光编码信号都是干扰噪声。因此，不存在用户多址问题，也就不需要考虑干扰码字之间的正交性。此时，合法用户可随机选择码长 511 的双极性码，合法用户码字的选择可能性为 2^{511}。

2. 码字拦截法

码字拦截法是指窃听者通过检测和判决合法用户的每个码片脉冲光信号，破解合法用户的地址码信息[9]。假设光编码系统采用二进制开关键控，可采用两个概率来定义窃听用户接收机的性能：发送端传输了一个码片脉冲而未被接收机成功检测的概率 P_{M}，发送端未传输码片脉冲信号而接收机错误判决为有脉冲的概率 P_{FA}。若地址码字长度用 L 表示，码字重量用 W 表示，波长数量用 λ 表示，窃听者正确破解目标用户地址码的概率 $P_{\mathrm{C}}=(1-P_{\mathrm{M}})^{W}(1-P_{\mathrm{FA}})^{(L\times\lambda-W)}$。

这种码字拦截策略必须检测和判决码片信息，因此需要采用码片速率光接收机。例如，数据速率 10Gb/s，码长 169，码片速率达到 1.69Tb/s，如采用码长 511，码片速率达到 5.11Tb/s。因此，当光编码系统的码片速率很高时，由于目前商用接收机的带宽有限，使得窃听者无法截获码片的电信号信息。另外，光接收机的噪声与带宽成正比，对窃听者而言，当码片速率达到 Tb/s 或更高时，采样信号远远达不到码片速率光接收机的灵敏度。此时，码片速率采样信号的信噪比很低，无法存储码片速率采样的信号信息。

3. 盲解扩法

电 CDMA 系统通过扩频、跳频方式可以实现低信噪比的接收，具有抗干扰性能和一定的安全性，但存在码字破解的算法。破解电 CDMA 的数据和码字，首先需要截获码片速率的采样信号，然后采用相应算法进行盲解扩，如 EM/MUSIC/ILSP 算法等。

当光编码系统的码片速率很高时 (Tb/s)，由于目前商用接收机的带宽有限，码片信号远远达不到码片速率光接收机的灵敏度，无法截获码片速率的采样信号。因此，盲解扩法无法在码片速率很高的光编码系统实现。

1.4 基于信息论的物理层安全评估方法

1949 年，香农提出信息理论安全的概念，在一个有合法用户和窃听用户的搭线系统中，假设合法用户和窃听用户都是无噪信道，并假设窃听者有无限的计算能力，能够获取与合法用户相同的数据信号。当采用一次一密的加密机制，并且密钥长度不低于明文长度，则可以实现系统的信息理论安全 (即完全保密，在窃听者具有无限资源的条件下仍无法破译)。也就是说，此时窃听用户获取的互信息量为 0，或者窃听用户获取用户信息的后验概率等于先验概率。Wyner 分析了非理想信道 (有噪信道，但窃听用户信道相对较差) 搭线系统的信息理论安全，在窃听用户获取的互信息量忽略不计的情况下 (即系统是准完全保密的)，如何通过信源编码和信道编码，实现合法用户最大的传输速率。Carleial 和 Hellman 考虑了一种特殊的 Wyner 模型，合法用户信道是无噪信道，而窃听用户信道是 BSC 信道，针对性能下降的窃听用户信道和高斯白噪声信道，保密容量定义为 $C_{\mathrm{S}}=C_{\mathrm{M}}-C_{\mathrm{W}}$，其中

C_{M} 是合法用户信道容量，而 C_{W} 是窃听用户信道容量。Csiszàr 和 Körner 分析了更一般情况的 Wyner 模型，保密容量定义为 $C_{\mathrm{S}}=\max\limits_{V\to X\to YZ}\{I(V;Y)-I(V;Z)\}$，其中 $I(V;Y)$ 表示合法用户在接收端获得的关于信源的信息量，而 $I(V;Z)$ 表示窃听用户在接收端获得的关于信源的信息量。

图 1.7 是存在一个窃听用户的搭线信道模型 [10]，Alice 和 Bob 是合法通信用户，Eve 是窃听用户。在接收端，Bob 和 Eve 经各自的解码器恢复用户数据。由于信道不同，解码器参数也可能不同，Bob 和 Eve 获得的关于 Alice 的信息量也不同。从信息量安全的角度，Bob 获得的关于 Alice 的信息量应尽可能多，而 Eve 获得的关于 Alice 的信息量应尽可能少。

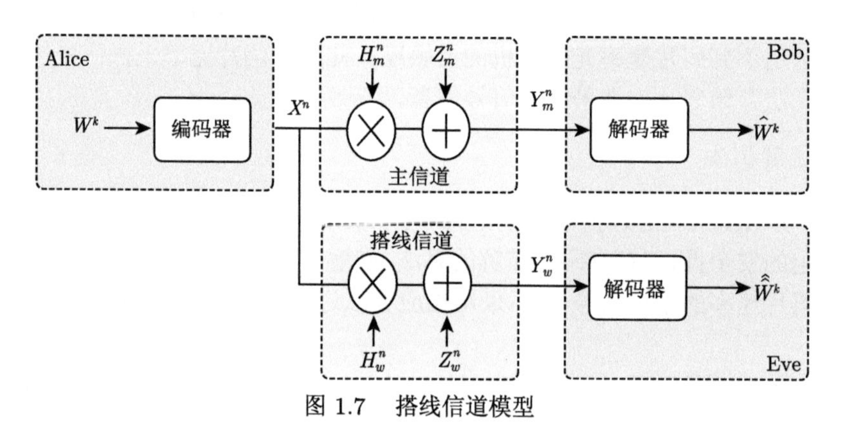

图 1.7　搭线信道模型

离散信道的数学模型如图 1.8 所示。对于合法用户信道，输入符号集 U 取值于 $\{u_1,u_2,\cdots,u_r\}$，对应的概率为 $p(u_i),i=1,2,\cdots,r$。经信道传输检测后，输出符号集 V 取值于 $\{v_1,v_2,\cdots,v_q\}$，并存在信道转移概率 $p(v/u)=p(v=v_j/u=u_i)=p(v_j/u_i),i=1,2,\cdots,r;j=1,2,\cdots,q$。则该离散信道的数学模型可表示为 $\{U,p(v/u),V\}$。

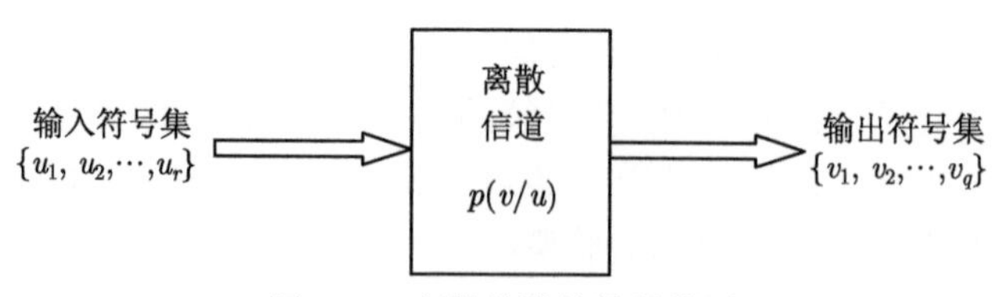

图 1.8　离散信道的数学模型

在合法信道模型下，接收方 Bob 从 $\{v_1,v_2,\cdots,v_q\}$ 符号中，判断对应输入符号集 $\{u_1,u_2,\cdots,u_r\}$ 的哪一个输入符号。从信息论的角度看，Bob 获得的关于 Alice 的信息量为

$$I(U;V) = H(U) - H(U/V) \tag{1.1}$$

其中，$H(U)$ 为信源的信息量，定义为

$$H(U) = \sum_{i=1}^{r} -p(u_i)\log p(u_i) \tag{1.2}$$

$H(U/V)$ 为条件熵，定义为

$$H(U/V) = -\sum_{i=1}^{r}\sum_{j=1}^{q} p(u_i)p(v_j/u_i)\log\frac{p(v_j/u_i)p(u_i)}{\sum\limits_{i=1}^{r} p(v_j/u_i)p(u_i)} \tag{1.3}$$

理想情况下，当 $H(U/V) = 0$，此时，Bob 获得的 Alice 有效信息量为最大。对于窃听合法用户信道 (Eve 和 Alice)，输入符号集 U 取值于 $\{u_1, u_2, \cdots, u_r\}$，对应的概率为 $p(u_i), i = 1, 2, \cdots, r$。经信道传输检测后，输出符号集 W 取值于 $\{w_1, w_2, \cdots, w_s\}$，并存在信道转移概率 $p(w/u) = p(w = w_j/u = u_i) = p(w_j/u_i), i = 1, 2, \cdots, r; j = 1, 2, \cdots, s$。则该离散信道的数学模型可表示为 $\{U, p(w/u), W\}$。

在窃听信道模型下，接收方 Eve 从 $\{w_1, w_2, \cdots, w_s\}$ 符号中，判断对应输入符号集 $\{u_1, u_2, \cdots, u_r\}$ 的哪一个输入符号。从信息论的角度看，Eve 获得的关于 Alice 的信息量为

$$I(U;W) = H(U) - H(U/W) \tag{1.4}$$

其中，$H(U/W)$ 为条件熵，

$$H(U/W) = -\sum_{i=1}^{r}\sum_{j=1}^{s} p(u_i)p(w_j/u_i)\log\frac{p(w_j/u_i)p(u_i)}{\sum\limits_{i=1}^{r} p(w_j/u_i)p(u_i)} \tag{1.5}$$

理想情况下，当 $H(U) = H(U/W)$，窃听信道获得的有效信息量为 0，此时合法用户信道为完全保密。对于准完全保密系统，应尽量降低 $I(U;W)$，其值越小，则窃听者获得的有效信息量越少，系统的抗截获性能就越好，安全等级就越高。从信息论角度，物理层安全指标体系应包括：平均保密容量、安全距离、安全泄漏因子、安全通信概率、截获概率和安全等级等，其中平均保密容量定义为：在信道统计平均下，合法用户保证完全保密传输 (窃听信道获得的有效信息量为 0) 的平均速率。安全距离定义为：合法用户在平均保密容量的条件下的最大传输距离。安全泄漏因子定义为：窃听用户窃取的信息量占合法用户信息量的百分比。安全通信概率定义为：合法用户保证完全保密传输 (保密容量为正) 的概率。截获概率定义为：窃听用户信道容量大于合法用户信道容量的概率。

参 考 文 献

[1] Sasaki M, Fujiwara M, Jin R B, et al. Quantum photonic network: Concept, basic tools, and future issues. IEEE Journal of Selected Topics in Quantum Electronics, 2015 21(3): 6400313.

[2] Toliver P. Optical Physical Layer Security. IEEE Photonics Conference, ME1, 2011: 39-40.

[3] Chan V W S. Classical Optical Cryptography. ICTON 2015, Tu.A1.1,1-4, 2015.

[4] Fontaine N K, Yang C, Scott R P, et al. Security-Enhanced SPECTS O-CDMA Demonstration Across 150km Field Fiber. OFC/OSA, JWA79, 2007.

[5] Hernandez V J, Scott R P, Fontaine N K, et al. SPECTS O-CDMA 80.8-km BOSSNET field trial using a compact,fully integrated, AWG-Based Encoder/Decoder. OSA, OMO7, 2007.

[6] Wang X, Wada N, Miyazaki T, et al. Field trial of 3-WDM×10-OCDMA×10.71Gb/s asynchrous WDM/DPSK-OCDMA using hybrid E/D without FEC and optical thresholding. Journal of Lightwave Technology, 2007, 25(1): 207-215.

[7] Wang Z X, Chang J, Prucnal P R. Theoretical analysis and experimental investigation on the confidentiality of 2-D incoherent optical CDMA system. Journal of Lightwave Technology, 2010, 28(12): 1761-1769.

[8] Deng Y H, Wang Z X, Kravtsov K, et al. Demonstration and analysis of asynchronous and survivable optical CDMA ring networks. IEEE/OSA Journal of Optical Communications and Networking, 2010, 2(4): 159-165.

[9] Shake T H. Security performance of optical CDMA against eavesdropping. Journal of Lightwave Technology, 2005, 23(2): 655-670.

[10] Mukherjee A, Fakoorian S A A, Huang J, et al. principles of physical layer security in multiuser wireless networks: A survey. IEEE Communications Surveys & Tutorials, 2014, 16(3): 1550-1573.

第 2 章　光纤 OCDMA 物理层安全系统

2.1　引　　言

物理层安全作为 OCDMA 技术的一个重要性能，能够提高光纤系统防御窃听者攻击的能力。为了定量分析 OCDMA 系统的物理层安全性，本章从信息论安全角度研究 OCDMA 系统的物理层安全性。通过建立 OCDMA 系统的搭线信道模型，定量分析窃听者获取合法用户的信息量比例，采用保密容量、安全泄漏因子和安全接收距离来研究评估物理层安全。在满足合法用户误码率和窃听用户安全泄漏因子的前提下，研究 OCDMA 系统的物理层安全性能与抽取比例、抽取距离、用户数以及码长的关系，对 OCDMA 系统的物理层安全性与可靠性进行分析评估。

在此基础上，采用两种方案来增强 OCDMA 系统的物理层安全性能。一种是通过控制干扰信号功率的方法来提高系统安全性能。通过建立有功率控制的单用户相干 OCDMA 搭线信道模型，理论计算窃听者的误码率、安全泄漏因子和安全接收距离，研究功率控制对 OCDMA 搭线信道安全性的影响。数值仿真结果表明，在满足合法用户正常通信的情况下，增大干扰信号功率，安全泄漏因子和安全接收距离都会得到改善。也就是说，OCDMA 系统的物理层安全性能得到了增强。另一种是构建基于 LA 码的准同步相干 OCDMA 系统的搭线信道模型，并与 Gold 码进行对比分析，分析窃听者在不同抽取比例、不同抽取距离以及不同用户数对系统物理层安全性能的影响。结果表明，通过误码率、保密容量、安全泄漏因子以及安全接收距离分析，基于 LA 码的准同步相干 OCDMA 系统的物理层安全性能比 Gold 码的性能要好。

2.2　光纤 OCDMA 搭线信道模型

图 2.1 为单用户光纤 OCDMA 搭线信道模型图。图中 Alice 和 Bob 为合法用户双方，Eve 为系统存在的窃听者。合法用户 Alice 的数据信息调制到光载波上，经由 OCDMA 编码器编码后在光纤上传输。合法用户接收方 Bob 使用匹配解码器解码，再由接收机恢复出原始数据信息。根据 Kerckhoffs 规则，窃听者 Eve 不知道用户使用的具体码字，因此，Eve 只能使用非匹配的解码器进行解码。

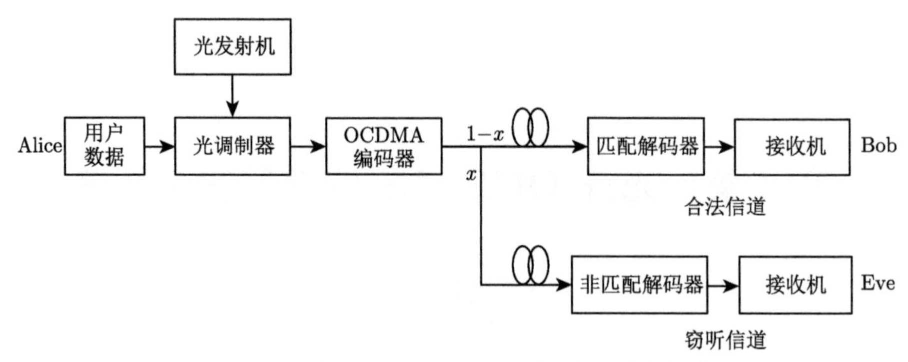

图 2.1 单用户光纤 OCDMA 搭线信道模型图

单用户 OCDMA 系统存在窃听者时，窃听者不同的抽取距离和不同的抽取比例将会影响物理层安全性能。在非相干 OCDMA 系统中，采用光正交码作为地址码。光正交码的码字参数为 $(n, w, 1, 1)$，其码长为 n，码重为 w，自相关旁瓣和互相关限都为 1。设光纤传输信号速率为 vGb/s，比特周期 $T_{\mathrm{b}} = 1/v$，切普周期 $T_{\mathrm{c}} = T_{\mathrm{b}}/n$，则切普接收机的带宽 $B_{\mathrm{e}} = 1/(2T_{\mathrm{c}})$。采用 OCDMA 扩频后，合法用户采用匹配解码器处理信号，切普接收机接收的信号脉冲为 w 个自相关脉冲叠加。窃听用户在窃听时可分为以下不同情况：采用光正交码破解，此时，切普接收机接收到的信号脉冲为互相关值 1 或 0；采用随机组合的地址码去破解，此时，切普接收机接收到的信号脉冲为互相关值 $w-1$，$w-2$，$\cdots$，1，0。

从图 2.1 可知，窃听者可以在传输光纤的任何位置抽取信号。假设窃听者抽取比例为 x 的信号，则合法用户接收端接收的信号比例为 $1-x$。为了更好地分析 OCDMA 系统的物理层安全，我们假设合法用户和窃听者采用相同的带有掺铒光纤放大器 (erbium doped fiber amplifier, EDFA) 的接收机 [1]，接收机模型如图 2.2 所示。接收机由增益为 G 和噪声指数为 F_{n} 的 EDFA 放大器，带宽为 B_0 的光滤波器，响应度为 R 的 PIN 光电检测器以及等效带宽为 B_{e} 的低通滤波器组成。

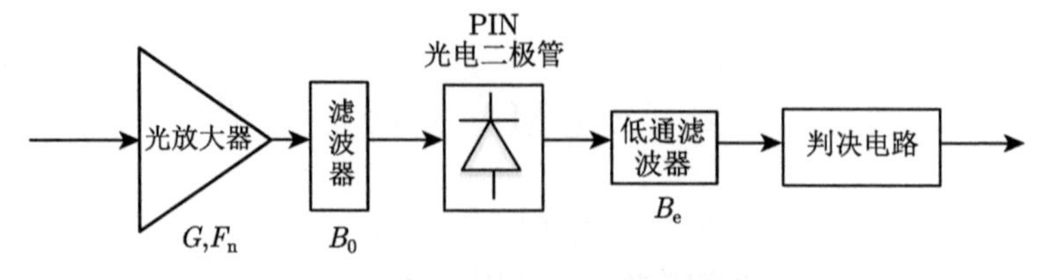

图 2.2 带有放大器的接收机模型图

单用户非相干 OCDMA 系统中噪声包括散粒噪声、热噪声和暗电流噪声等。对于 OOK 系统，窃听者直接采用能量检测就可以破解用户信息，而无须知道具体码字。因此，单用户 OCDMA 系统的物理层安全存在隐患。本章主要针对多用户 OCDMA 系统的物理层安全性能进行定量分析与评估。

图 2.3 为多用户 OCDMA 系统搭线信道模型图。系统含有 1 个目标用户和 k 个干扰用户，每个用户分配不同的地址码，采用 OOK 调制。用户数据信息调制到光载波上，经过各自不同的 OCDMA 编码器编码之后，由光耦合器合路在同一光纤中传输。在系统接收端，合法用户使用对应匹配的 OCDMA 解码器进行解码，再由接收机接收处理，从而恢复出原始数据信号。窃听者可以在传输的任何位置对信号进行窃取，之后进行非匹配解码，获得所需的有用信息。从 Alice 端到 Bob 端称之为合法信道，从 Alice 端到 Eve 端称为窃听 (搭线) 信道。

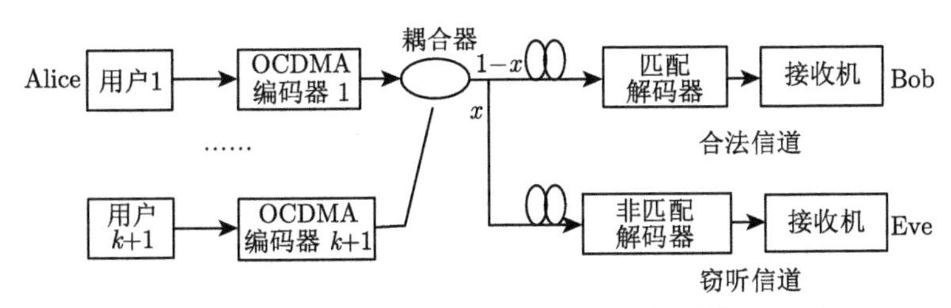

图 2.3 多用户 OCDMA 系统搭线信道模型

在 OCDMA 系统中，双极性地址码有着比单极性地址码更好的相关性并且可以提供更多的用户容量。这里，相干 OCDMA 系统采用双极性 Gold 码进行扩频通信。生成 Gold 码序列的关键是，找到一对优选的 m 序列。由于 Gold 码具有良好的相关特性，地址码数量远多于 m 序列。因此，Gold 序列普遍应用在多址技术中。

根据 Gold 码理论 [2]，所有的 Gold 码序列的互相关函数满足

$$|R_{\mathrm{ab}}(\tau)| \leqslant \begin{cases} 2^{\frac{r+1}{2}}+1 & r \text{ 为奇数} \\ 2^{\frac{r+2}{2}}+1 & r \text{ 为偶数，但不被 4 整除} \end{cases} \tag{2.1}$$

式中，$N_{\mathrm{chip}}=2^r-1$，N_{chip} 为双极性 Gold 码的码长。

相干 OCDMA 系统采用 Gold 码进行编码传输，系统所有用户的发送功率相同，解码之后使用切普接收机接收信号。假设系统传输距离 $L=100\mathrm{km}$，光纤衰减系数 $\alpha=0.2\mathrm{km/dB}$。系统发送功率为 P，为了方便后面内容公式的计算，这里把发送功率 P 定义为匹配解码输出的切普功率。窃听者在距离发送端 l 处抽取比例为 x 的信号，则到达合法用户接收端信号的比例为 $1-x$。因此，合法用户接收机接收的信号功率 $P_{\mathrm{s}}=(1-x)P/10^{\alpha L}$，窃听者接收机接收的信号 $P_{\mathrm{Eve}}=xP/10^{\alpha l}$。

对于合法用户而言，接收机接收到 “1” 码和 “0” 码的平均信号功率为

$$P_1=\xi k P_{\mathrm{s}}+P_{\mathrm{s}} \tag{2.2}$$

$$P_0 = \xi k P_{\mathrm{s}} \tag{2.3}$$

式中，ξ 为码字串扰。对相干 OCDMA 系统来说，$\xi \equiv \langle P_{\mathrm{i}} \rangle / P_{\mathrm{d}}$。$P_{\mathrm{i}}$ 和 P_{d} 分别为干扰用户和目标用户的解码信号光强。当系统使用双极性 Gold 码时，$\xi \approx 1/N_{\mathrm{chip}}$。

假设信道是完全理想的光纤信道，在理想消光比的情况下，光放大器 EDFA 在放大过程中产生的自发辐射噪声功率为

$$P_{\mathrm{ASE}} = F_{\mathrm{n}} h\nu (G-1) B_0 \tag{2.4}$$

在“1”码时，光放大器信号和自发辐射噪声产生的散粒噪声电流 σ_{sh1}^2 为

$$\sigma_{\mathrm{sh1}}^2 = 2eI_{\mathrm{m1}}B_{\mathrm{e}} = 2e\left\{RGP_1 + RF_{\mathrm{n}}h\nu(G-1)B_0\right\}B_{\mathrm{e}} \tag{2.5}$$

在“0”码时，光放大器信号和自发辐射噪声产生的散粒噪声电流 σ_{sh0}^2 为

$$\sigma_{\mathrm{sh0}}^2 = 2eI_{\mathrm{m0}}B_{\mathrm{e}} = 2e\left\{RGP_0 + RF_{\mathrm{n}}h\nu(G-1)B_0\right\}B_{\mathrm{e}} \tag{2.6}$$

合法用户在“1”码和“0”码时，光放大器信号和自发辐射噪声产生的平均光电流分别为

$$I_{\mathrm{m1}} = I_1 + I_{\mathrm{ASE}} = RGP_1 + RF_{\mathrm{n}}h\nu(G-1)B_0 \tag{2.7}$$

$$I_{\mathrm{m0}} = I_0 + I_{\mathrm{ASE}} = RGP_0 + RF_{\mathrm{n}}h\nu(G-1)B_0 \tag{2.8}$$

式中，$h = 6.63 \times 10^{-34}\mathrm{J \cdot s}$ 是普朗克常量；ν 是入射光频率；e 为电子电荷。

信号-自发差拍噪声在输入信号为数据“1”和“0”状态时产生不同的影响。当数据为“1”码时，信号-自发差拍噪声 $\sigma_{\mathrm{s-sp1}}^2$ 为

$$\sigma_{\mathrm{s-sp1}}^2 = 2\frac{B_{\mathrm{e}}}{B_0}I_1 I_{\mathrm{ASE}} = 2\frac{B_{\mathrm{e}}}{B_0}R^2GP_1P_{\mathrm{ASE}} \tag{2.9}$$

当数据为“0”时，信号-自发差拍噪声 $\sigma_{\mathrm{s-sp0}}^2$ 为 0。

$$\sigma_{\mathrm{s-sp0}}^2 = 2\frac{B_{\mathrm{e}}}{B_0}I_0 I_{\mathrm{ASE}} = 2\frac{B_{\mathrm{e}}}{B_0}R^2GP_0P_{\mathrm{ASE}} \tag{2.10}$$

其自发-自发差拍噪声 $\sigma_{\mathrm{sp-sp}}^2$ 为

$$\sigma_{\mathrm{sp-sp}}^2 = \frac{B_{\mathrm{e}}}{{B_0}^2}I_{\mathrm{ASE}}^2(2B_0 - B_{\mathrm{e}}) = \frac{B_{\mathrm{e}}}{{B_0}^2}(RP_{\mathrm{ASE}})^2(2B_0 - B_{\mathrm{e}}) \tag{2.11}$$

负载电阻为 R_{L} 的热噪声 σ_{th}^2 为

$$\sigma_{\mathrm{th}}^2 = \frac{4k_{\mathrm{B}}T}{R_{\mathrm{L}}}B_{\mathrm{e}} \tag{2.12}$$

式中，k_{B} 为玻尔兹曼常数；T 为温度。

暗电流噪声 σ_{d}^2 为

$$\sigma_{\mathrm{d}}^2 = 2eI_{\mathrm{d}}B_{\mathrm{e}} \tag{2.13}$$

式中，I_{d} 为接收机暗电流。

相干 OCDMA 系统存在一个不可忽略的差拍噪声 [3]，在系统中占主导作用。假设差拍噪声是一个高斯随机分布，则 “1” 和 “0” 码的差拍噪声分别为

$$\sigma_{\mathrm{beat-1}}^2 = 2k\xi(GRP_{\mathrm{s}})^2 \tag{2.14}$$

$$\sigma_{\mathrm{beat-0}}^2 = k(k-1)\xi^2(GRP_{\mathrm{s}})^2 \tag{2.15}$$

多用户 OCDMA 系统采用不同的地址码来区分每个用户，但多个用户的信号在时域和频域上是混叠的，不同用户之间的扩频序列不能进行完全正交。对于目标用户，匹配解码输出的是自相关信号。对于非目标用户，解码器输出的是互相关信号，即为多址干扰。对于码长为 N_{chip} 的双极性 Gold 码，归一化的多址干扰方差为 $\sigma_{\mathrm{MAI-0}}^2$(当码长 $N_{\mathrm{chip}} = 511$ 时，$\sigma_{\mathrm{MAI-0}}^2 \approx 3.88 \times 10^{-6}$)，则系统的多址干扰方差为

$$\sigma_{\mathrm{MAI}}^2 = k\sigma_{\mathrm{MAI-0}}^2(GRP_{\mathrm{s}})^2 \tag{2.16}$$

此外，系统还存在放大器噪声、散粒噪声、热噪声以及暗电流等系统固有噪声。因此，接收 “1” 码和 “0” 码时总噪声为

$$\sigma_{\mathrm{1-co}}^2 = \sigma_{\mathrm{sh1}}^2 + \sigma_{\mathrm{s-sp1}}^2 + \sigma_{\mathrm{sp-sp}}^2 + \sigma_{\mathrm{th}}^2 + \sigma_{\mathrm{d}}^2 + \sigma_{\mathrm{MAI}}^2 + \sigma_{\mathrm{beat-1}}^2 \tag{2.17}$$

$$\sigma_{\mathrm{0-co}}^2 = \sigma_{\mathrm{sh0}}^2 + \sigma_{\mathrm{s-sp0}}^2 + \sigma_{\mathrm{sp-sp}}^2 + \sigma_{\mathrm{th}}^2 + \sigma_{\mathrm{d}}^2 + \sigma_{\mathrm{MAI}}^2 + \sigma_{\mathrm{beat-0}}^2 \tag{2.18}$$

最佳判决值的误码率为

$$\mathrm{BER} = \frac{1}{2}\mathrm{erfc}\left(\frac{Q}{\sqrt{2}}\right) \approx \frac{\exp(-Q^2/2)}{Q\sqrt{2\pi}} \tag{2.19}$$

式中，$Q = (I_{\mathrm{m1}} - I_{\mathrm{m0}})/(\sigma_{\mathrm{1-co}} + \sigma_{\mathrm{0-co}})$。

对于窃听者而言，距离发送端 l 处抽取比例为 x 的信号，解码输出互相关信号。式 (2.1) 表示 Gold 码的最大互相关值，为互相关值的上界。因此，对 “1” 码和 “0” 码，窃听者接收机最大的接收光功率分别为

$$P_{\mathrm{E1}} = \xi kP_{\mathrm{Eve}} + \left(\frac{|R_{\mathrm{ab}}(\tau)|}{N_{\mathrm{chip}}}\right)^2 P_{\mathrm{Eve}} \tag{2.20}$$

$$P_{\mathrm{E0}} = \xi kP_{\mathrm{Eve}} \tag{2.21}$$

窃听者抽取信号后进行非匹配解码，经 EDFA 放大后再由接收机进行处理。窃听者系统物理层安全的分析方法与合法用户类似，最主要的区别是信号功率不一样，解码方式不一样。根据系统存在的噪声、信号功率以及式 (2.19) 可计算出窃听者的误码率。

2.3 OCDMA 搭线信道物理层安全性

窃听用户的信道模型可以采用二进制对称离散信道模型，如图 2.4 所示，其中 ε 为信道转移概率，即 $\varepsilon = p(0/1) = p(1/0)$。

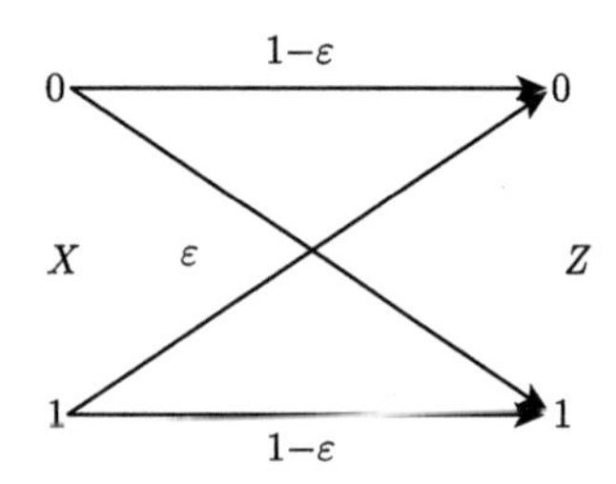

图 2.4 二进制对称离散信道模型

假设用户等概率地发送比特数据 “0” 和 “1”，则误码率为

$$\text{BER} = \frac{1}{2}\left[p(0/1) + p(1/0)\right] \tag{2.22}$$

式中，$p(0/1)$ 表示发送信号为 1，接收到的信号却为 0 的错误概率；$p(1/0)$ 表示发送信号为 0，接收到的信号却为 1 的错误概率。当采用最佳判决门限接收时，两者的错误概率相等。

窃听信道模型中，信源 X 为 Alice 的信号输入，Z 为窃听者 Eve 的信号输出。信源 X 的信息熵为 $H(X)$，窃听用户的信道容量为

$$C_{XZ} = \max_{p(x)}\{I(X;Z)\} = \max_{p(x)}\{H(X) - H(X/Z)\} \tag{2.23}$$

式中，$I(X;Z)$ 为平均互信息量；$H(X/Z)$ 为条件熵。根据信息论基础知识，可得

$$H(X) = H(p_1, p_2, \cdots, p_q) = -\sum_{i=1}^{q} p(x_i)\log p(x_i) \tag{2.24}$$

$$H(X/Z) = \sum_{ij} p(x_i, z_j)\log\frac{p(x_i/z_j)}{p(x_i)} \quad i = 1, 2, \cdots, n; j = 1, 2, \cdots, m \tag{2.25}$$

1. 保密容量

在信息论知识基础上，我们已知主信道和窃听信道的信道容量后，引入一个保密容量来衡量通信系统的安全性，保密容量的本质是主信道总的信道容量和窃听信道的容量之差。如果非零保密容量存在，即主信道优于窃听信道。也就意味着，保密容量越大，系统物理层安全性能也就越好。

主信道的信道模型与图 2.4 类似，唯一的区别是误码率的不同。假设信号源等概率发送信号，τ 为误码率，信源信息熵 $H(X)=1$，则主信道的信道容量为

$$C_{XY}=1-[-(1-\tau)\log(1-\tau)-\tau\log\tau] \tag{2.26}$$

同理，窃听信道的信道容量为

$$C_{XZ}=1-[-(1-\varepsilon)\log(1-\varepsilon)-\varepsilon\log\varepsilon] \tag{2.27}$$

因此可得到保密容量为

$$C=\upsilon\times(k+1)\{C_{XY}-C_{XZ}\} \tag{2.28}$$

式中，C 为保密容量；υ 为单用户的传输速率；$k+1$ 为总的用户数。

图 2.5 为系统保密容量与窃听者抽取距离的关系图，窃听者抽取信号的比例分别为 0.1%，0.5%，1%。这里采用码长 $N_{\text{chip}}=511$ 的双极性 Gold 码，系统用户数为 4。传输速率 $\upsilon=1\text{Gb/s}$，波长 $\lambda=1550\text{nm}$，EDFA 的噪声指数 $F_{\text{n}}=5\text{dB}$，增益 $G=30\text{dB}$，系统传输距离 $L=100\text{km}$，光纤衰减系数 $\alpha=0.2\text{dB/km}$，光滤波器带宽 $B_{\text{o}}=511\text{GHz}$，切普接收机带宽 $B_{\text{e}}=256\text{GHz}$，光电探测器 PIN 的响应度 $R=0.8\text{A/W}$，暗电流 $I_{\text{d}}=2\text{nA}$，温度 $T=300\text{K}$，负载电阻 $R_{\text{L}}=50\Omega$。

从图 2.5 可以看出，当抽取比例一定的情况下，保密容量随着窃听者抽取距离的增大而增大。因为窃听者抽取距离变大，信号经过光纤传输会发生衰减，导致信号变小，恶化窃听者的信噪比，窃听者获取信号的信息量就变少。同样地，当抽取距离一定情况下，抽取信号的比例越大，系统保密容量就越小。不难得出结论，当窃听者抽取比例小且抽取距离大的时候，该系统具有良好的物理层安全性能。

2. 安全泄漏因子

我们在评估 OCDMA 系统的物理层安全时，把保密容量作为一个衡量指标。往往保密容量越大，系统安全性就越高。当系统要求以主信道的信道容量速率传送信息时，保密容量就不能作为一个参数来衡量系统的物理层安全性能。这里，我

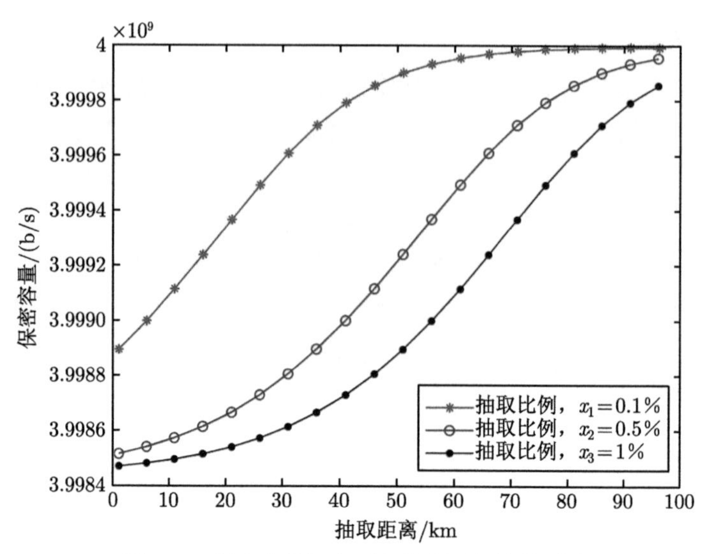

图 2.5 保密容量与窃听者抽取距离的关系图

们用安全泄漏因子来评估系统物理层安全性能。安全泄漏因子 η 为窃听用户信道容量与信源信息熵之比，即

$$\eta = \frac{C_{XZ}}{H(X)} \times 100\% \tag{2.29}$$

由安全泄漏因子的定义可知，安全泄漏因子越小，系统物理层安全性能越好。这里把 $\eta \leqslant 0.1\%$ 作为一个系统物理层安全性能的指标。

图 2.6 为安全泄漏因子与窃听者抽取距离的关系图，窃听者抽取信号的比例分别为 0.1%，0.5%，1%。从图中可以看出，随着窃听者距离的增加，安全泄漏因子变小。在相同的窃听距离下，抽取比例越小，安全泄漏因子也越小，则系统安全性能越好。

图 2.7 为系统安全泄漏因子和合法用户误码率与同时用户数的关系，此时窃听者抽取信号比例为 0.5%，抽取距离位置分别为离发送端 5km，10km，20km。安全泄漏因子随着用户数的增多而减小，而合法用户误码率随着用户数的增多而增大。因此，给定窃听距离和抽取比例，同时用户数必须在某个区间内，才能同时满足合法用户的可靠性和安全性。由图 2.7 可知，合法用户满足 BER$\leqslant 10^{-9}$ 的同时用户数需不超过 4。考虑安全泄漏因子 $\eta \leqslant 0.1\%$和合法用户误码率 BER$\leqslant 10^{-9}$，同时用户数的个数范围必须在 2~4，这样才正好满足安全性与可靠性的要求。假如系统只存在一个活跃用户，安全泄漏因子必会大于 0.1%。

图 2.8 为系统安全泄漏因子和合法用户误码率与同时用户数的关系，此时窃听者抽取信号比例为 0.1%，抽取距离位置分别为距离发送端 1km，5km，50km。

从图 2.8 可以看出，由于窃听者抽取的信号功率很小，系统安全泄漏因子始终都满足 $\eta \leqslant 0.1\%$。此时，只需要考虑合法用户误码率 BER$\leqslant 10^{-9}$，也就是说，同时用户数不超过 4。

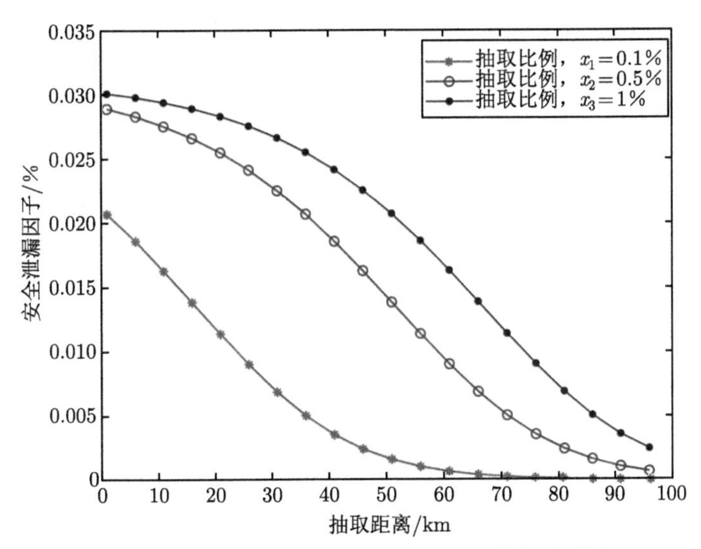

图 2.6　安全泄漏因子与窃听者抽取距离的关系图

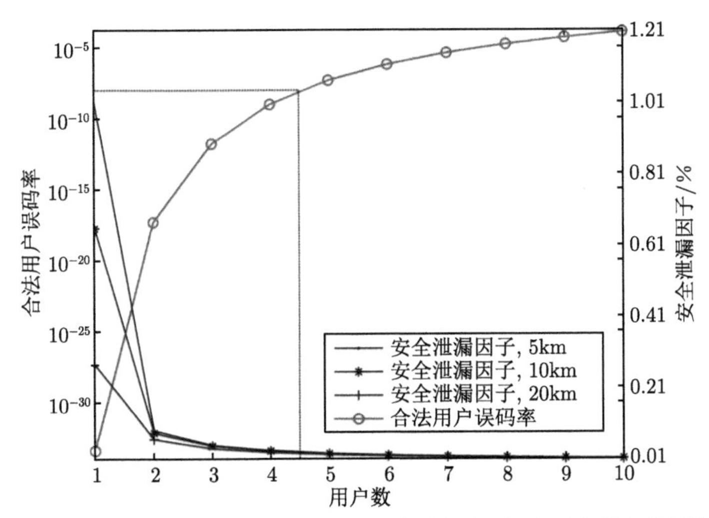

图 2.7　安全泄漏因子和合法用户误码率与同时用户数的关系 (窃听者抽取信号比例为 0.5%)

图 2.9 为系统安全泄漏因子和合法用户误码率与同时用户数的关系，此时窃听者抽取信号比例为 1%，抽取距离位置分别为离发送端 10km，20km，32km。

从图 2.9 可得，当抽取距离为 20km 或 32km 时，要使安全泄漏因子 $\eta \leqslant 0.1\%$，系统同时用户数必须在区间 [2，4]。当窃听者抽取距离为 10km 且安全泄漏因子 $\eta \leqslant 0.1\%$ 时，系统同时用户数必须在区间 [3，4]，才能满足系统的安全性与可靠性要求。

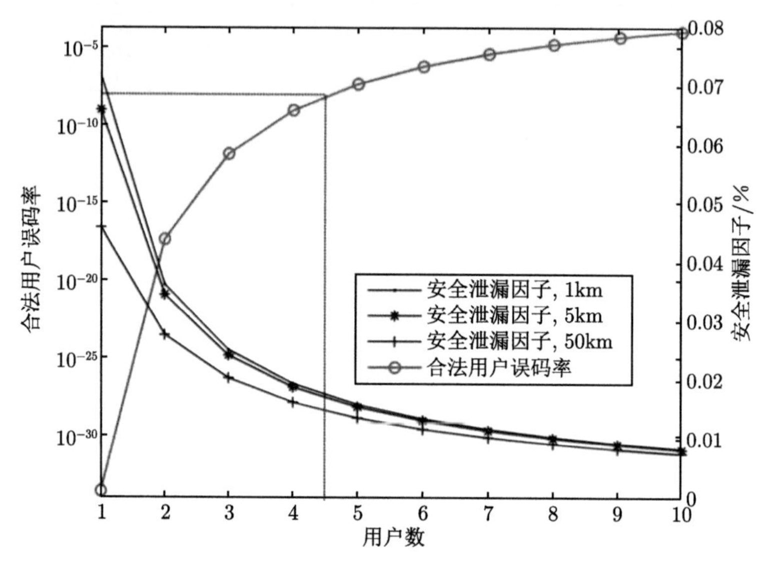

图 2.8　安全泄漏因子和合法用户误码率与同时用户数的关系(窃听者抽取信号比例为 0.1%)

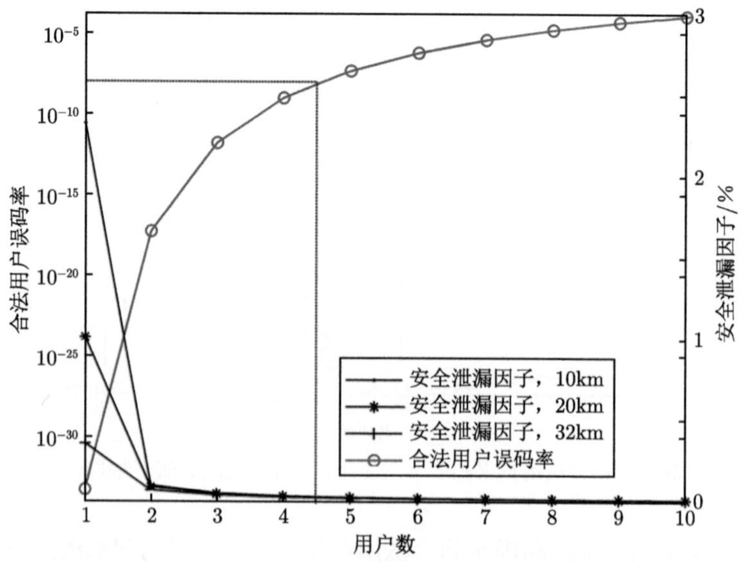

图 2.9　安全泄漏因子和合法用户误码率与同时用户数的关系 (窃听者抽取信号比例为 1%)

3. 安全接收距离

考虑到误码率和安全泄漏因子与传输距离有关，我们定义安全接收距离 D：保证合法用户满足给定的误码率要求，在给定的窃听用户信号抽取比例 x_0 和安全泄漏因子 η_0 的条件下，合法用户接收端的最大接收距离范围。

$$D = \max_{\{\eta \leqslant \eta_0, \mathrm{BER} \leqslant 10^{-9}\}} \{L - l | (x_0, N)\} \tag{2.30}$$

这表明系统在安全接收距离内，可保证窃听者获得的信息量比例小于给定的安全泄漏因子，从而同时满足多用户相干 OCDMA 系统的安全性和可靠性。

图 2.10 为安全接收距离与同时用户数的关系，安全泄漏因子分别为 0.01%，0.05%，0.1%，窃听用户的抽取比例分别为 0.5%和 1%。随着同时用户数的增加，安全接收距离也随着增加。这是因为同时用户数的增加，会导致多址干扰和差拍噪声的增加，这将恶化窃听用户的信噪比，从而减少窃听者获得的信息量。从图 2.10 可以看出，当窃听者抽取比例为 0.5%且给定的安全泄漏因子为 0.1%时，同时用户数为 2，安全接收距离可以达到 100km。当抽取比例为 1%且给定的安全泄漏因子为 0.1%时，要使安全接收距离可以达到 100km，此时同时用户数为 3。由图 2.10 不难看出，在系统满足合法用户误码率为 BER$\leqslant 10^{-9}$ 时，可以得到安全接收距离随着用户数变化的一个范围值，在此安全接收距离内，可以同时满足 OCDMA 系统的安全性与可靠性。

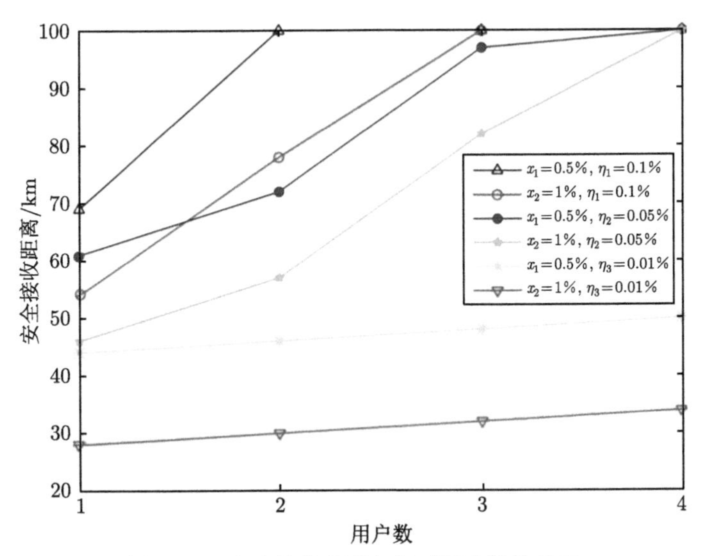

图 2.10 安全接收距离与同时用户数的关系

由于相干 OCDMA 系统的多址干扰、差拍噪声和接收机带宽都与码长有关，因此，改变码长，误码率、安全泄漏因子和安全接收距离也会随之改变。图 2.11 为不同码长 (双极性 511 Gold 码和 1023 Gold 码) 时安全接收距离与同时用户数的关系，给定的安全泄漏因子为 0.01%，抽取比例为 0.5%。两个不同码长的系统采用相同的信号功率 (7mW)。从图 2.11 可以看出，在相同同时用户数时，码长越长，安全接收距离越长。根据式 (2.5)~(2.13) 可知，散粒噪声以及放大器噪声都与码长成正比。根据式 (2.14)~(2.16) 可知，差拍噪声、多址干扰与码长成反比。但是，当码长增加时，系统总的噪声会增大，会恶化系统信噪比。因此，我们可以通过增加码长来获得更长的安全接收距离。

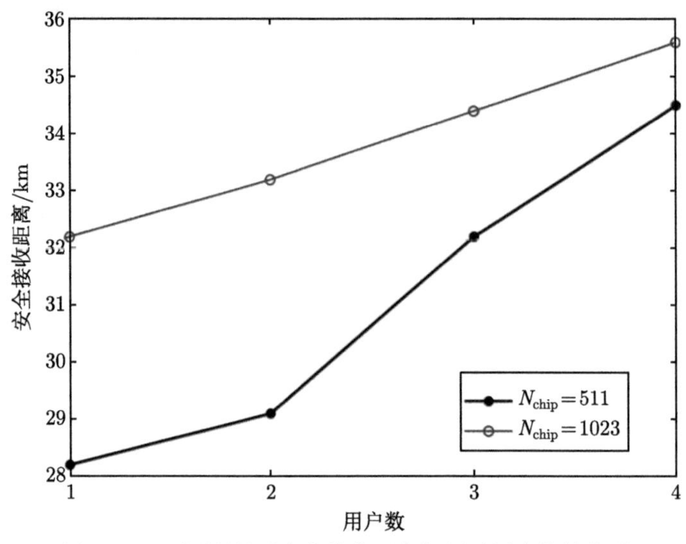

图 2.11　不同码长时安全接收距离与同时用户数的关系

2.4　采取功率控制增强 OCDMA 系统的物理层安全

图 2.12 为有干扰信号功率控制的单用户相干 OCDMA 系统窃听信道模型，在 Alice 传输目标信号时，同时也发送 m 个干扰信号，不同的干扰信号使用不同的 OCDMA 编码器。目标信号与干扰信号的功率不一样，发送端发送的目标信号的信号功率为 P_{a}，干扰信号的信号功率为 P_{m}，为了方便后面的计算，这里把发送端信号功率 P_{a} 和 P_{m} 定义为匹配解码输出的切普功率。光纤传输系统的传输距离为 L，光纤衰减系数为 α。窃听者在距发送端 l 处抽取比例为 x 的信号，则到达接收端的信号比例为 $1-x$。

在合法用户传输目标信号时，同时发送干扰信号，干扰信号与目标信号编码后耦合传输。通过控制干扰信号功率，来改善相干 OCDMA 系统安全性能。

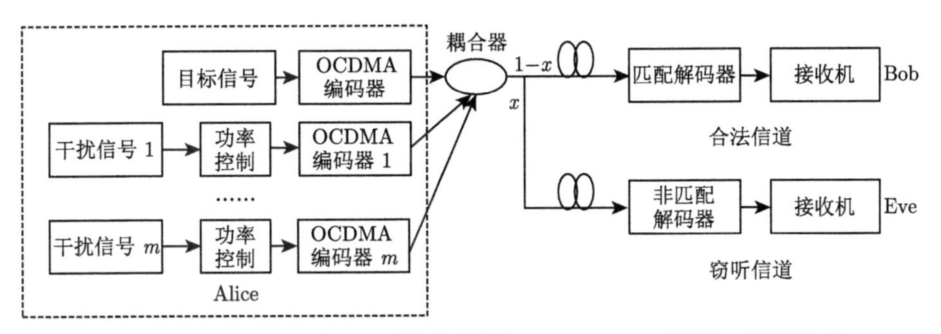

图 2.12 有干扰信号功率控制的单用户相干 OCDMA 系统窃听信道模型

光纤通信系统采用双极性 GOLD 码进行 OCDMA 编码，经光纤耦合传输，解码后再由接收机接收处理。对于合法用户，Bob 接收端获得目标用户信号的信号功率为

$$P_{\mathrm{sa}} = (1-x)\frac{P_{\mathrm{a}}}{10^{\alpha L/10}} \tag{2.31}$$

Bob 接收到的每一个干扰信号的信号功率为

$$P_{\mathrm{sm}} = (1-x)\frac{P_{\mathrm{m}}}{10^{\alpha L/10}} \tag{2.32}$$

接收端匹配解码后，输出的信号是由目标用户和干扰用户的信号功率叠加组成。“1” 码和 “0” 码的平均信号功率为

$$P_1 = \xi m P_{\mathrm{sm}} + P_{\mathrm{sa}} \tag{2.33}$$

$$P_0 = \xi m P_{\mathrm{sm}} \tag{2.34}$$

式中，$\xi \approx 1/N_{\mathrm{chip}}$。

“1” 码和 “0” 码的总均方噪声为

$$\sigma_{1-\mathrm{co}}^2 = \sigma_{\mathrm{sh1}}^2 + \sigma_{\mathrm{s-sp1}}^2 + \sigma_{\mathrm{sp-sp}}^2 + \sigma_{\mathrm{th}}^2 + \sigma_{\mathrm{d}}^2 + \sigma_{\mathrm{MAI}}^2 + \sigma_{\mathrm{beat-1}}^2 \tag{2.35}$$

$$\sigma_{0-\mathrm{co}}^2 = \sigma_{\mathrm{sh0}}^2 + \sigma_{\mathrm{s-sp0}}^2 + \sigma_{\mathrm{sp-sp}}^2 + \sigma_{\mathrm{th}}^2 + \sigma_{\mathrm{d}}^2 + \sigma_{\mathrm{MAI}}^2 + \sigma_{\mathrm{beat-0}}^2 \tag{2.36}$$

式中，$\sigma_{\mathrm{sh1}}^2 = 2e\left\{RGP_1 + RF_{\mathrm{n}}h\nu(G-1)B_0\right\}B_{\mathrm{e}}, \sigma_{\mathrm{sh0}}^2 = 2e\{RGP_0 + RF_{\mathrm{n}}h\nu(G-1)B_0\}B_{\mathrm{e}}$，$\sigma_{\mathrm{s-sp1}}^2 = 2\dfrac{B_{\mathrm{e}}}{B_0}R^2GP_1P_{\mathrm{ASE}}$，$\sigma_{\mathrm{s-sp0}}^2 = 2\dfrac{B_{\mathrm{e}}}{B_0}R^2GP_0P_{\mathrm{ASE}}$，$\sigma_{\mathrm{sp-sp}}^2 = \dfrac{B_{\mathrm{e}}}{{B_0}^2}(RP_{\mathrm{ASE}})^2(2B_0-B_{\mathrm{e}}), \sigma_{\mathrm{th}}^2 = \dfrac{4k_{\mathrm{B}}T}{R_{\mathrm{L}}}B_{\mathrm{e}}, \sigma_{\mathrm{beat-0}}^2 = m(m-1)\xi^2(GRP_{\mathrm{sm}})^2, \sigma_{\mathrm{MAI}}^2 = m\sigma_{\mathrm{MAI-0}}^2(GRP_{\mathrm{sm}})^2, \sigma_{\mathrm{d}}^2 = 2eI_{\mathrm{d}}B_{\mathrm{e}}, \sigma_{\mathrm{beat-1}}^2 = 2m\xi(GRP_{\mathrm{sm}})^2$。

“1” 码和 “0” 码的平均信号电流分别为

$$I_{\mathrm{m1}}=RGP_1+RF_{\mathrm{n}}h\nu(G-1)B_0 \tag{2.37}$$

$$I_{\mathrm{m0}}=RGP_0+RF_{\mathrm{n}}h\nu(G-1)B_0 \tag{2.38}$$

通过式 (2.19) 可计算出合法用户的误码率。

对窃听者 Eve 窃取信号过程进行分析，距离发送端 l 处抽取比例为 x 的信号，抽取目标信号的信号功率为

$$P_{\mathrm{Eve-a}}=x\frac{P_{\mathrm{a}}}{10^{\alpha l/10}} \tag{2.39}$$

抽取的每一个干扰信号的信号功率为

$$P_{\mathrm{Eve-m}}=x\frac{P_{\mathrm{m}}}{10^{\alpha l/10}} \tag{2.40}$$

同理，窃听者采用非匹配解码，其互相关峰值最大为 $|R_{\mathrm{ab}}(\tau)|$。相干 OCDMA 系统检测时，切普接收机接收到的 “1” 码和 “0” 码的最大信号功率分别为

$$P_{\mathrm{E1}}=m\xi P_{\mathrm{Eve-m}}+\left(\frac{|R_{\mathrm{ab}}(\tau)|}{N_{\mathrm{chip}}}\right)^2P_{\mathrm{Eve-a}} \tag{2.41}$$

$$P_{\mathrm{E0}}=m\xi P_{\mathrm{Eve-m}} \tag{2.42}$$

在窃听者窃取信号后传输过程中，其差拍噪声计算方法和合法用户正常传输时一样，不同的是信号功率。

我们把参数 γ 定义为干扰信号功率与目标信号功率之比 $\gamma=\dfrac{P_{\mathrm{m}}}{P_{\mathrm{a}}}$。在满足合法用户正常传输情况时，通过仿真分析安全泄漏因子与 γ(即干扰信号功率增大) 的变化关系。

这里采用码长 $N_{\mathrm{chip}}=1023$ 的 Gold 码，传输速率 $v=1\mathrm{Gb/s}$，干扰信号个数 $m=3$，波长 $\lambda=1550\mathrm{nm}$，EDFA 的噪声指数 $F_{\mathrm{n}}=5\mathrm{dB}$，增益 $G=30\mathrm{dB}$，系统传输距离 $L=100\mathrm{km}$，光纤衰减系数 $\alpha=0.2\mathrm{dB/km}$，光滤波器带宽 $B_{\mathrm{o}}=511\mathrm{GHz}$，信号功率 $P_{\mathrm{a}}=7\mathrm{mW}$，切普接收机带宽 $B_{\mathrm{e}}=256\mathrm{GHz}$，光电探测器 PIN 的响应度 $R=0.8\mathrm{A/W}$，暗电流 $I_{\mathrm{d}}=2\mathrm{nA}$，温度 $T=300\mathrm{K}$，负载电阻 $R_{\mathrm{L}}=50\Omega$。

图 2.13 是抽取距离分别为 1km，10km，50km 时，安全泄漏因子随着干扰信号功率变化的曲线图，窃听者抽取比例分别为 (a)0.1%，(b)0.5%，(c)1%。从图 2.13(a) 中可以看出，当 $\gamma=1$(干扰信号功率与目标信号功率相等) 时，抽取距离分别为 1km，10km，50km 下的安全泄漏因子分别为 0.03993%，0.02932%，

0.00196%。当 $\gamma=1.44$(合法用户误码率为 10^{-9}，此时安全泄漏因子最小) 时，抽取距离分别为 1km，10km，50km 下的安全泄漏因子分别为 0.02321%，0.01859%，0.00185%。由此可知，系统安全性能改善的比例为 41.87%，36.60%，5.61%。

从图 2.13(b) 中可以看出，当 $\gamma=1$ 时，抽取距离分别为 1km，10km，50km 下的安全泄漏因子分别为 0.06682%，0.06248%，0.02345%。当 $\gamma=1.44$ 时，窃听者抽取距离分别为 1km，10km，50km 下的安全泄漏因子分别为 0.03313%，0.03166%，0.01576%。由此可知，系统安全性能改善的比例为 50.42%，49.33%，32.79%。

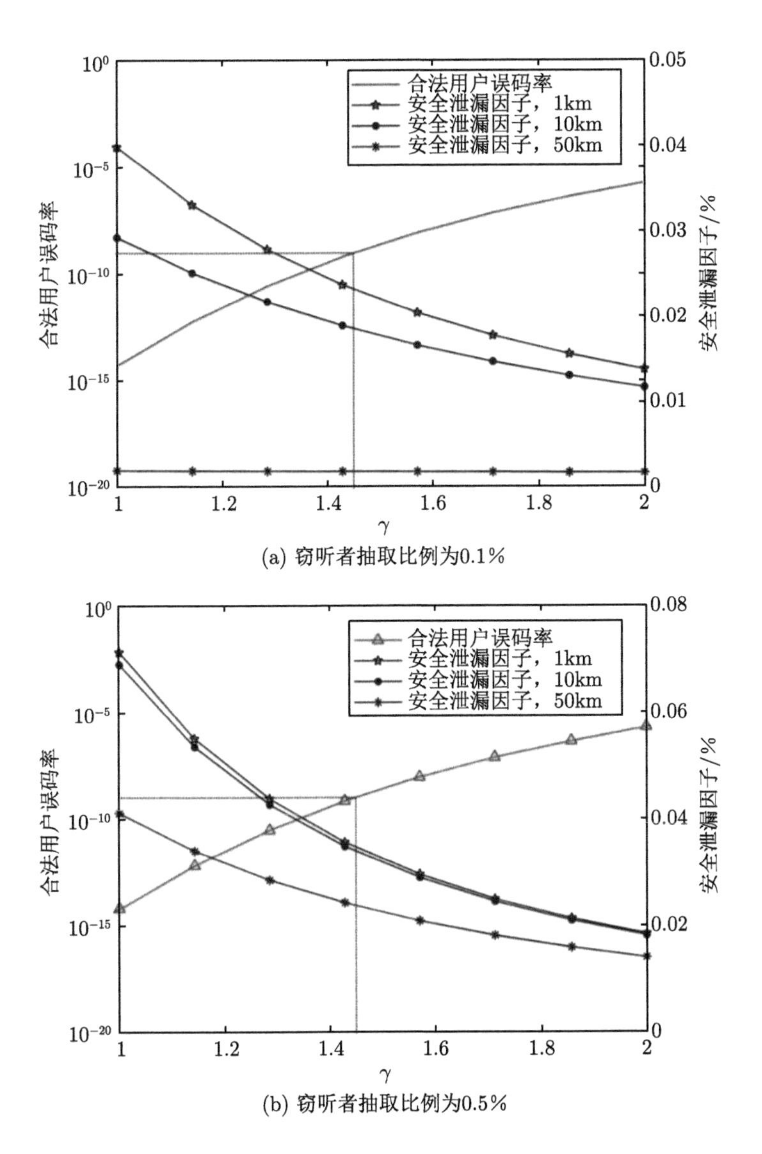

(a) 窃听者抽取比例为0.1%

(b) 窃听者抽取比例为0.5%

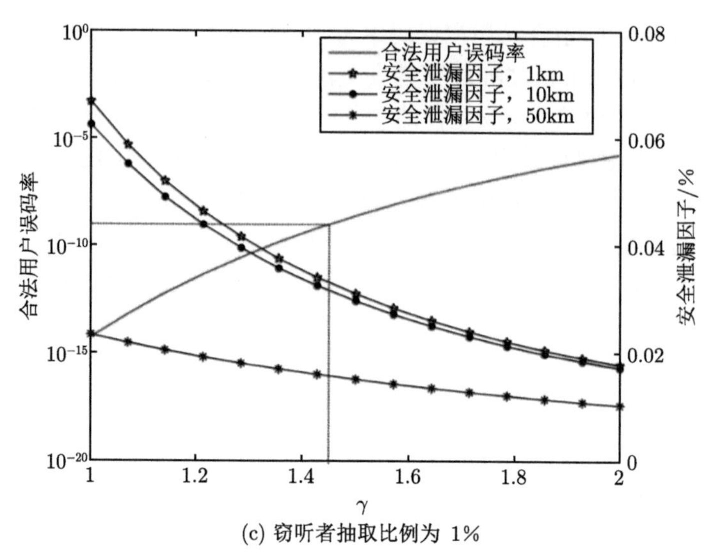

(c) 窃听者抽取比例为 1%

图 2.13　安全泄漏因子与 γ (1023 Gold 码) 的关系图

从图 2.13(c) 中可以看出，当 $\gamma=1$ 时，抽取距离分别为 1km，10km，50km 下的安全泄漏因子分别为 0.0713%，0.06897%，0.0417%。当 $\gamma=1.44$ 时，窃听者抽取距离分别为 1km，10km，50km 下的安全泄漏因子分别为 0.0346%，0.03384%，0.0237%。由此可知，系统安全性能改善的比例为 51.47%，50.94%，43.17%。

表 2.1 为窃听者在不同抽取距离和抽取比例下，1023 Gold 码的安全泄漏因子。在相同的抽取比例下，抽取距离越小，安全泄漏因子改善效果越好。因为在相同抽取比例下，抽取距离越小，窃听者获得目标信号的信息量越大，则安全泄漏因子越大。此时，通过增大干扰信号功率 (有功率控制)，干扰信号噪声和差拍噪声增大，导致窃听者信噪比变小。当干扰信号功率增大到使合法用户误码率正好为 10^{-9} 时，系统安全泄漏因子可以得到最大的改善。同理，相同的抽取距离情况下，当抽取比例越大，安全泄漏因子改善越好。

图 2.14 为 1023 Gold 码的安全接收距离与 γ 的关系曲线图。当 $\gamma=1$ 时，干扰信号功率与目标信号一样。当安全泄漏因子相同时，窃听者抽取比例越大，安全接收距离越小，意味着相干 OCDMA 系统的安全性较差。在系统满足合法用户误码率为 1×10^{-9} 时，干扰信号功率慢慢增大，系统安全接收距离也随之增大。这是因为干扰信号功率的增大，会导致干扰信号噪声和差拍噪声增大，恶化窃听者的信噪比。由图 2.14 可知，系统给定安全泄漏因子 $\eta=0.05\%$ 和抽取比例为 0.1%，由于窃听者的信噪比小，不管有没有功率控制，安全接收距离始终为 100km。例如，当抽取比例为 1%，安全泄漏因子分别为 0.01%，0.05%时，$\gamma=1$，安全接收距离分别为 20.5km，48.5km。当 $\gamma=1.4$ 时，安全接收距离分别为 23.9km，

100km。因此，在满足合法用户的可靠性和安全性的要求情况下，通过功率控制可以获得更大的安全接收距离。综上所述，采取功率控制可以增强 OCDMA 系统的物理层安全性能。

表 2.1 1023 Gold 码的安全泄漏因子

抽取比例/%	抽取距离/km	无功率控制/%	功率控制/%	安全泄漏因子改善率/%
0.1	1	0.03993	0.02321	41.87
	10	0.02932	0.01859	36.60
	50	0.00196	0.00185	5.61
0.5	1	0.06682	0.03313	50.42
	10	0.06248	0.03166	49.33
	50	0.02345	0.01576	32.79
1	1	0.0713	0.0346	51.47
	10	0.06897	0.03384	50.94
	50	0.0417	0.0237	43.17

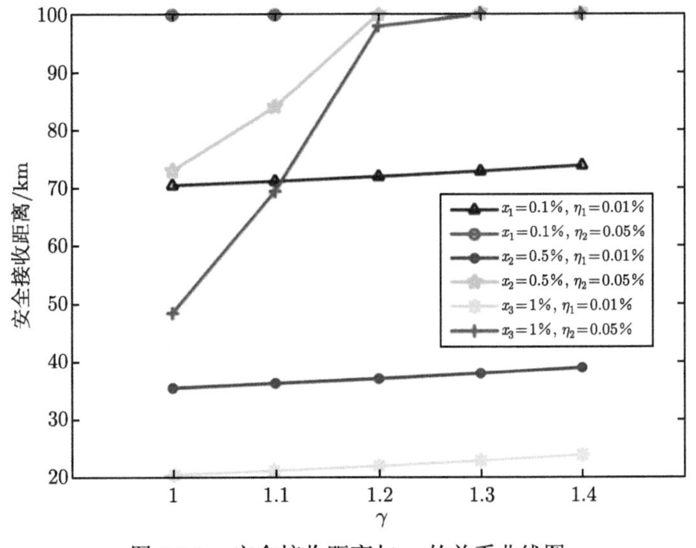

图 2.14 安全接收距离与 γ 的关系曲线图

2.5 基于 LA 码的准同步 OCDMA 系统的物理层安全

LA 码是一种 $\{0, \pm 1\}$ 序列，一般表示形式为 $\mathrm{LA}(N, K, M)$，N 代表码长，K 代表基本脉冲数，M 代表零相关区长度 [4]。如果所有 LA 码之间的同步误差控制在零相关区大小内，即保持准同步，则 LA 码字之间的互相关值都为 0。此时，系统可以消除多址干扰和差拍噪声的影响。

LA 码的归一化非周期互相关函数为

$$C_{x,y}(\tau)=\begin{cases}0 & 0\leqslant\tau\leqslant M-1\\ \dfrac{1}{N}\sum\limits_{i=0}^{N-1-\tau}a_{i-\tau}^{x}a_{i}^{y} & M\leqslant\tau<N-1\end{cases}\tag{2.43}$$

式中，$a_i^{x(y)}(i=0,1,\cdots,N-1)$ 为第 $x(y)$ 个用户的地址码；N 为码长；M 为零相关区长度；τ 为用户的延时量。

这里我们采用 LA(156，8，16) 码进行编码，码字长度为 156，零相关区长度为 16，有 8 个基本码，基本码的脉冲位置为 {0，16，33，51，71，90，112，135}。LA 码 8 个基本码如下所示：

$$a^1=\Big\{\underbrace{1,0,\cdots,0}_{16},\underbrace{1,0,\cdots,0}_{17},\underbrace{1,0,\cdots,0}_{18},\underbrace{1,0,\cdots,0}_{20},\underbrace{1,0,\cdots,0}_{19},\underbrace{1,0,\cdots,0}_{22},$$
$$\underbrace{1,0,\cdots,0}_{23},\underbrace{1,0,\cdots,0}_{21}\Big\}$$

$$a^2=\Big\{\underbrace{1,0,\cdots,0}_{16},\underbrace{-1,0,\cdots,0}_{17},\underbrace{1,0,\cdots,0}_{18},\underbrace{-1,0,\cdots,0}_{20},\underbrace{1,0,\cdots,0}_{19},\underbrace{-1,0,\cdots,0}_{22},$$
$$\underbrace{1,0,\cdots,0}_{23},\underbrace{-1,0,\cdots,0}_{21}\Big\}$$

$$a^3=\Big\{\underbrace{1,0,\cdots,0}_{16},\underbrace{1,0,\cdots,0}_{17},\underbrace{-1,0,\cdots,0}_{18},\underbrace{-1,0,\cdots,0}_{20},\underbrace{1,0,\cdots,0}_{19},\underbrace{1,0,\cdots,0}_{22},$$
$$\underbrace{-1,0,\cdots,0}_{23},\underbrace{-1,0,\cdots,0}_{21}\Big\}$$

$$a^4=\Big\{\underbrace{1,0,\cdots,0}_{16},\underbrace{-1,0,\cdots,0}_{17},\underbrace{-1,0,\cdots,0}_{18},\underbrace{1,0,\cdots,0}_{20},\underbrace{1,0,\cdots,0}_{19},\underbrace{-1,0,\cdots,0}_{22},$$
$$\underbrace{-1,0,\cdots,0}_{23},\underbrace{1,0,\cdots,0}_{21}\Big\}$$

$$a^5=\Big\{\underbrace{1,0,\cdots,0}_{16},\underbrace{1,0,\cdots,0}_{17},\underbrace{1,0,\cdots,0}_{18},\underbrace{1,0,\cdots,0}_{20},\underbrace{-1,0,\cdots,0}_{19},\underbrace{-1,0,\cdots,0}_{22},$$

$$\left.\underbrace{-1,0,\cdots,0}_{23},\underbrace{-1,0,\cdots,0}_{21}\right\}$$

$$a^6=\left\{\underbrace{1,0,\cdots,0}_{16},\underbrace{-1,0,\cdots,0}_{17},\underbrace{1,0,\cdots,0}_{18},\underbrace{-1,0,\cdots,0}_{20},\underbrace{-1,0,\cdots,0}_{19},\underbrace{1,0,\cdots,0}_{22},\right.$$

$$\left.\underbrace{-1,0,\cdots,0}_{23},\underbrace{1,0,\cdots,0}_{21}\right\}$$

$$a^7=\left\{\underbrace{1,0,\cdots,0}_{16},\underbrace{1,0,\cdots,0}_{17},\underbrace{-1,0,\cdots,0}_{18},\underbrace{-1,0,\cdots,0}_{20},\underbrace{-1,0,\cdots,0}_{19},\underbrace{-1,0,\cdots,0}_{22},\right.$$

$$\left.\underbrace{1,0,\cdots,0}_{23},\underbrace{1,0,\cdots,0}_{21}\right\}$$

$$a^8=\left\{\underbrace{1,0,\cdots,0}_{16},\underbrace{-1,0,\cdots,0}_{17},\underbrace{-1,0,\cdots,0}_{18},\underbrace{1,0,\cdots,0}_{20},\underbrace{-1,0,\cdots,0}_{19},\underbrace{1,0,\cdots,0}_{22},\right.$$

$$\left.\underbrace{1,0,\cdots,0}_{23},\underbrace{-1,0,\cdots,0}_{21}\right\}$$

图 2.15 是基于 LA 码的准同步相干 OCDMA 系统窃听信道模型，采用 OOK 调制。图 2.15 中用户信号经过编码之后，利用可调光纤延时线 (tunable optical delay line, TODL)，保证用户之间的延时控制在 LA 码的零相关区大小内，即保持准同步。再由耦合器耦合后经光纤传输，合法用户正常匹配解码后，切普接收机处理信号。窃听者窃取信号之后，进行非匹配解码输出。假设系统有 $k+1$ 个用户，每个用户用不同的编码器进行编码。发送端信号功率为 P，为了方便后面的计算，这里把发送端信号功率定义为匹配解码输出的切普功率。窃听者在距发送端 l 处抽取比例为 x 的信号，则到达合法用户接收端的信号比例为 $1-x$。

Bob 接收机的光信号功率 $P_{\mathrm{s}}=(1-x)\dfrac{P}{10^{\alpha L/10}}$，$L$ 为传输距离，α 为衰减系数。合法用户发送 “1” 和 “0” 码时，Bob 接收机接收的信号分别为 $P_1=P_{\mathrm{s}}$，$P_0=0$。在分析合法用户误码率时，只需要考虑放大器引起的信号-自发差拍噪声 $\sigma_{\mathrm{s-sp}}$，以及自发-自发差拍噪声 $\sigma_{\mathrm{sp-sp}}$、散粒噪声 σ_{sh}、热噪声 σ_{th} 以及暗电流噪声 σ_{d}。

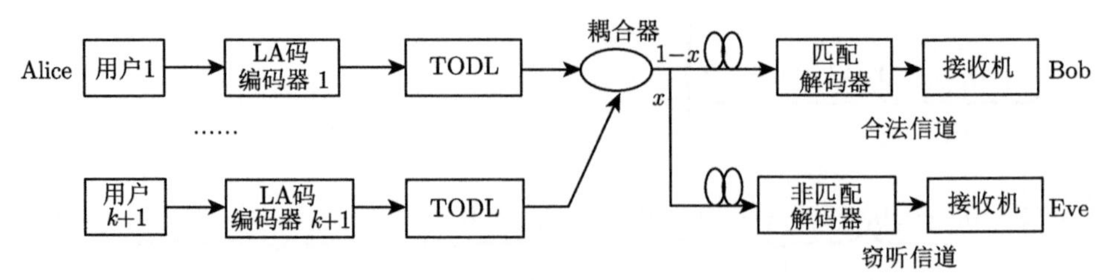

图 2.15　基于 LA 码的准同步相干 OCDMA 系统窃听信道模型

合法用户接收 “1” 码和 “0” 码时总的均方噪声为

$$\sigma_1^2=\sigma_{\mathrm{sh1}}^2+\sigma_{\mathrm{s-sp1}}^2+\sigma_{\mathrm{sp-sp}}^2+\sigma_{\mathrm{th}}^2+\sigma_{\mathrm{d}}^2 \tag{2.44}$$

$$\sigma_0^2=\sigma_{\mathrm{sh0}}^2+\sigma_{\mathrm{s-sp0}}^2+\sigma_{\mathrm{sp-sp}}^2+\sigma_{\mathrm{th}}^2+\sigma_{\mathrm{d}}^2 \tag{2.45}$$

合法用户的误码率可以通过式 (2.19) 计算可得。

对于窃听者而言，距发送端 l 处抽取比例为 x 的信号，则窃听者抽取的信号功率 $P_{\mathrm{Eve}}=x\dfrac{P}{10^{\alpha l/10}}$。窃听用户进行非匹配解码时，互相关峰值为 1。因此，信号为 “1” 码和 “0” 码时，窃听者接收机接收的光信号平均功率为

$$P_{\mathrm{E1}}=\xi kP_{\mathrm{Eve}}+\left(1/K^2\right)P_{\mathrm{Eve}} \tag{2.46}$$

$$P_{\mathrm{E0}}=\xi kP_{\mathrm{Eve}} \tag{2.47}$$

此时，系统中还存在差拍噪声和多址干扰。对于差拍噪声，ξ 是单个干扰用户的互相关强度，即 $\xi\equiv\langle P_{\mathrm{i}}\rangle/P_{\mathrm{d}}$，$P_{\mathrm{i}}$ 和 P_{d} 分别为干扰用户和目标用户的解码信号光强。由此可得

$$\xi=[(K\times K)/N]/K^2=1/N \tag{2.48}$$

“1” 码和 “0” 码时的差拍噪声分别为

$$\sigma_{\mathrm{beat-1}}^2=2k\xi(GRP_{\mathrm{Eve}})^2 \tag{2.49}$$

$$\sigma_{\mathrm{beat-0}}^2=k(k-1)\xi^2(GRP_{\mathrm{Eve}})^2 \tag{2.50}$$

采用 LA(N,K,M) 码的相干 OCDMA 系统，用 q_1、q_0 分别表示这种码的互相关取值为 ±1 和 0 的概率，则有 $q_1=K^2/2N$，$q_0=1-q_1$。互相关均值 μ 和方差 σ^2 分别为

$$\mu=K^2/2N \tag{2.51}$$

$$\sigma^2=\left[1-\left(\frac{K^2}{2N}\right)\right]\left(\frac{K^2}{2N}\right) \tag{2.52}$$

当干扰用户数较多时，多址干扰方差为

$$\sigma_{\mathrm{MAI}}^2 = k\sigma_{\mathrm{MAI-0}}^2 (GRP_{\mathrm{Eve}})^2 \tag{2.53}$$

式中，$\sigma_{\mathrm{MAI-0}}^2$ 为单个干扰信号的归一化方差，$\sigma_{\mathrm{MAI-0}}^2 = \left[1-\left(\frac{K^2}{2N}\right)\right]\left(\frac{K^2}{2N}\right)$。

假设窃听者和合法用户使用相同的接收机接收信号，窃听者接收“1”和“0”码时总的均方噪声为

$$\sigma_{\mathrm{E1}}^2 = \sigma_{\mathrm{sh1}}^2 + \sigma_{\mathrm{s-sp1}}^2 + \sigma_{\mathrm{sp-sp}}^2 + \sigma_{\mathrm{th}}^2 + \sigma_{\mathrm{d}}^2 + \sigma_{\mathrm{MAI}}^2 + \sigma_{\mathrm{beat-1}}^2 \tag{2.54}$$

$$\sigma_{\mathrm{E0}}^2 = \sigma_{\mathrm{sh0}}^2 + \sigma_{\mathrm{s-sp0}}^2 + \sigma_{\mathrm{sp-sp}}^2 + \sigma_{\mathrm{th}}^2 + \sigma_{\mathrm{d}}^2 + \sigma_{\mathrm{MAI}}^2 + \sigma_{\mathrm{beat-0}}^2 \tag{2.55}$$

式中，散粒噪声、放大器噪声、多址干扰和差拍噪声均为窃听者的噪声。与合法用户不同的是，窃听者的信号功率不一样。

对于基于 127 Gold 码的相干 OCDMA 系统，同样存在多址干扰和差拍噪声。不同的是，ξ 值和多址干扰不一样。127 Gold 码的 ξ 值为 $\xi \approx 1/N_{\mathrm{chip}} = 1/127$。127 Gold 码的多址干扰计算方法见文献 [3]。

1. 误码率

选取 LA(156，8，16) 为系统地址码，基本脉冲位置为 {0，16，33，51，71，90，112，135}。LA(156，8，16) 一共包含 8 个 LA 码，因此准同步相干 OCDMA 系统可容纳最大用户数为 8 个。同时，我们也选取 127 Gold 码作为系统地址码，分析系统在两种不同码字情况下的物理层安全性能。系统用户数为 8，传输速率 $v = 1\mathrm{Gb/s}$，工作波长 $\lambda = 1550\mathrm{nm}$，光放大器 EDFA 的噪声指数 $F_{\mathrm{n}} = 5\mathrm{dB}$，增益 $G = 30\mathrm{dB}$，系统传输距离 $L = 100\mathrm{km}$，光纤衰减系数 $\alpha = 0.2\mathrm{dB/km}$，光滤波器带宽 $B_{\mathrm{o}} = 511\mathrm{GHz}$，信号功率 $P = 1\mathrm{mW}$，切普接收机带宽 $B_{\mathrm{e}} = 256\mathrm{GHz}$，光电探测器 PIN 的响应度 $R = 0.8\mathrm{A/W}$，暗电流 $I_{\mathrm{d}} = 2\mathrm{nA}$，温度 $T = 300\mathrm{K}$，负载电阻 $R_{\mathrm{L}} = 50\Omega$。

图 2.16 是窃听者抽取比例为 0.1%，抽取距离分别为 5km，20km，50km 时，基于 LA(156，8，16) 码的准同步相干 OCDMA 系统和基于 127 Gold 码的相干 OCDMA 系统的误码率对比图。从图 2.16(a) 中可以看出，在相同参数情况下，采用 127 Gold 码作为地址码的系统，当用户数为 2 时，系统就已经无法保证合法用户的正常通信。而采用 LA(156，8，16) 码的准同步相干 OCDMA 系统，其合法用户的误码率与用户数、抽取距离无关。这是因为，各用户之间的延时都控制在 LA 码的零相关区大小内，其互相关为 0，系统的多址干扰和差拍噪声都不存在。从图 2.16(b) (c) (d) 可以看出，窃听者抽取比例为 0.1%时，不管系统采用 LA(156，8，16) 码还是 127 Gold 码，窃听者误码率都随着用户数的增加而增大，

但 LA 码的误码性能要比 Gold 码误码性能要高。例如，窃听者抽取比例为 0.1%，抽取距离为 50km 且用户数为 3 时，LA 码的误码率为 0.4963，Gold 码的误码率为 0.4931。因此，LA 码提高了 OCDMA 系统的物理层安全性与可靠性。

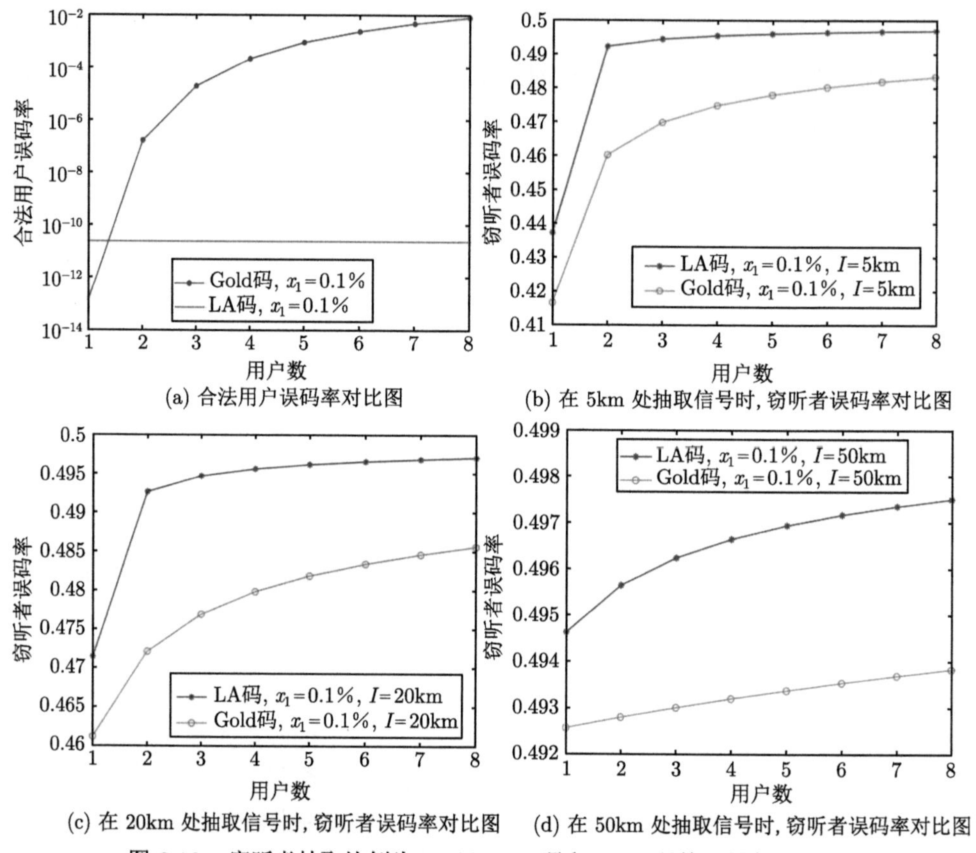

图 2.16　窃听者抽取比例为 0.1%，LA 码和 Gold 码的误码率对比图

2. 保密容量

图 2.17 是窃听者在不同抽取比例、相同抽取距离下抽取信号时，LA(156，8，16) 码和 127 Gold 码的保密容量对比图。从图中可以看出，当用户数较少时，LA 码和 Gold 码的保密容量几乎一致。随着用户数超过 4 之后，LA 码的保密容量明显大于 Gold 码的保密容量。例如，窃听者抽取比例为 1%，抽取距离为 5km 时，当用户数为 4，LA 码的保密容量为 3.99Gb/s，Gold 码的保密容量为 3.98Gb/s。当用户数为 8，LA 码的保密容量为 8Gb/s，Gold 码的保密容量为 7.4Gb/s。这是因为，只要用户之间的相对延时控制在零相关区大小内，采用 LA 码进行编码的合法用户误码率与用户数无关。也就是说，主信道的信道容量保持不变。而 Gold

码相干系统的合法用户误码率与用户数有关，当用户数增大时，合法用户误码率都随之变大，主信道的信道容量随之变小。

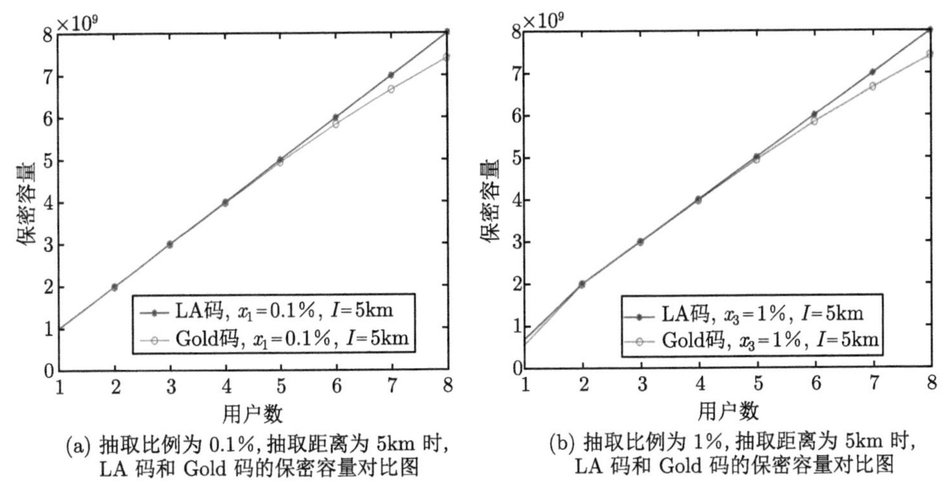

(a) 抽取比例为 0.1%，抽取距离为 5km 时，LA 码和 Gold 码的保密容量对比图

(b) 抽取比例为 1%，抽取距离为 5km 时，LA 码和 Gold 码的保密容量对比图

图 2.17 不同抽取比例、相同抽取距离下，LA 码和 Gold 码的保密容量对比图

3. 安全泄漏因子

图 2.18、图 2.19 和图 2.20 分别是窃听者抽取比例为 0.1%，0.5%和 1%，抽取距离为 5km 和 50km 时，LA 码和 Gold 码的安全泄漏因子对比图。从图中不难看出，安全泄漏因子都是随着用户数增加而减小，但 LA 码的安全性能比 Gold 码好。这是因为，用户数的增大导致多址干扰和差拍噪声增大，同时抽取距离很大导致信号衰减严重，从而恶化信噪比，窃听者获取的信号信息量就变少。例如，在图 2.20(a) 中，窃听者抽取比例为 1%，抽取距离为 5km，用户数为 3 时，LA

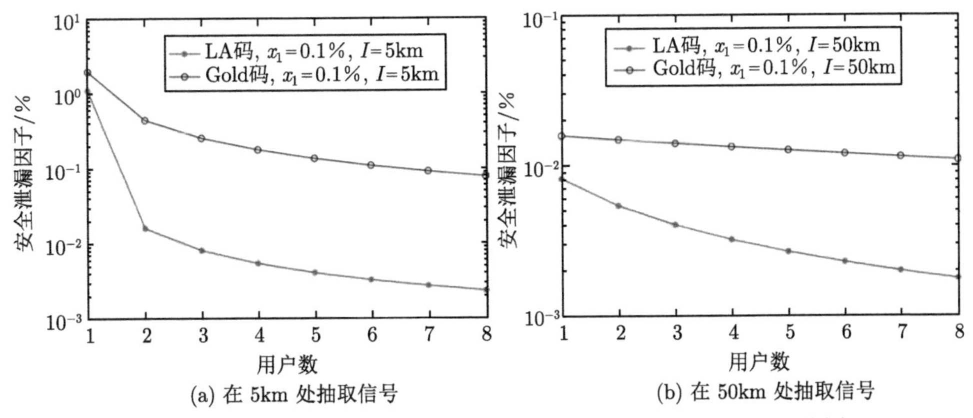

(a) 在 5km 处抽取信号

(b) 在 50km 处抽取信号

图 2.18 抽取比例为 0.1%，LA 码和 Gold 码的安全泄漏因子对比图

码的安全泄漏因子为 0.0083%，Gold 码的安全泄漏因子为 0.375%。也就意味着，LA 码准同步相干 OCDMA 系统的物理层安全性能更好。

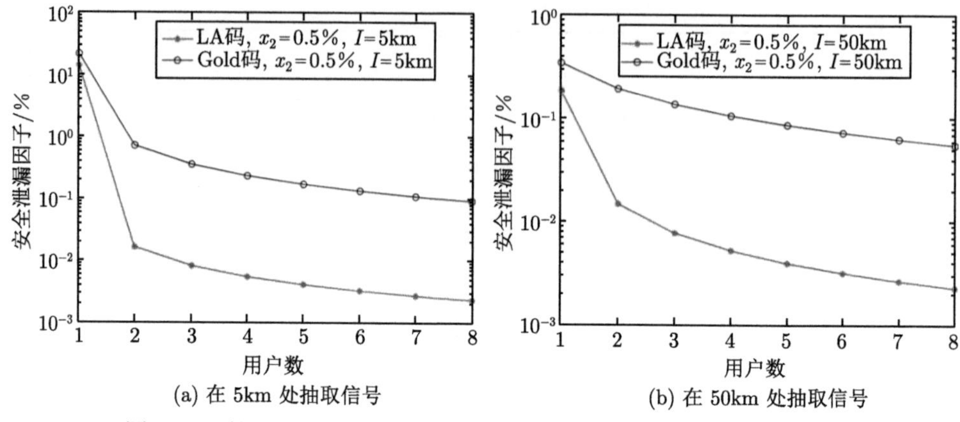

(a) 在 5km 处抽取信号 (b) 在 50km 处抽取信号

图 2.19 抽取比例为 0.5%，LA 码和 Gold 码的安全泄漏因子对比图

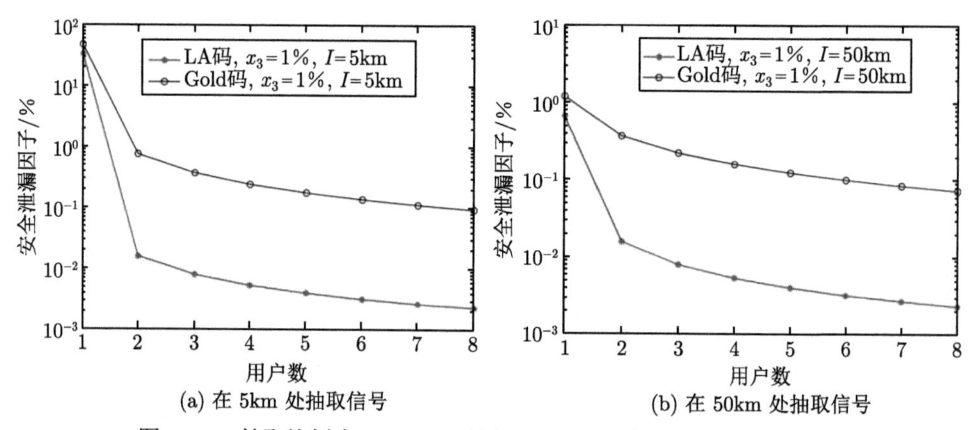

(a) 在 5km 处抽取信号 (b) 在 50km 处抽取信号

图 2.20 抽取比例为 1%，LA 码和 Gold 码的安全泄漏因子对比图

参 考 文 献

[1] San V V, Vo H V. Accurate estimation of receiver sensitivity for 10 Gb/s optically amplified systems. Optics Communications, 2000, 181: 71-78.

[2] 曾兴雯, 刘乃安, 孙献璞. 扩展频谱通信及其多址技术. 西安：西安电子科技大学出版社, 2004.

[3] Wang X, Kitayama K I. Analysis of beat noise in coherent and incoherent time-spreading OCDMA. Journal of Lightwave Technology, 2004, 22(10): 2226-2235.

[4] Fan P Z, Suehiro, et al. Class of binary sequences with zero correlation zone. Electronics Letters, 1999, 35(10): 777-779.

第 3 章　FSO-CDMA 物理层安全系统

3.1　引　　言

近年来的研究表明，由于大气信道存在湍流效应，FSO 通信系统的物理层安全性也存在严重隐患。FSO 系统存在大气及悬浮物的散射效应，在远离光束传输方向的其他角度，窃听者在非视距方向也能够检测到光信号。虽然窃听者能检测到的信号功率很弱，使得窃听用户的平均信噪比低于合法用户的平均信噪比。但是，由于大气湍流会导致接收功率的随机起伏 (闪烁效应)，窃听用户的瞬时信噪比将以一定的概率大于合法用户的瞬时信噪比。从信息论角度分析，窃听者总能获得部分合法用户的信息量 (平均交互信息量大于 0)，这将导致窃听成为可能。

OCDMA 技术能够提高光纤通信系统的物理层安全，因此，基于 OCDMA 的 FSO 通信系统也受到一些关注。本章通过建立基于二进制对称信道的 FSO-CDMA 搭线信道模型，考虑了大气湍流、大气衰减、散粒噪声、多址干扰、热噪声和背景噪声对系统的影响，从信息论的角度定量分析搭线信道的可靠性、安全性和有效性；研究了系统可靠性、安全性和有效性与码长、用户数、传输距离、发送功率的关系，从而得出基于 OOK 的 FSO-CDMA 系统搭线信道的最优参数。

另一方面，相比 OOK，脉冲位置调制 (pulse position modulation，PPM) 不需要在接收端设置判决门限，并且 PPM 的功率利用率更高。本章还提出了一个新的信道模型——基于 PPM 的 FSO-CDMA 系统搭线信道模型，采用强对称离散信道模型，同时分析系统的安全性、可靠性和有效性。考虑大气湍流、大气衰减、散粒噪声、热噪声、背景噪声和多址干扰对系统性能的影响，讨论码长和干扰用户数对搭线信道安全性、可靠性和有效性的影响，并与基于 OOK 搭线信道性能进行对比。最后，采用 OptiSystem 对 FSO-CDMA 搭线信道进行仿真。

3.2　基于 OOK 的单用户 FSO-CDMA 物理层安全分析

3.2.1　基于 OOK 的单用户 FSO-CDMA 搭线信道模型

基于 OOC 编码的单用户 FSO-CDMA 搭线信道模型如图 3.1 所示，合法用户 Alice 和 Bob 通过大气链路传输信息，同时该链路上还存在窃听用户 Eve。在发送端，Alice 使用 OOC$(n, w, 1, 1)$ 的编码器对信号进行编码，其中 n 为码长，w 为码重。在接收端，Bob 采用匹配解码器对信号进行解码，而窃听用户由于不知道合法用户具体的编码码字，只能采用非匹配解码器进行解码。在某种程度上，Eve 的存在不能影响合法接收机对光信号的接收。因此, 我们认为 Eve 从激光束可用功率收集到的一部分功率比例为 r_e，而 Bob 收到的功率比例为 r_b，并且 $r_\mathrm{e}+r_\mathrm{b}\leqslant 1$，当窃听用户是无源无损时取等号。$d_\mathrm{b}$ 代表 Alice 和 Bob 之间的距离，d_e 代表 Alice 和 Eve 之间的距离。Alice 与 Bob 之间的信道为合法信道，也称为主信道，Alice 与 Eve 之间的信道为窃听信道。

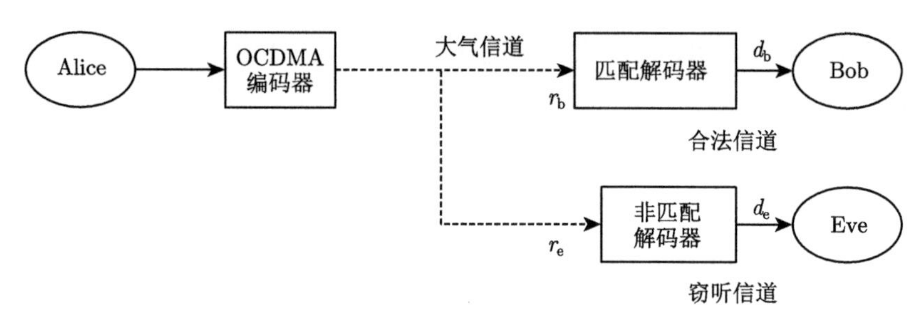

图 3.1　基于 OOC 编码的单用户 FSO-CDMA 搭线信道模型

基于上述假设，在没有大气湍流的情况下，Bob 接收到的切普功率表示为

$$P_\mathrm{B}=n\left(1-r_\mathrm{e}\right)P10^{\frac{-\delta d_\mathrm{b}}{10}} \tag{3.1}$$

式中，P 是发送端的比特功率；δ 是衰减系数。

考虑大气湍流、背景噪声、热噪声及散粒噪声对 FSO-CDMA 搭线信道性能的影响，则 Bob 接收到的平均信号电流 $I_\mathrm{B}\left(h_\mathrm{b}\right)$ 和噪声电流 $\sigma^2_{\mathrm{B-I}}\left(h_\mathrm{b}\right)$ 分别为

发 “1” 码时

$$I_{\mathrm{B-1}}\left(h_\mathrm{b}\right)=RgP_\mathrm{B}h_\mathrm{b} \tag{3.2}$$

$$\sigma^2_{\mathrm{B-I_1}}\left(h_\mathrm{b}\right)=\sigma^2_{\mathrm{B-sh1}}\left(h_\mathrm{b}\right)+\sigma^2_\mathrm{b}+\sigma^2_\mathrm{th} \tag{3.3}$$

发 “0” 码时

$$I_{\mathrm{B-0}}\left(h_\mathrm{b}\right)=0 \tag{3.4}$$

$$\sigma^2_{\mathrm{B-I_0}}\left(h_\mathrm{b}\right)=\sigma^2_\mathrm{b}+\sigma^2_\mathrm{th} \tag{3.5}$$

其中，$\sigma^2_{\mathrm{B-sh1}}\left(h_\mathrm{b}\right)=2eRF_\mathrm{a}g^2P_\mathrm{B}h_\mathrm{b}\Delta f$ 代表 Bob 的散粒噪声；$\sigma^2_\mathrm{b}=2eRF_\mathrm{a}g^2P_\mathrm{b}\Delta f$ 代表背景噪声；$\sigma^2_\mathrm{th}=4k_\mathrm{B}T\Delta f/R_\mathrm{L}$ 表示热噪声 [1]。R 和 g 分别为 APD 的响应度和增益，h_b 为 Bob 经历大气湍流的强度起伏。e 是电子电荷，$e=1.6\times10^{-19}\mathrm{C}$。$F_\mathrm{a}$ 为 APD 的过剩噪声因子，表达式为 $F_\mathrm{a}=\varepsilon g+(2-1/g)(1-\varepsilon)$，其中 ε 代表电离因子。P_b 是背景光功率。玻尔兹曼常数 $k_\mathrm{B}=1.38\times10^{-23}\mathrm{W/(K{\cdot}Hz)}$。$T$ 是

绝对温度，R_{L} 为负载电阻。Δf 为切普接收机的带宽，$\Delta f = nR_{\mathrm{b}}/2$，$R_{\mathrm{b}}$ 为比特速率。

Bob 的瞬时误码率 (在 h_{b} 的条件下) 为 [2]

$$\overline{P_{\mathrm{B}}}\left(h_{\mathrm{b}}\right)=\frac{1}{2}\mathrm{erfc}\left(\frac{Q_{\mathrm{B}}\left(h_{\mathrm{b}}\right)}{\sqrt{2}}\right) \tag{3.6}$$

其中，$Q_{\mathrm{B}}\left(h_{\mathrm{b}}\right)=\dfrac{I_{\mathrm{B}-1}\left(h_{\mathrm{b}}\right)-I_{B-0}\left(h_{\mathrm{b}}\right)}{\sigma_{\mathrm{B}-\mathrm{I}_1}\left(h_{\mathrm{b}}\right)+\sigma_{\mathrm{B}-\mathrm{I}_0}\left(h_{\mathrm{b}}\right)}$。

Bob 的平均误码率为

$$\overline{P_{\mathrm{B}}}=\int_0^{\infty}\frac{1}{2}\mathrm{erfc}\left(\frac{Q_{\mathrm{B}}\left(h_{\mathrm{b}}\right)}{\sqrt{2}}\right)f\left(h_{\mathrm{b}}\right)\mathrm{d}h_{\mathrm{b}} \tag{3.7}$$

在没有大气湍流的情况下，Eve 接收到的切普功率表示为

$$P_{\mathrm{E}}=\frac{n}{w}r_{\mathrm{e}}P10^{\frac{-\delta d_{\mathrm{e}}}{10}} \tag{3.8}$$

在大气湍流信道中，Eve 接收到的平均信号电流 $I_{\mathrm{E}}\left(h_{\mathrm{e}}\right)$ 和噪声电流 $\sigma_{\mathrm{E-I}}^2\left(h_{\mathrm{e}}\right)$ 分别为

发 “1” 码时

$$I_{\mathrm{E}-1}\left(h_{\mathrm{e}}\right)=RgP_{\mathrm{E}}h_{\mathrm{e}} \tag{3.9}$$

$$\sigma_{\mathrm{E}-\mathrm{I}_1}^2\left(h_{\mathrm{e}}\right)=\sigma_{\mathrm{E-sh1}}^2\left(h_{\mathrm{e}}\right)+\sigma_{\mathrm{b}}^2+\sigma_{\mathrm{th}}^2 \tag{3.10}$$

发 “0” 码时

$$I_{\mathrm{E}-0}\left(h_{\mathrm{e}}\right)=0 \tag{3.11}$$

$$\sigma_{\mathrm{E}-\mathrm{I}_0}^2\left(h_{\mathrm{e}}\right)=\sigma_{\mathrm{b}}^2+\sigma_{\mathrm{th}}^2 \tag{3.12}$$

其中，$\sigma_{\mathrm{E-sh1}}^2\left(h_{\mathrm{e}}\right)=2eRF_{\mathrm{a}}g^2P_{\mathrm{E}}h_{\mathrm{e}}\Delta f$ 表示 Eve 接收到的散粒噪声；h_{e} 为 Eve 的大气湍流强度。

类似地，可以定义 $Q_{\mathrm{E}}\left(h_{\mathrm{e}}\right)=\dfrac{I_{\mathrm{E}-1}\left(h_{\mathrm{e}}\right)-I_{\mathrm{E}-0}\left(h_{\mathrm{e}}\right)}{\sigma_{\mathrm{E}-\mathrm{I}_1}\left(h_{\mathrm{e}}\right)+\sigma_{\mathrm{E}-\mathrm{I}_0}\left(h_{\mathrm{e}}\right)}$。Eve 的瞬时误码率 $\overline{P_{\mathrm{E}}}\left(h_{\mathrm{e}}\right)$ 和平均误码率 $\overline{P_{\mathrm{E}}}$ 均可以根据式 (3.6) 和 (3.7) 得出。

从上面的分析可以看出，我们需要考虑不同大气湍流的影响。我们常使用 Gamma-Gamma 模型来模拟中湍流、强湍流，采用对数正态模型来模拟弱湍流。两个模型的分布函数如下所示。

对数正态模型中，大气湍流的累积分布函数为

$$F_{\mathrm{LN}}\left(h\right)=\frac{1}{2}\mathrm{erfc}\left(-\frac{\ln h+{\sigma_{\mathrm{h}}}^2/2}{\sigma_{\mathrm{h}}\sqrt{2}}\right) \tag{3.13}$$

erfc(·) 是互补误差函数。Gamma-Gamma 模型中，大气湍流的累积分布函数为

$$F_{\mathrm{GG}}(h)=\frac{1}{\Gamma(\alpha)\Gamma(\beta)}G_{1,3}^{2,1}\left[\alpha\beta h\left|\begin{matrix}1\\ \alpha\ \beta\ 0\end{matrix}\right.\right] \tag{3.14}$$

对数正态模型中，大气湍流的概率密度函数为

$$f_{\mathrm{h}}(h)=\frac{1}{h\sigma_{\mathrm{h}}\sqrt{2\pi}}\exp\left(-\frac{\left(\ln h+{\sigma_{\mathrm{h}}}^{2}/2\right)^{2}}{2{\sigma_{\mathrm{h}}}^{2}}\right) \tag{3.15}$$

Gamma-Gamma 模型中，大气湍流的概率密度函数为

$$f_{\mathrm{h}}(h)=\frac{2(\alpha\beta)^{(\alpha+\beta)/2}}{\Gamma(\alpha)\Gamma(\beta)}h^{[(\alpha+\beta)/2\ -1]}K_{\alpha-\beta}\left(2\sqrt{\alpha\beta h}\right) \tag{3.16}$$

这里，σ_{h}^{2} 是对数光强起伏方差；α 和 β 分别是散射过程的大尺度和小尺度参数。此外，$G_{m,n}^{p,q}[\cdot\mid\cdot]$ 是 Meijer G 函数，$K_{v}(\cdot)$ 是第二类贝叶斯函数，$\Gamma(\cdot)$ 是伽马函数。

3.2.2 基于 OOK 的单用户 FSO-CDMA 搭线信道的物理层安全分析

本章主要研究基于 BSC 的 FSO-CDMA 物理层安全。主信道和窃听信道的 BSC 模型分别如图 3.2(a)、(b) 所示。在主信道中，X 是 Alice 的信号输入，Y 是 Bob 的信号输出，在窃听信道中，Z 是 Eve 的信号输出。在主信道中，信道错误传递概率为 $\overline{P_{\mathrm{b}}}$，正确传递概率 $1-\overline{P_{\mathrm{b}}}$。在窃听信道中，信道的错误传递概率 $\overline{P_{\mathrm{e}}}$，正确传递概率 $1-\overline{P_{\mathrm{e}}}$。

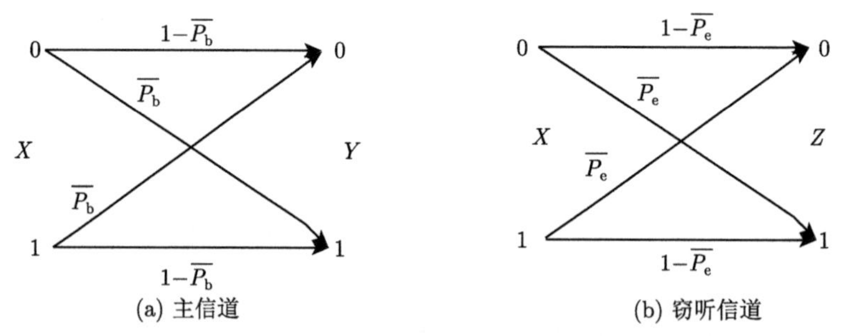

(a) 主信道 (b) 窃听信道

图 3.2 主信道和窃听信道的 BSC 模型

主信道的信道容量为 [3]

$$C_{\mathrm{B}}=\max_{P(x)}\{I(X;Y)\}=\max_{P(x)}\{H(X)-H(X/Y)\} \tag{3.17}$$

其中，$I(X;Y)$ 是信源 X 与信宿 Y 之间的平均互信息量；$P(x)$ 是信源符号的先验概率；$H(X)$ 为信源的信息熵。如果信源等概，那么 $H(X)=1$，因此，$C_{\mathrm{B}}=1-H\left(\overline{P_{\mathrm{b}}}\right)$。

窃听信道的信道容量为

$$C_{\mathrm{E}}=\max_{P(x)}\{I(X;Z)\}=\max_{P(x)}\{H(X)-H(X/Z)\} \tag{3.18}$$

若信源等概，那么 $C_{\mathrm{E}}=1-H\left(\overline{P_{\mathrm{e}}}\right)$。

当主信道的信道容量小于窃听信道的信道容量时，窃听用户将会成功窃取到信号，即窃听事件发生。也就是说，窃听用户成功窃取信号的概率，即截获概率是衡量物理层安全性能的一个关键指标 [4]。因此，本章使用截获概率来衡量 FSO-CDMA 系统搭线信道模型的安全性，截获概率表示为

$$P_{\mathrm{int}}=P\left(C_{\mathrm{B}}<C_{\mathrm{E}}\right) \tag{3.19}$$

在等概信源的 BSC 模型中，信源的错误传递概率与误码率相等，即 $\overline{P_{\mathrm{b}}}=\overline{P_{\mathrm{B}}}\left(h_{\mathrm{b}}\right)$、$\overline{P_{\mathrm{e}}}=\overline{P_{\mathrm{E}}}\left(h_{\mathrm{e}}\right)$。因此，在理想 BSC 模型中，根据信道容量与误码率的关系，式 (3.15) 可以变为

$$P_{\mathrm{int}}=1-P\left(\overline{P_{\mathrm{B}}}\left(h_{\mathrm{b}}\right)\leqslant\overline{P_{\mathrm{E}}}\left(h_{\mathrm{e}}\right)\right) \tag{3.20}$$

Bob 的瞬时误码率 $\overline{P_{\mathrm{B}}}\left(h_{\mathrm{b}}\right)$ 与 $Q_{\mathrm{B}}\left(h_{\mathrm{b}}\right)$ 有关系。类似地，Eve 的误码率 $\overline{P_{\mathrm{E}}}\left(h_{\mathrm{e}}\right)$ 也与 $Q_{\mathrm{E}}\left(h_{\mathrm{e}}\right)$ 有关系。因此，系统搭线信道模型的截获概率表示为

$$P_{\mathrm{int}}=1-P\left(Q_{\mathrm{B}}\left(h_{\mathrm{b}}\right)\geqslant Q_{\mathrm{E}}\left(h_{\mathrm{e}}\right)\right) \tag{3.21}$$

情况 A: 窃听者靠近发送端

我们首先考虑窃听用户靠近发送端的情况，称这种情况为 EnA。在这种假设下，由于 $d_{\mathrm{e}}\approx 0$，我们可以假设窃听信道没有大气湍流和衰减。而合法用户之间的链路仍然受制于 FSO 链路固有的随机波动。所以，FSO-CDMA 系统的截获概率表示为

$$\begin{aligned}
P_{\mathrm{int}}&=P\left(C_{\mathrm{B}}<C_{\mathrm{E}}\right)=P\left[1-H\left(\overline{P_{\mathrm{B}}}\left(h_{\mathrm{b}}\right)\right)<1-H\left(\overline{P_{\mathrm{E}}}\right)\right]\\
&=P\left[H\left(\overline{P_{\mathrm{B}}}\left(h_{\mathrm{b}}\right)\right)>H\left(\overline{P_{\mathrm{E}}}\right)\right]=1-P\left[H\left(\overline{P_{\mathrm{B}}}\left(h_{\mathrm{b}}\right)\right)\leqslant H\left(\overline{P_{\mathrm{E}}}\right)\right]\\
&=1-P\left[\overline{P_{\mathrm{B}}}\left(h_{\mathrm{b}}\right)\leqslant\overline{P_{\mathrm{E}}}\right]=1-P\left(Q_{\mathrm{B}}\left(h_{\mathrm{b}}\right)\geqslant Q_{\mathrm{E}}\right)\\
&=1-P\left(\begin{array}{l}
\dfrac{RgP_{\mathrm{B}}h_{\mathrm{b}}}{\sqrt{2eRF_{\mathrm{a}}g^{2}\left(P_{\mathrm{B}}h_{\mathrm{b}}+P_{\mathrm{b}}\right)\Delta f+\dfrac{4k_{\mathrm{B}}T}{R_{\mathrm{L}}}\Delta f}+\sqrt{2eRF_{\mathrm{a}}g^{2}P_{\mathrm{b}}\Delta f+\dfrac{4k_{\mathrm{B}}T}{R_{\mathrm{L}}}\Delta f}}\\
\geqslant\dfrac{RgP_{\mathrm{E}}}{\sqrt{2eRF_{\mathrm{a}}g^{2}\left(P_{\mathrm{E}}+P_{\mathrm{b}}\right)\Delta f+\dfrac{4k_{\mathrm{B}}T}{R_{\mathrm{L}}}\Delta f}+\sqrt{2eRF_{\mathrm{a}}g^{2}P_{\mathrm{b}}\Delta f+\dfrac{4k_{\mathrm{B}}T}{R_{\mathrm{L}}}\Delta f}}
\end{array}\right)
\end{aligned}$$

$$
=1-P\left(\begin{array}{c}\dfrac{P_{\mathrm{B}}h_{\mathrm{b}}\left(\sqrt{2eRF_{\mathrm{a}}g^2\left(P_{\mathrm{B}}h_{\mathrm{b}}+P_{\mathrm{b}}\right)\Delta f+\dfrac{4k_{\mathrm{B}}T}{R_{\mathrm{L}}}\Delta f}-\sqrt{2eRF_{\mathrm{a}}g^2P_{\mathrm{b}}\Delta f+\dfrac{4k_{\mathrm{B}}T}{R_{\mathrm{L}}}\Delta f}\right)}{2eRF_{\mathrm{a}}g^2P_{\mathrm{B}}h_{\mathrm{b}}\Delta f}\\ \geqslant\dfrac{P_{\mathrm{E}}\left(\sqrt{2eRF_{\mathrm{a}}g^2\left(P_{\mathrm{E}}+P_{\mathrm{b}}\right)\Delta f+\dfrac{4k_{\mathrm{B}}T}{R_{\mathrm{L}}}\Delta f}-\sqrt{2eRF_{\mathrm{a}}g^2P_{\mathrm{b}}\Delta f+\dfrac{4k_{\mathrm{B}}T}{R_{\mathrm{L}}}\Delta f}\right)}{2eRF_{\mathrm{a}}g^2P_{\mathrm{E}}\Delta f}\end{array}\right)
$$

$$
=1-P\left(\begin{array}{c}\left(\sqrt{2eRF_{\mathrm{a}}g^2\left(P_{\mathrm{B}}h_{\mathrm{b}}+P_{\mathrm{b}}\right)\Delta f+\dfrac{4k_{\mathrm{B}}T}{R_{\mathrm{L}}}\Delta f}-\sqrt{2eRF_{\mathrm{a}}g^2P_{\mathrm{b}}\Delta f+\dfrac{4k_{\mathrm{B}}T}{R_{\mathrm{L}}}\Delta f}\right)\\ \geqslant\left(\sqrt{2eRF_{\mathrm{a}}g^2\left(P_{\mathrm{E}}+P_{\mathrm{b}}\right)\Delta f+\dfrac{4k_{\mathrm{B}}T}{R_{\mathrm{L}}}\Delta f}-\sqrt{2eRF_{\mathrm{a}}g^2P_{\mathrm{b}}\Delta f+\dfrac{4k_{\mathrm{B}}T}{R_{\mathrm{L}}}\Delta f}\right)\end{array}\right)
$$

$$
=1-P\left(\sqrt{2eRF_{\mathrm{a}}g^2\left(P_{\mathrm{B}}h_{\mathrm{b}}+P_{\mathrm{b}}\right)\Delta f+\frac{4k_{\mathrm{B}}T}{R_{\mathrm{L}}}\Delta f}\geqslant\sqrt{2eRF_{\mathrm{a}}g^2\left(P_{\mathrm{E}}+P_{\mathrm{b}}\right)\Delta f+\frac{4k_{\mathrm{B}}T}{R_{\mathrm{L}}}\Delta f}\right)
$$

$$
=1-P\left(P_{\mathrm{B}}h_{\mathrm{b}}\geqslant P_{\mathrm{E}}\right)=1-P\left(n\left(1-r_{\mathrm{e}}\right)P10^{-\frac{\delta d_{\mathrm{b}}}{10}}h_{\mathrm{b}}\geqslant r_{\mathrm{e}}P\frac{n}{w}\right)
$$

$$
=1-P\left(h_{\mathrm{b}}\geqslant\frac{r_{\mathrm{e}}}{1-r_{\mathrm{e}}}10^{\frac{\delta d_{\mathrm{b}}}{10}}\frac{1}{w}\right)=1-\left(F_{\mathrm{B}}\left(\infty\right)-F_{\mathrm{B}}\left(\frac{r_{\mathrm{e}}}{1-r_{\mathrm{e}}}\frac{1}{w}10^{\frac{\delta d_{\mathrm{b}}}{10}}\right)\right)
$$

$$
=1-\left[1-F_{\mathrm{B}}\left(\frac{r_{\mathrm{e}}}{1-r_{\mathrm{e}}}\frac{1}{w}10^{\frac{\delta d_{\mathrm{b}}}{10}}\right)\right]
$$

$$
=F_{\mathrm{B}}\left(\frac{r_{\mathrm{e}}}{1-r_{\mathrm{e}}}\frac{1}{w}10^{\frac{\delta d_{\mathrm{b}}}{10}}\right) \tag{3.22}
$$

其中，$F_{\mathrm{B}}(\cdot)$ 为 Bob 经历大气湍流的累积分布函数。

情况 B: 窃听者靠近接收端

考虑 Eve 位置靠近接收端，称为 EnB。在这种情况下，Bob 和 Eve 的接收功率会被大尺度和小尺度湍流造成的随机波动影响。当 Bob 和 Eve 足够靠近时，假设 $d_{\mathrm{B}}=d_{\mathrm{E}}$，则 FSO-CDMA 系统的截获概率表示为

$$
P_{\mathrm{int}}=P\left(C_{\mathrm{B}}<C_{\mathrm{E}}\right)=P\left(Q_{\mathrm{B}}\left(h_{\mathrm{b}}\right)<Q_{\mathrm{E}}\left(h_{\mathrm{e}}\right)\right)
$$

$$
=P\left(\begin{array}{c}\dfrac{RgP_{\mathrm{B}}h_{\mathrm{b}}}{\sqrt{2eRF_{\mathrm{a}}g^2\left(P_{\mathrm{B}}h_{\mathrm{b}}+P_{\mathrm{b}}\right)\Delta f+\dfrac{4k_{\mathrm{B}}T}{R_{\mathrm{L}}}\Delta f}+\sqrt{2eRF_{\mathrm{a}}g^2P_{\mathrm{b}}\Delta f+\dfrac{4k_{\mathrm{B}}T}{R_{\mathrm{L}}}\Delta f}}\\ <\dfrac{RgP_{\mathrm{E}}h_{\mathrm{e}}}{\sqrt{2eRF_{\mathrm{a}}g^2\left(P_{\mathrm{E}}h_{\mathrm{e}}+P_{\mathrm{b}}\right)\Delta f+\dfrac{4k_{\mathrm{B}}T}{R_{\mathrm{L}}}\Delta f}+\sqrt{2eRF_{\mathrm{a}}g^2P_{\mathrm{b}}\Delta f+\dfrac{4k_{\mathrm{B}}T}{R_{\mathrm{L}}}\Delta f}}\end{array}\right)
$$

$$
=P\left(\begin{array}{c}\dfrac{P_{\mathrm{B}}h_{\mathrm{b}}\left(\sqrt{2eRF_{\mathrm{a}}g^2\left(P_{\mathrm{B}}h_{\mathrm{b}}+P_{\mathrm{b}}\right)\Delta f+\dfrac{4k_{\mathrm{B}}T}{R_{\mathrm{L}}}\Delta f}-\sqrt{2eRF_{\mathrm{a}}g^2P_{\mathrm{b}}\Delta f+\dfrac{4k_{\mathrm{B}}T}{R_{\mathrm{L}}}\Delta f}\right)}{2eRF_{\mathrm{a}}g^2P_{\mathrm{B}}h_{\mathrm{b}}\Delta f}\\ <\dfrac{P_{\mathrm{E}}h_{\mathrm{e}}\left(\sqrt{2eRF_{\mathrm{a}}g^2\left(P_{\mathrm{E}}h_{\mathrm{e}}+P_{\mathrm{b}}\right)\Delta f+\dfrac{4k_{\mathrm{B}}T}{R_{\mathrm{L}}}\Delta f}-\sqrt{2eRF_{\mathrm{a}}g^2P_{\mathrm{b}}\Delta f+\dfrac{4k_{\mathrm{B}}T}{R_{\mathrm{L}}}\Delta f}\right)}{2eRF_{\mathrm{a}}g^2P_{\mathrm{E}}h_{\mathrm{e}}\Delta f}\end{array}\right)
$$

$$
\begin{aligned}
&= P\left(\begin{array}{l}\left(\sqrt{2eRF_{\mathrm{a}}g^2\left(P_{\mathrm{B}}h_{\mathrm{b}}+P_{\mathrm{b}}\right)\Delta f+\frac{4k_{\mathrm{B}}T}{R_{\mathrm{L}}}\Delta f}-\sqrt{2eRF_{\mathrm{a}}g^2P_{\mathrm{b}}\Delta f+\frac{4k_{\mathrm{B}}T}{R_{\mathrm{L}}}\Delta f}\right)\\ <\left(\sqrt{2eRF_{\mathrm{a}}g^2\left(P_{\mathrm{E}}h_{\mathrm{e}}+P_{\mathrm{b}}\right)\Delta f+\frac{4k_{\mathrm{B}}T}{R_{\mathrm{L}}}\Delta f}-\sqrt{2eRF_{\mathrm{a}}g^2P_{\mathrm{b}}\Delta f+\frac{4k_{\mathrm{B}}T}{R_{\mathrm{L}}}\Delta f}\right)\end{array}\right)\\
&= P\left(\sqrt{2eRF_{\mathrm{a}}g^2\left(P_{\mathrm{B}}h_{\mathrm{b}}+P_{\mathrm{b}}\right)\Delta f+\frac{4k_{\mathrm{B}}T}{R_{\mathrm{L}}}\Delta f}<\sqrt{2eRF_{\mathrm{a}}g^2\left(P_{\mathrm{E}}h_{\mathrm{e}}+P_{\mathrm{b}}\right)\Delta f+\frac{4k_{\mathrm{B}}T}{R_{\mathrm{L}}}\Delta f}\right)\\
&= P\left(P_{\mathrm{B}}h_{\mathrm{b}}<P_{\mathrm{E}}h_{\mathrm{e}}\right)=P\left(r_{\mathrm{b}}P10^{-\frac{\delta d_{\mathrm{b}}}{10}}nh_{\mathrm{b}}<r_{\mathrm{e}}P10^{-\frac{\delta d_{\mathrm{e}}}{10}}\frac{n}{w}h_{\mathrm{e}}\right)\\
&= P\left(r_{\mathrm{b}}h_{\mathrm{b}}<r_{\mathrm{e}}10^{\frac{\delta\left(d_{\mathrm{b}}-d_{\mathrm{e}}\right)}{10}}\frac{1}{w}h_{\mathrm{e}}\right)
\end{aligned}
\tag{3.23}
$$

当 Bob 和 Eve 足够接近时，我们假设 $d_{\mathrm{b}}=d_{\mathrm{e}}$，因此截获概率表示为

$$
P_{\text{int}}=P\left(r_{\mathrm{b}}h_{\mathrm{b}}<\frac{r_{\mathrm{e}}}{w}h_{\mathrm{e}}\right) \tag{3.24}
$$

根据它们各自的小尺度和大尺度元素表示接收到的光功率，我们得到

$$
h_{\mathrm{b}}=XY_{\mathrm{b}} \tag{3.25}
$$

$$
h_{\mathrm{e}}=XY_{\mathrm{e}} \tag{3.26}
$$

这里 X 表示湍流引起的大尺度随机影响，而 Y_{b} 和 Y_{e} 分别表示 Bob 和 Eve 的小尺度波动。因此，FSO 安全通信的概率可以表示为

$$
P_{\text{int}}=P\left(r_{\mathrm{b}}Y_{\mathrm{b}}-\frac{r_{\mathrm{e}}}{w}Y_{\mathrm{e}}<0\right) \tag{3.27}
$$

小尺度元素 Y_{b} 和 Y_{e} 在大多数模型中描述成伽马随机变量，类似文献 [5] 的分析，截获概率可以表示为

$$
P_{\text{int}}=1-\frac{1}{2}\frac{r_{\mathrm{b}}-\dfrac{r_{\mathrm{e}}}{w}+\sqrt{\left(r_{\mathrm{b}}+\dfrac{r_{\mathrm{e}}}{w}\right)^2-4\dfrac{r_{\mathrm{e}}}{w}r_{\mathrm{b}}\rho}}{\sqrt{\left(\dfrac{r_{\mathrm{e}}}{w}\right)^2+r_{\mathrm{b}}^2+2\dfrac{r_{\mathrm{e}}}{w}r_{\mathrm{b}}\left(1-2\rho\right)}} \tag{3.28}
$$

其中，ρ 是 $r_{\mathrm{b}}Y_{\mathrm{B}}$ 和 $r_{\mathrm{e}}Y_{\mathrm{E}}$ 之间的相关系数。小尺度元素在全相关的特殊情况下，即 $Y_{\mathrm{e}}=Y_{\mathrm{b}}$，系统的截获概率可表示为

$$
P_{\text{int}}=\begin{cases}1, & r_{\mathrm{b}}<r_{\mathrm{e}}/w\\ 0, & \text{其他}\end{cases} \tag{3.29}
$$

相反，如果小尺度波动导致的衰落假设是全独立的，那么对于 Eve 和 Bob，经历不相关的小尺度波动，我们得到 P_{int} 的简单表达式为

$$P_{\mathrm{int}} = 1 - \frac{r_{\mathrm{b}}/r_{\mathrm{e}}}{r_{\mathrm{b}}/r_{\mathrm{e}} + 1/w} \tag{3.30}$$

搭线信道模型仿真参数如表 3.1 所示。

表 3.1 搭线信道模型仿真参数

符号	名称	数值
P	传输功率	10mW
r_{e}	Eve 窃听比例	0.01
k_{B}	玻尔兹曼常数	1.38×10^{-23} W/(K · Hz)
e	电子电荷	1.69×10^{-19}C
R_{L}	负载电阻	50Ω
T	接收机温度	300K
R	APD 响应度	0.5A/W
P_{b}	背景光功率	−40dBm
ε	电离因子	0.5
R_{b}	传输速率	1Gb/s
g	APD 增益	30

图 3.3 是 EnA 情况下，截获概率 P_{int} 与 Eve 抽取比例的比值 $r_{\mathrm{b}}/r_{\mathrm{e}}$ 的关系 (弱湍流)，传输距离 $d_{\mathrm{b}} = 500$m，分别采用 OOC(400,3,1,1)、(400,7,1,1)、(400,10,1,1) 编码。从图中可以看出，对于较小的 $r_{\mathrm{b}}/r_{\mathrm{e}}$ 值，EnA 情况下的安全通信几乎很难实现。当然这种情况对实际有一些影响，意味着泄漏给 Eve 的功率足够大，所以 Alice 和 Bob 可以轻易地发现窃听用户的存在。从图 3.3(a) 中可以看出，在同一比值 $r_{\mathrm{b}}/r_{\mathrm{e}}$ 下，编码后的 P_{int} 变小。如图 3.3(b) 所示，在同一比值 $r_{\mathrm{b}}/r_{\mathrm{e}}$ 下，增大码重，P_{int} 变小。因此，可以得出利用 OOC 编码能够提高 FSO-CDMA 系统物理层安全的结论。此外，增大码重可以提高系统的物理层安全性。

图 3.4 描述了在 EnB 情况下，截获概率 P_{int} 与 Eve 抽取比例的比值 $r_{\mathrm{b}}/r_{\mathrm{e}}$ 的关系 (强湍流)。在图 3.4(a) 中，在固定数值 $r_{\mathrm{b}}/r_{\mathrm{e}}$ 下，利用 OOC 编码后，FSO-CDMA 系统搭线信道的截获概率将会减小。从图 3.4(b) 可以看出，在同一比值 $r_{\mathrm{b}}/r_{\mathrm{e}}$ 下，增大 OOC 码字的码重，可以增加系统的安全性。特别当 Bob 与 Eve 经历的湍流效应完全相关时，$P_{\mathrm{int}} = P\left(r_{\mathrm{b}} < r_{\mathrm{e}}/w\right)$。在实际情况中，由于 $r_{\mathrm{b}} \gg r_{\mathrm{e}}$，则 FSO-CDMA 系统搭线信道模型的截获概率为零。这就说明 EnB 比 EnA 更安全。所以，在后面的多用户 FSO-CDMA 搭线信道模型中，我们主要分析 EnA 情况下搭线信道模型的性能。

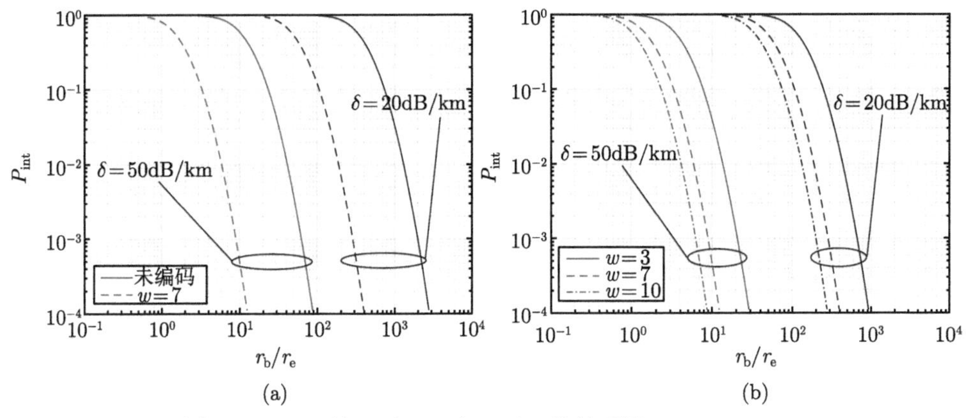

图 3.3 EnA 情况下 P_{int} 与 r_b/r_e 的关系图，$r_b+r_e=1$

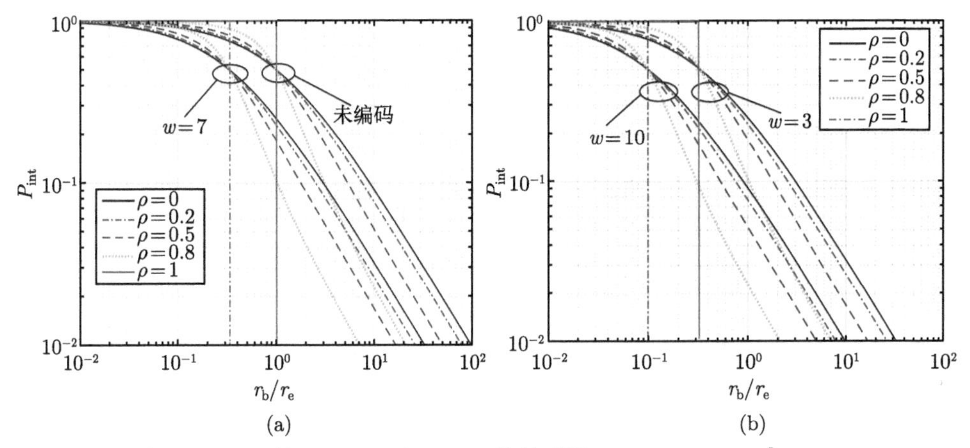

图 3.4 EnB 情况下 P_{int} 与 r_b/r_e 的关系图，$r_e+r_b=1$，$\sigma_h^2=3.5$

3.3 基于 OOK 的多用户 FSO-CDMA 物理层安全分析

3.3.1 基于 OOK 的多用户 FSO-CDMA 搭线信道模型

基于 OOC 编码的多用户 FSO-CDMA 搭线信道模型如图 3.5 所示。在多用户 FSO-CDMA 中，假设所有用户的发送功率均为 P。Alice 发送目标信号，而其他干扰用户使用不同的光编码器。因此，在多用户 FSO-CDMA 搭线信道模型中，合法用户和窃听用户接收到的信号均由目标用户信号和其他用户干扰信号两部分组成。

类似地，考虑大气湍流、散粒噪声、多址干扰、热噪声、背景噪声的影响，则 Bob 接收到的平均信号电流 $I_{B1}(h_b)$ 和噪声 $\sigma^2_{\text{B1}-\text{I}}(h_b)$ 分别为

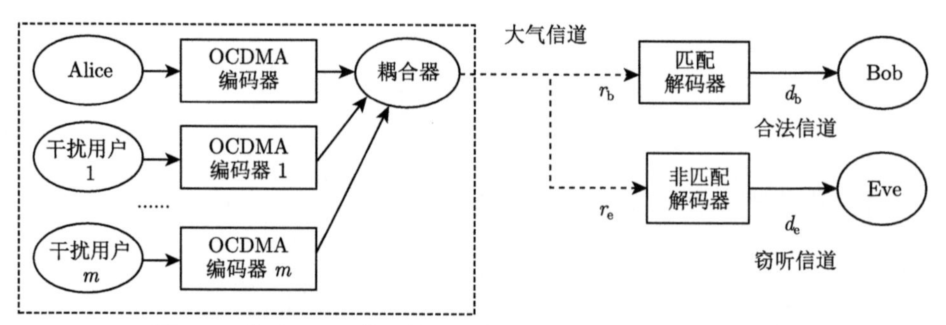

图 3.5 基于 OOC 编码的多用户 FSO-CDMA 搭线信道模型

发 “1” 码时：

$$I_{\mathrm{B1-1}}\left(h_{\mathrm{b}}\right)=RgP_{\mathrm{B}}\left(1+\frac{w}{2n}m\right)h_{\mathrm{b}} \tag{3.31}$$

$$\sigma_{\mathrm{B1-I_1}}^2\left(h_{\mathrm{b}}\right)=\sigma_{\mathrm{B1-sh1}}^2\left(h_{\mathrm{b}}\right)+\sigma_{\mathrm{b}}^2+\sigma_{\mathrm{th}}^2+\sigma_{\mathrm{B1-MAI}}^2\left(h_{\mathrm{b}}\right) \tag{3.32}$$

发 “0” 码时：

$$I_{\mathrm{B1-0}}\left(h_{\mathrm{b}}\right)=RgP_{\mathrm{B}}\frac{w}{2n}mh_{\mathrm{b}} \tag{3.33}$$

$$\sigma_{\mathrm{B1-I_0}}^2\left(h_{\mathrm{b}}\right)=\sigma_{\mathrm{B1-sh0}}^2\left(h_{\mathrm{b}}\right)+\sigma_{\mathrm{b}}^2+\sigma_{\mathrm{th}}^2+\sigma_{\mathrm{B1-MAI}}^2\left(h_{\mathrm{b}}\right) \tag{3.34}$$

其中，$\sigma_{\mathrm{B1-sh1}}^2\left(h_{\mathrm{b}}\right)=2eRF_{\mathrm{a}}g^2P_{\mathrm{B}}\left(1+\frac{w}{2n}m\right)h_{\mathrm{b}}\Delta f$, $\sigma_{\mathrm{B1-sh0}}^2\left(h_{\mathrm{b}}\right)=2eRF_{\mathrm{a}}g^2P_{\mathrm{B}}\cdot\frac{w}{2n}mh_{\mathrm{b}}\Delta f$, $\sigma_{\mathrm{B1-MAI}}^2\left(h_{\mathrm{b}}\right)=m\frac{w^2}{2n}\left(1-\frac{w^2}{2n}\right)\left(Rg\frac{P_{\mathrm{B}}}{w}h_{\mathrm{b}}\right)^2$。

Eve 接收到的平均信号电流 I_{E1} 和噪声 $\sigma_{\mathrm{E1-I}}^2$ 分别为

发 “1” 码时：

$$I_{\mathrm{E1-1}}=RgP_{\mathrm{E}}\left(1+\frac{w^2}{2n}m\right) \tag{3.35}$$

$$\sigma_{\mathrm{E1-I_1}}^2=\sigma_{\mathrm{E1-sh1}}^2+\sigma_{\mathrm{b}}^2+\sigma_{\mathrm{th}}^2+\sigma_{\mathrm{E1-MAI}}^2 \tag{3.36}$$

发 “0” 码时：

$$I_{\mathrm{E1-0}}=RgP_{\mathrm{E}}\frac{w^2}{2n}m \tag{3.37}$$

$$\sigma_{\mathrm{E1-I_0}}^2=\sigma_{\mathrm{E1-sh0}}^2+\sigma_{\mathrm{b}}^2+\sigma_{\mathrm{th}}^2+\sigma_{\mathrm{E1-MAI}}^2 \tag{3.38}$$

其中，$\sigma_{\mathrm{E1-sh1}}^2 = 2eRF_{\mathrm{a}}g^2P_{\mathrm{E}}\left(1+\frac{w^2}{2n}m\right)\Delta f$，$P_{\mathrm{E}} = \frac{n}{w}r_{\mathrm{e}}P$，$\sigma_{\mathrm{E1-sh0}}^2 = 2eRF_{\mathrm{a}}g^2P_{\mathrm{E}}\frac{w^2}{2n}m\Delta f, \sigma_{\mathrm{E1-MAI}}^2 = m\frac{w^2}{2n}\left(1-\frac{w^2}{2n}\right)(RgP_{\mathrm{E}})^2$。

类似地，根据式 (3.6) 和式 (3.7) 计算出多用户 FSO-CDMA 搭线信道中 Bob 和 Eve 的瞬时误码率和平均误码率。搭线信道的截获概率表示为

$$
\begin{aligned}
&P_{\mathrm{int}} = P\left(C_{\mathrm{B}} < C_{\mathrm{E}}\right) = 1 - P\left(Q_{\mathrm{B}}\left(h_{\mathrm{b}}\right) \geqslant Q_{\mathrm{E}}\right) \\
&= 1-P\left(\begin{array}{l}\dfrac{I_{B1-1}\left(h_{\mathrm{b}}\right)-I_{B1-0}\left(h_{\mathrm{b}}\right)}{\sqrt{\sigma_{\mathrm{B1-sh1}}^2\left(h_{\mathrm{b}}\right)+\sigma_{\mathrm{b}}^2+\sigma_{\mathrm{th}}^2+\sigma_{\mathrm{B1-MAI}}^2\left(h_{\mathrm{b}}\right)}+\sqrt{\sigma_{\mathrm{B1-sh0}}^2\left(h_{\mathrm{b}}\right)+\sigma_{\mathrm{b}}^2+\sigma_{\mathrm{th}}^2+\sigma_{\mathrm{B1-MAI}}^2\left(h_{\mathrm{b}}\right)}} \\
\geqslant \dfrac{I_{\mathrm{E1-1}}-I_{\mathrm{E1-0}}}{\sqrt{\sigma_{\mathrm{E1-sh1}}^2+\sigma_{\mathrm{b}}^2+\sigma_{\mathrm{th}}^2+\sigma_{\mathrm{E1-MAI}}^2}+\sqrt{\sigma_{\mathrm{E1-sh0}}^2+\sigma_{\mathrm{b}}^2+\sigma_{\mathrm{th}}^2+\sigma_{\mathrm{E1-MAI}}^2}}\end{array}\right) \\
&= 1-P\left(\begin{array}{l}\sqrt{\sigma_{\mathrm{B1-sh1}}^2\left(h_{\mathrm{b}}\right)+\sigma_{\mathrm{b}}^2+\sigma_{\mathrm{th}}^2+\sigma_{\mathrm{B1-MAI}}^2\left(h_{\mathrm{b}}\right)}-\sqrt{\sigma_{\mathrm{B1-sh0}}^2\left(h_{\mathrm{b}}\right)+\sigma_{\mathrm{b}}^2+\sigma_{\mathrm{th}}^2+\sigma_{\mathrm{B1-MAI}}^2\left(h_{\mathrm{b}}\right)} \\
\geqslant \sqrt{\sigma_{\mathrm{E1-sh1}}^2+\sigma_{\mathrm{b}}^2+\sigma_{\mathrm{th}}^2+\sigma_{\mathrm{E1-MAI}}^2}-\sqrt{\sigma_{\mathrm{E1-sh0}}^2+\sigma_{\mathrm{b}}^2+\sigma_{\mathrm{th}}^2+\sigma_{\mathrm{E1-MAI}}^2}\end{array}\right) \\
&= 1-P\left(\begin{array}{l}\sqrt{2eRF_{\mathrm{a}}g^2\left(P_{\mathrm{B}}\left(1+\frac{w}{2n}m\right)h_{\mathrm{b}}+P_{\mathrm{b}}\right)\Delta f+\frac{4k_{\mathrm{B}}T}{R_{\mathrm{L}}}\Delta f+m\frac{w^2}{2n}\left(1-\frac{w^2}{2n}\right)\left(Rg\frac{P_{\mathrm{B}}}{w}h_{\mathrm{b}}\right)^2}- \\
\sqrt{2eRF_{\mathrm{a}}g^2\left(P_{\mathrm{B}}\frac{w}{2n}mh_{\mathrm{b}}+P_{\mathrm{b}}\right)\Delta f+\frac{4k_{\mathrm{B}}T}{R_{\mathrm{L}}}\Delta f+m\frac{w^2}{2n}\left(1-\frac{w^2}{2n}\right)\left(Rg\frac{P_{\mathrm{B}}}{w}h_{\mathrm{b}}\right)^2} \geqslant Z\end{array}\right) \\
&= 1-P\left[\left(\sqrt{Ah_{\mathrm{b}}+B+Ch_{\mathrm{b}}^2}-\sqrt{Dh_{\mathrm{b}}+B+Ch_{\mathrm{b}}^2}\right) \geqslant Z\right] \\
&= 1-P\left[(A-D)\,h_{\mathrm{b}}-Z^2 \geqslant 2Z\sqrt{Dh_{\mathrm{b}}+B+Ch_{\mathrm{b}}^2}\right] \\
&= 1-P\left[(A-D)^2h_{\mathrm{b}}^2+Z^4-2Z^2(A-D)\,h_{\mathrm{b}}-4Z^2\left(Dh_{\mathrm{b}}+B+Ch_{\mathrm{b}}^2\right) \geqslant 0\right]
\end{aligned}
$$

其中，$A = 2eRF_{\mathrm{a}}g^2P_{\mathrm{B}}\left(1+\frac{w}{2n}m\right)\Delta f$，$B = 2eRF_{\mathrm{a}}g^2P_{\mathrm{b}}\Delta f + \frac{4k_{\mathrm{B}}T}{R_{\mathrm{L}}}\Delta f$，$C = m\frac{w^2}{2n}\left(1-\frac{w^2}{2n}\right)\left(Rg\frac{P_{\mathrm{B}}}{w}\right)^2$，$D = 2eRF_{\mathrm{a}}g^2P_{\mathrm{B}}\frac{w}{2n}m\Delta f$，

$$
Z = \sqrt{\sigma_{\mathrm{E1-sh1}}^2+\sigma_{\mathrm{b}}^2+\sigma_{\mathrm{th}}^2+\sigma_{\mathrm{E1-MAI}}^2}-\sqrt{\sigma_{\mathrm{E1-sh0}}^2+\sigma_{\mathrm{b}}^2+\sigma_{\mathrm{th}}^2+\sigma_{\mathrm{E1-MAI}}^2},
$$

利用一元二次不等式 $a_0x^2+b_0x+c_0 \geqslant 0, a_0 \neq 0$ 的解法来求解 h_{b} 的取值，式中，$a_0 = \left(2eRF_{\mathrm{a}}g^2P_{\mathrm{B}}\Delta f\right)^2-4Z^2m\frac{w^2}{2n}\left(1-\frac{w^2}{2n}\right)\left(Rg\frac{P_{\mathrm{B}}}{w}\right)^2, b_0 = -2Z^2\Big(2eRF_{\mathrm{a}}g^2P_{\mathrm{B}}\cdot$

$\left(1+\dfrac{w}{n}m\right)\Delta f\Big)$，$c_0 = Z^4 - 4Z^2\left(2eRF_{\mathrm{a}}g^2P_{\mathrm{b}}\Delta f + \dfrac{4k_{\mathrm{B}}T}{R_{\mathrm{L}}}\Delta f\right)$。

经计算，$a_0 > 0$，且 $h_{\mathrm{b}} \geqslant 0$，那么 h_{b} 的取值为 $h_{\mathrm{b}} \geqslant \dfrac{-b_0+\sqrt{b_0^2-4a_0c_0}}{2a_0}$，则 OOK 多用户 FSO-CDMA 搭线信道的截获概率表示为

$$P_{\mathrm{int}} = 1 - \int_{\frac{-b_0+\sqrt{b_0^2-4a_0c_0}}{2a_0}}^{\infty} f(h_{\mathrm{b}})\mathrm{d}h_{\mathrm{b}} = F_{\mathrm{B}}\left(\frac{-b_0+\sqrt{b_0^2-4a_0c_0}}{2a_0}\right) \tag{3.39}$$

3.3.2 基于 OOK 的多用户 FSO-CDMA 搭线信道理论结果与分析

图 3.6 描述了在 EnA 情况下，多用户 FSO-CDMA 系统的截获概率 P_{int} 与输入光功率 P 的关系。多用户 FSO-CDMA 系统搭线信道利用 OOC(400,3,1,1) 进行编码。其中，$\delta = 20\mathrm{dB/km}$，$d_{\mathrm{b}} = 2.0\mathrm{km}$，$r_{\mathrm{e}} = 0.01$，$r_{\mathrm{e}} + r_{\mathrm{b}} = 1$。从图中可以看出，随着输入光功率的增大，截获概率不断降低。这是因为，当光功率较低时，信道中占主导因素的是背景噪声和热噪声，故合法信道和窃听信道的信道容量都比较小，保密容量也较小。当光功率增大时，与光功率有关的散粒噪声和多址干扰不断增大，合法信道和窃听信道的信道容量增加，且合法信道的增幅相对较大，因此保密容量增大，导致截获概率降低。此外，当输入光功率相同时，随着 FSO-CDMA 系统搭线信道中干扰用户数的增加，截获概率下降，这说明增加系统的干扰用户数和输入光功率可以降低截获概率，提高系统搭线信道的安全性。

图 3.7 描述了在不同湍流情况下，多用户 FSO-CDMA 搭线信道截获概率 P_{int} 和 Bob 的误码率与干扰用户数的关系 (EnA)。采用 OOC(400,3,1,1) 进行编码，$\delta = 20\mathrm{dB/km}$，$d_{\mathrm{b}} = 2.0\mathrm{km}$，$P = 10\mathrm{mW}$，$r_{\mathrm{e}} = 0.01$，$r_{\mathrm{e}} + r_{\mathrm{b}} = 1$。从图中可以看出，截获概率随着干扰用户数的增加而减小，而 Bob 的误码率随着用户数的增加而增大。因此，给定传输距离和抽取比例，用户数必须在某个区间内，才能同时满足 FSO-CDMA 搭线信道的可靠性和安全性。从图 3.7 可知，在弱湍流中，Bob 满足 $\mathrm{BER} \leqslant 10^{-6}$，干扰用户数需不超过 4。当截获概率满足 $P_{\mathrm{int}} \leqslant 2.5392\times10^{-5}$ 时，干扰用户数需不少于 2。因此，若想同时满足 Bob 的可靠性达到 $\mathrm{BER} \leqslant 10^{-6}$ 和搭线信道截获概率 $P_{\mathrm{int}} \leqslant 2.5392\times10^{-5}$，干扰用户数的个数范围必须在 2~4。

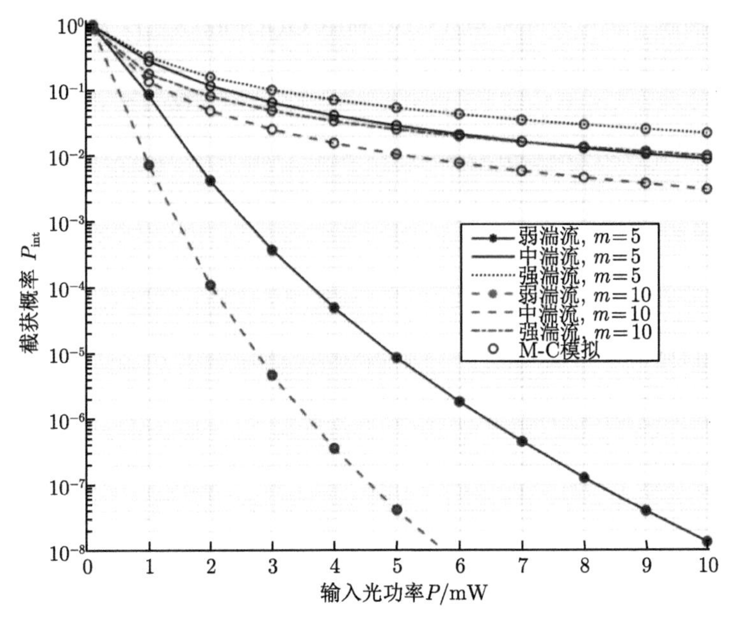

图 3.6 在 EnA 情况下，多用户 FSO-CDMA 系统的截获概率 P_{int} 与输入光功率 P 的关系

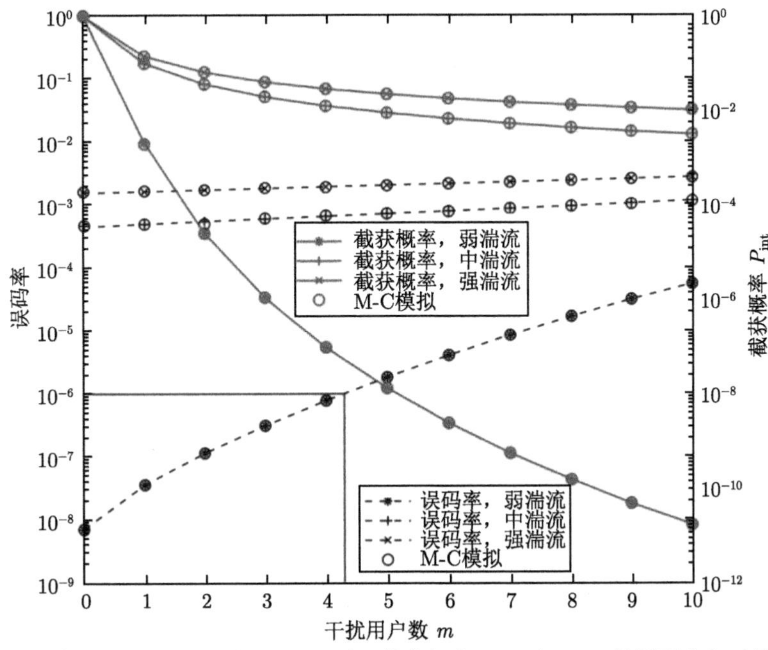

图 3.7 多用户 FSO-CDMA 处于 EnA 时，截获概率 P_{int} 和 Bob 的误码率与干扰用户数的关系 $(r_{\mathrm{e}}=0.01, r_{\mathrm{e}}+r_{\mathrm{b}}=1, d_{\mathrm{b}}=2.0\mathrm{km})$

图 3.8 描述了多用户 FSO-CDMA 利用 OOC(400,3,1,1) 进行编码，且处于 EnA 时，截获概率 $P_{\rm int}$ 和 Bob 的误码率与干扰用户数的关系。其中，$\delta = 20{\rm dB/km}$，$d_{\rm b} = 1.5{\rm km}$，$P = 10{\rm mW}$，$r_{\rm e} = 0.01$，$r_{\rm e} + r_{\rm b} = 1$。与图 3.7 相比，我们可以看出减小传输距离可以降低系统的截获概率。在弱湍流中，干扰用户数的个数范围必须在 2∼8，才能同时满足合法用户可靠性 BER $\leqslant 10^{-6}$ 和搭线信道截获概率 $P_{\rm int} \leqslant 7.6114 \times 10^{-17}$。

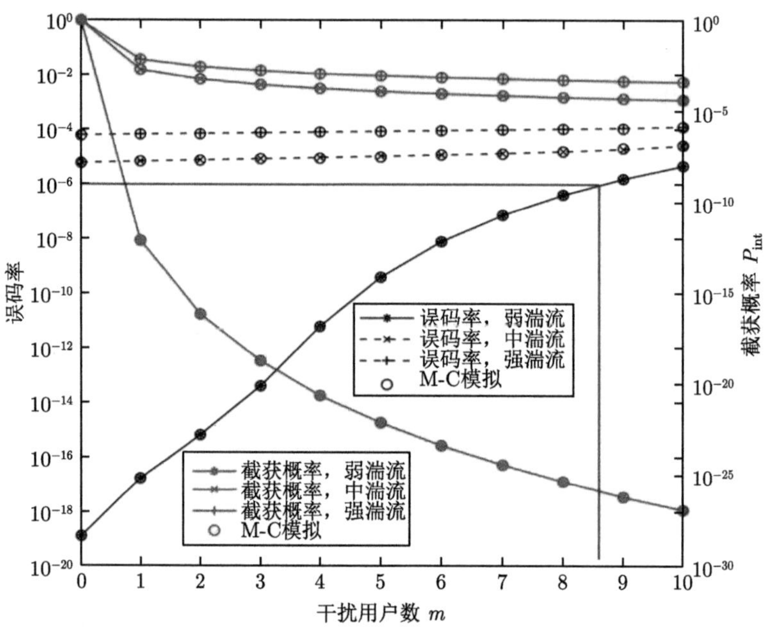

图 3.8 多用户 FSO-CDMA 处于 EnA 时，在不同湍流情况下，截获概率 $P_{\rm int}$ 和 Bob 的误码率与干扰用户数的关系 $(r_{\rm e} = 0.01, r_{\rm e} + r_{\rm b} = 1, d_{\rm b} = 1.5{\rm km})$

图 3.9 描述了在不同湍流情况下，多用户 FSO-CDMA 搭线信道截获概率 $P_{\rm int}$ 和 Bob 的误码率与码长 n 的关系。利用 OOC(n,3,1,1) 进行编码，$\delta = 20{\rm dB/km}$，$d_{\rm b} = 2.0{\rm km}$，$P = 10{\rm mW}$，$r_{\rm e} = 0.01$，$r_{\rm e} + r_{\rm b} = 1$，$m = 4$。从图中可以看出，截获概率随着码长的增加而增加，而 Bob 的误码率随着用户数的增加而减小。因此，码长需在某个区间内，才能同时满足搭线信道模型的可靠性和安全性。比如，在弱湍流中，码长的取值范围必须在 372∼560，才能同时满足合法用户 BER $\leqslant 10^{-6}$，截获概率 $P_{\rm int} \leqslant 1.447 \times 10^{-6}$。因而可以选择 372 为码长实现系统最大的频谱利用率。

系统的可靠性、有效性和安全性对 FSO 通信系统来说十分重要，然而，这三个属性之间存在相互约束。图 3.10 表示了在弱湍流情况下，截获概率 $P_{\rm int}$、Bob

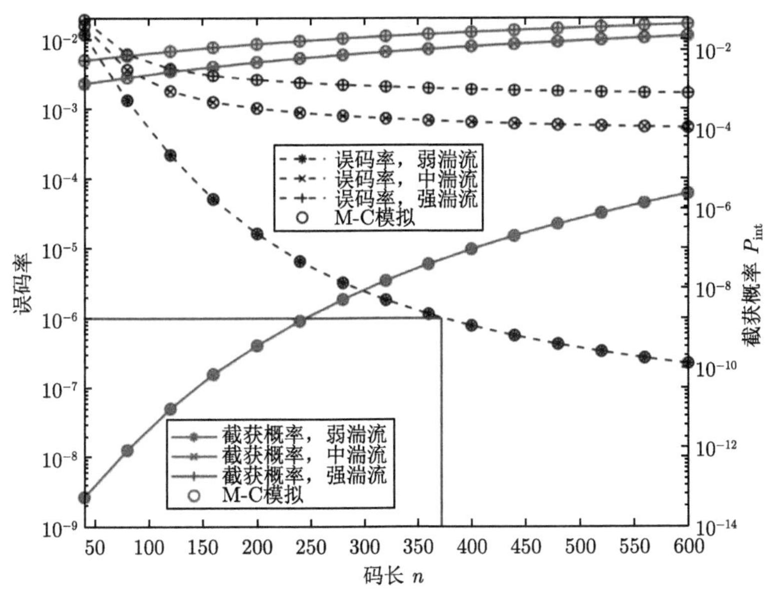

图 3.9 在不同湍流情况下，截获概率 P_{int} 和 Bob 的误码率与码长 n 的关系 ($r_e = 0.01$，$d_b = 2.0$km，$m = 4$)

的误码率与传输速率 R_b 和干扰用户数 m 之间的关系。因此，我们可以同时考虑 FSO-CDMA 系统搭线信道的可靠性、有效性和安全性，从而得出 FSO-CDMA 系统的最优参数。其中，OOC(400,3,1,1)，$\delta = 20$dB/km, $P = 10$mW, $d_b = 2.0$km, $r_e = 0.01$, $r_e + r_b = 1$。从图 3.10(a) 中可以得出，当 Bob 的误码率满足 BER $\leqslant 10^{-6}$ 时，干扰用户的个数需不超过 4，系统的传输速率需不大于 0.9Gb/s。从

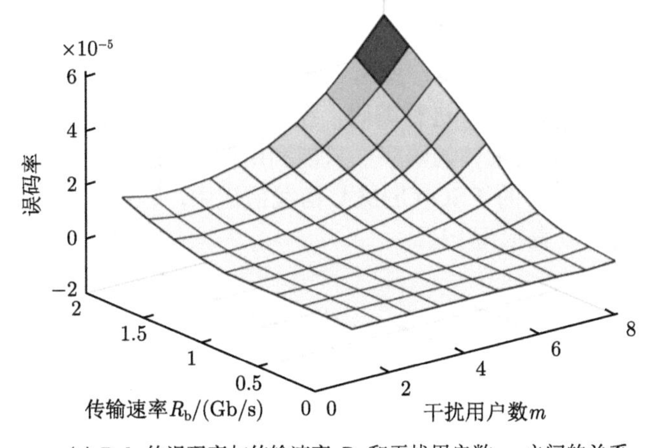

(a) Bob 的误码率与传输速率 R_b 和干扰用户数 m 之间的关系

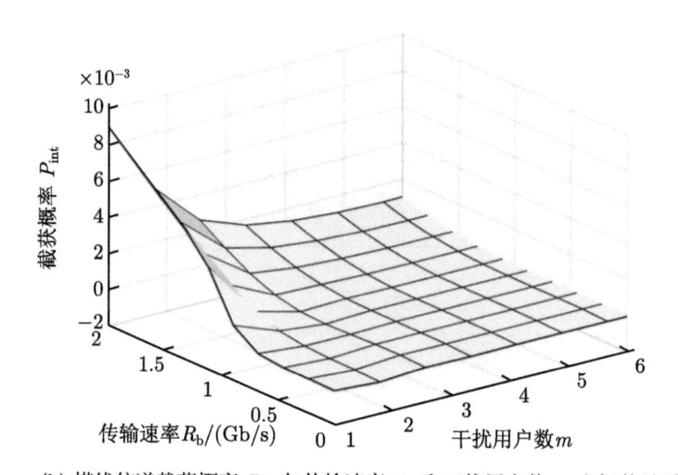

(b) 搭线信道截获概率 P_{int} 与传输速率 R_{b} 和干扰用户数 m 之间的关系

图 3.10 同时考虑可靠性、有效性和安全性时，FSO-CDMA 搭线信道模型的最优参数设计

图 3.10(b) 中可以得出，当截获概率满足 $P_{\mathrm{int}} \leqslant 1.4548 \times 10^{-6}$，干扰用户的个数必须不小于 2，系统的传输速率必须不大于 0.7Gb/s。因此，FSO-CDMA 系统搭线信道模型若要同时满足 Bob 的误码率满足 BER $\leqslant 10^{-6}$ 和截获概率满足 $P_{\mathrm{int}} \leqslant 1.4548 \times 10^{-6}$，干扰用户的个数需在 2~4，系统的传输速率需不大于 0.7Gb/s。

3.4 基于 M-PPM 的 FSO-CDMA 搭线信道的性能分析

3.4.1 基于 M-PPM 的 FSO-CDMA 搭线信道模型

基于 M-PPM 的 FSO-CDMA 搭线信道模型如图 3.11 所示，信道模型中含有合法用户 Alice 和 Bob、窃听用户 Eve 和 m 个干扰用户。假设所有的发送端的用户发送功率均为 P，各个用户使用不同的 OCDMA 编码器。在发送端，合法用户利用光正交码 $(n, w, 1, 1)$ 进行编码，在接收端，Bob 利用匹配解码器进行解码，而窃听用户因不知道具体的码字，只能利用非匹配解码器进行解码。

在有 m 个干扰用户的 FSO-CDMA 搭线信道中，Bob 的瞬时符号错误概率 $P_{\mathrm{B-e}}(h_{\mathrm{b}})$ 的上限可以表示为 [1]

$$
\begin{aligned}
P_{\mathrm{B-e}}(h_{\mathrm{b}}) &\leqslant \sum_{u=1}^{M-1} P_{\mathrm{r}}\left\{I^{(0)} \leqslant I^{(u)} | s=s_0\right\} = (M-1) \times P_{\mathrm{r}}\left\{I^{(0)} \leqslant I^{(1)} | s=s_0\right\} \\
&\leqslant (M-1) \times Q\left(\frac{\mu_{I^{(0)}}(h_{\mathrm{b}}) - \mu_{I^{(1)}}(h_{\mathrm{b}})}{\sqrt{\sigma^2_{\mathrm{B1}-I^{(1)}}(h_{\mathrm{b}}) + \sigma^2_{\mathrm{B1}-I^{(0)}}(h_{\mathrm{b}})}}\right)
\end{aligned}
\tag{3.40}
$$

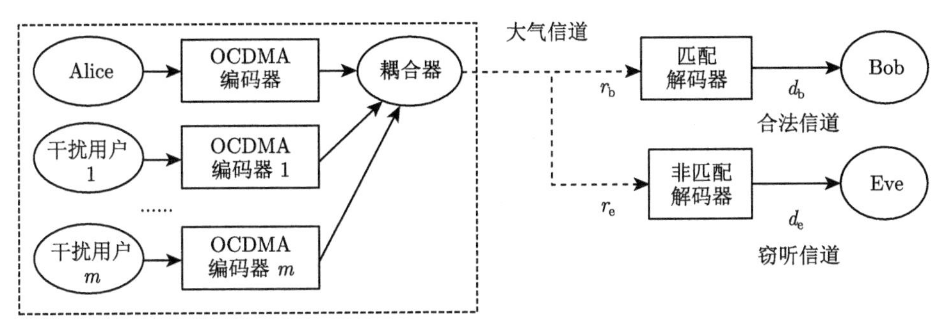

图 3.11 基于 M-PPM 的 FSO-CDMA 搭线信道模型

其中，M 是时隙数，$Q(x)=\dfrac{1}{2}\text{erfc}\left(x/\sqrt{2}\right)$；$u$ 代表时隙 $(0\leqslant u\leqslant M-1)$；$s$ 代表传输的符号；$I^{(0)}$ 和 $I^{(1)}$ 代表目标传送符号 s_0 和干扰符号的光电流；h_b 表示 Bob 的大气湍流强度起伏；$\mu_{I^{(0)}}$，$\mu_{I^{(1)}}$ 分别是 $I^{(0)}$ 和 $I^{(1)}$ 的均值；$\sigma^2_{\text{B}1-I^{(1)}}$，$\sigma^2_{\text{B}1-I^{(0)}}$ 分别是 $I^{(0)}$ 和 $I^{(1)}$ 的均方值。考虑了热噪声 σ^2_th、散粒噪声 σ^2_sh、背景噪声 σ^2_b 及多址干扰 σ^2_MAI 后，对合法用户 Bob 来说：

$$\mu_{I^{(0)}}\left(h_\text{b}\right)=RgP_\text{B}h_\text{b} \tag{3.41}$$

$$\sigma^2_{\text{B}1-I^{(0)}}\left(h_\text{b}\right)=\sigma^2_{\text{B}1-\text{sh}1}\left(h_\text{b}\right)+\sigma^2_\text{b}+\sigma^2_\text{th}+\sigma^2_{\text{B}1-\text{MAI}}\left(h_\text{b}\right) \tag{3.42}$$

$$\mu_{I^{(1)}}\left(h_\text{b}\right)=RgP_\text{B}\frac{w}{Mn}mh_\text{b} \tag{3.43}$$

$$\sigma^2_{\text{B}1-I^{(1)}}\left(h_\text{b}\right)=\sigma^2_{\text{B}1-\text{sh}0}\left(h_\text{b}\right)+\sigma^2_\text{b}+\sigma^2_\text{th}+\sigma^2_{\text{B}1-\text{MAI}}\left(h_\text{b}\right) \tag{3.44}$$

其中，$P_\text{B}=\dfrac{M}{2}n\left(1-r_\text{e}\right)P10^{-\frac{\delta d_\text{b}}{10}}$，$\sigma^2_{\text{B}1-\text{sh}1}\left(h_\text{b}\right)=2eRF_\text{a}g^2P_\text{B}h_\text{b}\Delta f$，$\sigma^2_\text{b}=2eRF_\text{a}g^2P_\text{b}\Delta f$，$\sigma^2_{\text{B}1-\text{sh}0}\left(h_\text{b}\right)=2eRF_\text{a}g^2P_\text{B}\dfrac{w}{Mn}mh_\text{b}\Delta f$，$\sigma^2_{\text{B}1-\text{MAI}}\left(h_\text{b}\right)=m\dfrac{w^2}{Mn}\left(1-\dfrac{w^2}{Mn}\right)\left(Rg\dfrac{P_\text{B}}{w}h_\text{b}\right)^2$，$\sigma^2_\text{th}=4k_\text{B}T\Delta f/R_\text{L}$。M-PPM 的符号间隔周期 $T_\text{w}=\left(\log_2 M\right)/R_\text{b}$，$R_\text{b}$ 为比特速率；时隙周期 $T_\text{s}=T_\text{w}/M$；切普周期表示为 $T_\text{c}=T_\text{s}/n$，则接收机的有效噪声带宽可以表示为 $\Delta f=nMR_\text{b}/(2\log_2 M)$。

在大气湍流为 h_b 的情况下，Bob 的瞬时误码率为

$$\overline{P_\text{B}}\left(h_\text{b}\right)=\frac{M}{2\left(M-1\right)}P_{\text{B}-\text{e}}\left(h_\text{b}\right) \tag{3.45}$$

则在有 m 个干扰信号的 FSO-CDMA 搭线信道中，假设符号 S_0 是要传输的目标信号，则平均符号错误概率 $P_{\text{B}-\text{e}}$ 的上限可以表示为

$$P_{\mathrm{B-e}} \leqslant \sum_{u=1}^{M-1} P_{\mathrm{r}}\left\{I^{(0)} \leqslant I^{(u)} \,|s=s_0\right\} = (M-1)\,P_{\mathrm{r}}\left\{I^{(0)} \leqslant I^{(1)} \,|s=s_0\right\}$$

$$\leqslant (M-1)\int_0^{\infty} f\left(h_{\mathrm{b}}\right) \times Q\left(\frac{\mu_{I^{(0)}}\left(h_{\mathrm{b}}\right) - \mu_{I^{(1)}}\left(h_{\mathrm{b}}\right)}{\sqrt{\sigma^2_{\mathrm{B1}-I^{(1)}}\left(h_{\mathrm{b}}\right) + \sigma^2_{\mathrm{B1}-I^{(0)}}\left(h_{\mathrm{b}}\right)}}\right)\mathrm{d}h_{\mathrm{b}} \quad (3.46)$$

那么，FSO-CDMA 搭线信道中，Bob 的平均误码率为

$$\overline{P_{\mathrm{B}}} = \frac{M}{2\,(M-1)} P_{\mathrm{B-e}} \quad (3.47)$$

对 Eve 来说：

$$\mu_{I^{(0)}}\left(h_{\mathrm{e}}\right) = RgP_{\mathrm{E}}h_{\mathrm{e}} \quad (3.48)$$

$$\sigma^2_{\mathrm{E1}-I^{(0)}} = \sigma^2_{\mathrm{E1-sh1}}\left(h_{\mathrm{e}}\right) + \sigma^2_{\mathrm{b}} + \sigma^2_{\mathrm{th}} + \sigma^2_{\mathrm{E1-MAI}}\left(h_{\mathrm{e}}\right) \quad (3.49)$$

$$\mu_{I^{(1)}}\left(h_{\mathrm{e}}\right) = RgP_{\mathrm{E}}\frac{w^2}{Mn}mh_{\mathrm{e}} \quad (3.50)$$

$$\sigma^2_{\mathrm{E1}-I^{(1)}} = \sigma^2_{\mathrm{E1-sh0}}\left(h_{\mathrm{e}}\right) + \sigma^2_{\mathrm{b}} + \sigma^2_{\mathrm{th}} + \sigma^2_{\mathrm{E1-MAI}}\left(h_{\mathrm{e}}\right) \quad (3.51)$$

其中，h_{e} 为 Eve 经历大气湍流的强度起伏；P_{E} 代表没有大气湍流时 Eve 接收到的切普功率，表示为 $P_{\mathrm{E}} = M/2nr_{\mathrm{e}}P10^{-\frac{\delta d_{\mathrm{e}}}{10}}/w$；$\sigma^2_{\mathrm{E1-sh1}} = 2eRF_{\mathrm{a}}g^2P_{\mathrm{E}}h_{\mathrm{e}}\Delta f$，$\sigma^2_{\mathrm{E1-sh0}} = 2eRF_{\mathrm{a}}g^2P_{\mathrm{E}}\frac{w^2}{Mn}mh_{\mathrm{e}}\Delta f$，$\sigma^2_{\mathrm{E1-MAI}} = m\frac{w^2}{Mn}\left(1-\frac{w^2}{Mn}\right)\left(RgP_{\mathrm{E}}h_{\mathrm{e}}\right)^2$。

类似地，也可以根据式 (3.40)、(3.48)~(3.51) 计算出大气湍流 h_{e} 时，Eve 的瞬时符号错误率 $P_{\mathrm{E-e}}\left(h_{\mathrm{e}}\right)$。然后，再根据式 (3.45) 计算 Eve 的瞬时误码率 $\overline{P_{\mathrm{E}}}\left(h_{\mathrm{e}}\right)$。根据式 (3.46)、(3.48)~(3.51) 计算 Eve 的平均符号错误率 $P_{\mathrm{E-e}}$，然后计算出 Eve 的平均误码率 $\overline{P_{\mathrm{E}}}$。

3.4.2 基于 M-PPM 的 FSO-CDMA 搭线信道的物理层安全分析

此时，主信道和窃听信道都是强对称离散信道。信道的输入符号集为 $X:\{x_1,x_2,x_3,\cdots,x_M\}$，主信道的输出符号集为 $Y:\{y_1,y_2,y_3,\cdots,y_M\}$，窃听信道的输出符号集为 $Z:\{z_1,z_2,z_3,\cdots,z_M\}$，其中，$X$ 是 Alice 的信道输入，Bob 和 Eve 接收到的输出信号分别为 Y，Z。在主信道中，每一输入符号的正确传输概率均为 $1-P_{\mathrm{B-e}}$，总的错误传输概率 $P_{\mathrm{B-e}}$ 均匀分配在其他 $(M-1)$ 个错误传输符号上，即每个符号错误传输的概率为 $a = P_{\mathrm{B-e}}/(M-1)$。在窃听信道中，每一输入符号的正确传输概率均为 $1-P_{\mathrm{E-e}}$，总的错误传输概率 $P_{\mathrm{E-e}}$ 均匀分配在其他 $(M-1)$ 个错误传输符号上，即每个符号的错误传输的概率为 $b = P_{\mathrm{E-e}}/(M-1)$。

当信源以相等的概率传输时，合法用户信道容量与窃听用户信道容量分别为 [3]

$$C_{\mathrm{B}}=\max_{P(x)}\{I(X;Y)\}=\log_2 M-H(P_{\mathrm{B-e}})-P_{\mathrm{B-e}}\log_2(M-1) \tag{3.52}$$

$$C_{\mathrm{E}}=\max_{P(x)}\{I(X;Z)\}=\log_2 M-H(P_{\mathrm{E-e}})-P_{\mathrm{E-e}}\log_2(M-1) \tag{3.53}$$

其中，$I(X;Y)$ 表示平均交互信息量；$P(x)$ 是信源的先验概率。

利用式 (3.19) 定义的截获概率来衡量基于 PPM 的 FSO-CDMA 搭线信道的物理层安全性。在等概信源的强对称离散信道模型中，根据基于 PPM 的 FSO-CDMA 搭线信道模型的信道容量与输入符号的错误传递概率之间的关系，则基于 PPM 的 FSO-CDMA 搭线信道模型的截获概率可写成

$$P_{\mathrm{int}}=1-P\left(P_{\mathrm{B-e}}(h_{\mathrm{b}})\leqslant P_{\mathrm{E-e}}(h_{\mathrm{e}})\right) \tag{3.54}$$

情况 A: 窃听用户靠近发送端

在这种情况下，我们可以假设窃听信道不受大气湍流和信道衰减的影响，而合法用户 Alice 与 Bob 之间的链路仍然受制于 FSO 链路固有的大气湍流效应。所以，FSO-CDMA 搭线信道的截获概率为

$$\begin{aligned}P_{\mathrm{int}}&=P(C_{\mathrm{B}}(h_{\mathrm{b}})<C_{\mathrm{E}})=1-P\left(P_{\mathrm{B-e}}(h_{\mathrm{b}})\leqslant P_{\mathrm{E-e}}\right)\\&=1-P\left((M-1)Q\left(\frac{\mu_{I^{(0)}}(h_{\mathrm{b}})-\mu_{I^{(1)}}(h_{\mathrm{b}})}{\sqrt{\sigma^2_{I^{(0)}}(h_{\mathrm{b}})+\sigma^2_{I^{(1)}}(h_{\mathrm{b}})}}\right)\right.\\&\qquad\left.\leqslant(M-1)Q\left(\frac{\mu_{I^{(0)}}-\mu_{I^{(1)}}}{\sqrt{\sigma^2_{I^{(0)}}+\sigma^2_{I^{(1)}}}}\right)\right)\\&=1-P\left(Q\left(\frac{\mu_{I^{(0)}}(h_{\mathrm{b}})-\mu_{I^{(1)}}(h_{\mathrm{b}})}{\sqrt{\sigma^2_{I^{(0)}}(h_{\mathrm{b}})+\sigma^2_{I^{(1)}}(h_{\mathrm{b}})}}\right)\leqslant Q\left(\frac{\mu_{I^{(0)}}-\mu_{I^{(1)}}}{\sqrt{\sigma^2_{I^{(0)}}+\sigma^2_{I^{(1)}}}}\right)\right)\end{aligned} \tag{3.55}$$

根据 Q 函数的定义，上式可转换为

$$\begin{aligned}P_{\mathrm{int}}&=1-P\left(\frac{\mu_{I^{(0)}}(h_{\mathrm{b}})-\mu_{I^{(1)}}(h_{\mathrm{b}})}{\sqrt{\sigma^2_{I^{(0)}}(h_{\mathrm{b}})+\sigma^2_{I^{(1)}}(h_{\mathrm{b}})}}\geqslant\frac{\mu_{I^{(0)}}-\mu_{I^{(1)}}}{\sqrt{\sigma^2_{I^{(0)}}+\sigma^2_{I^{(1)}}}}\right)\\&=1-P\left(\frac{RgP_{\mathrm{B}}\left(1-\dfrac{w}{Mn}m\right)h_{\mathrm{b}}}{\sqrt{\sigma^2_{\mathrm{B1-sh1}}(h_{\mathrm{b}})+\sigma^2_{\mathrm{B1-sh0}}(h_{\mathrm{b}})+2\left(\sigma^2_{\mathrm{b}}+\sigma^2_{\mathrm{th}}+\sigma^2_{\mathrm{B1-MAI}}(h_{\mathrm{b}})\right)}}\right.\\&\qquad\left.\geqslant\frac{RgP_{\mathrm{E}}\left(1-\dfrac{w^2}{Mn}m\right)}{\sqrt{\sigma^2_{\mathrm{E1-sh1}}+\sigma^2_{\mathrm{E1-sh0}}+2\left(\sigma^2_{\mathrm{b}}+\sigma^2_{\mathrm{th}}+\sigma^2_{\mathrm{E1-MAI}}\right)}}\right)\end{aligned} \tag{3.56}$$

令 $A = \dfrac{P_{\mathrm{E}}\left(1-\dfrac{w^2}{Mn}m\right)}{\sqrt{\sigma_{\mathrm{E1-sh1}}^2+\sigma_{\mathrm{E1-sh0}}^2+2\left(\sigma_{\mathrm{b}}^2+\sigma_{\mathrm{th}}^2+\sigma_{\mathrm{E1-MAI}}^2\right)}}$，$B = \sigma_{\mathrm{b}}^2+\sigma_{\mathrm{th}}^2 = 2eRF_{\mathrm{a}}g^2P_{\mathrm{b}}\Delta f+4K_{\mathrm{B}}T\Delta f/R_{\mathrm{L}}$，则上式可转换为

$$
\begin{aligned}
P_{\mathrm{int}} &= 1-P\left(\frac{P_{\mathrm{B}}\left(1-\dfrac{w}{Mn}m\right)h_{\mathrm{b}}}{\sqrt{\sigma_{\mathrm{B1-sh1}}^2\left(h_{\mathrm{b}}\right)+\sigma_{\mathrm{B1-sh0}}^2\left(h_{\mathrm{b}}\right)+2\left(\sigma_{\mathrm{b}}^2+\sigma_{\mathrm{th}}^2+\sigma_{\mathrm{B1-MAI}}^2\left(h_{\mathrm{b}}\right)\right)}}\geqslant A\right)\\
&= 1-P\left(\frac{P_{\mathrm{B}}\left(1-\dfrac{w}{Mn}m\right)h_{\mathrm{b}}}{\sqrt{\sigma_{\mathrm{B1-sh1}}^2\left(h_{\mathrm{b}}\right)+\sigma_{\mathrm{B1-sh0}}^2\left(h_{\mathrm{b}}\right)+2\sigma_{\mathrm{B1-MAI}}^2\left(h_{\mathrm{b}}\right)+2B}}\geqslant A\right)\\
&= 1-P\Bigg(P_{\mathrm{B}}\left(1-\frac{w}{Mn}m\right)h_{\mathrm{b}}\\
&\geqslant A\sqrt{\sigma_{\mathrm{B1-sh1}}^2\left(h_{\mathrm{b}}\right)+\sigma_{\mathrm{B1-sh0}}^2\left(h_{\mathrm{b}}\right)+2\sigma_{\mathrm{B1-MAI}}^2\left(h_{\mathrm{b}}\right)+2B}\Bigg)\\
&= 1-P\Bigg(P_{\mathrm{B}}^2\left(1-\frac{w}{Mn}m\right)^2h_{\mathrm{b}}^2\\
&\geqslant A^2\left(\sigma_{\mathrm{B1-sh1}}^2\left(h_{\mathrm{b}}\right)+\sigma_{\mathrm{B1-sh0}}^2\left(h_{\mathrm{b}}\right)+2\sigma_{\mathrm{B1-MAI}}^2\left(h_{\mathrm{b}}\right)+2B\right)\Bigg)\\
&= 1-P\Bigg(P_{\mathrm{B}}^2\left(1-\frac{w}{Mn}m\right)^2h_{\mathrm{b}}^2\\
&\quad -A^2\left(\sigma_{\mathrm{B1-sh1}}^2\left(h_{\mathrm{b}}\right)+\sigma_{\mathrm{B1-sh0}}^2\left(h_{\mathrm{b}}\right)+2\sigma_{\mathrm{B1-MAI}}^2\left(h_{\mathrm{b}}\right)+2B\right)\geqslant 0\Bigg)\\
&= 1-P\left(\begin{array}{l}P_{\mathrm{B}}^2\left(1-\dfrac{w}{Mn}m\right)^2h_{\mathrm{b}}^2-\\ A^2\left(\begin{array}{l}2eRF_{\mathrm{a}}g^2P_{\mathrm{B}}h_{\mathrm{b}}\Delta f+2eRF_{\mathrm{a}}g^2P_{\mathrm{B}}\dfrac{w}{Mn}mh_{\mathrm{b}}\Delta f\\ +2m\dfrac{w^2}{Mn}\left(1-\dfrac{w^2}{Mn}\right)\left(Rg\dfrac{P_{\mathrm{B}}}{w}h_{\mathrm{b}}\right)^2+2B\end{array}\right)\end{array}\geqslant 0\right)
\end{aligned}
\tag{3.57}
$$

令 $a=P_{\mathrm{B}}^2\left(1-\dfrac{w}{Mn}m\right)^2-2A^2m\dfrac{w^2}{Mn}\left(1-\dfrac{w^2}{Mn}\right)\left(Rg\dfrac{P_{\mathrm{B}}}{w}\right)^2$，$b=-2A^2eRF_{\mathrm{a}}g^2P_{\mathrm{B}}\cdot\left(1+\dfrac{w}{Mn}m\right)\Delta f$，$c=-2A^2B=-2A^2\left(2eRF_{\mathrm{a}}g^2P_{\mathrm{b}}\Delta f+4k_{\mathrm{B}}T\Delta f/R_{\mathrm{L}}\right)$。由于 $a>0$，且 $h_{\mathrm{b}}\geqslant 0$，则当 $h_{\mathrm{b}}\geqslant\dfrac{-b+\sqrt{b^2-4ac}}{2a}$ 时，满足不等式，则在 EnA 时，

M-PPM FSO-CDMA 搭线信道的截获概率表示为

$$\begin{aligned}P_{\text{int}} &= 1 - \int_{h_{\text{b}} \geqslant \frac{-b+\sqrt{b^2-4ac}}{2a}}^{\infty} f(h_{\text{b}})\mathrm{d}h_{\text{b}} \\ &= 1 - \left(F_{\text{B}}(\infty) - F_{\text{B}}\left(\frac{-b+\sqrt{b^2-4ac}}{2a}\right)\right) \\ &= F_{\text{B}}\left(\frac{-b+\sqrt{b^2-4ac}}{2a}\right)\end{aligned} \tag{3.58}$$

情况 B：窃听用户靠近接收端

在这种情况下，Bob 和 Eve 所经历的大气湍流分为完全相关、部分相关、完全不相关三种情况。在大气湍流部分相关的情况下，系统的性能处于完全相关和完全不相关两种极端情况之间，并且部分相关情况下的分析较为复杂，因此，在 EnB 的情况下，我们考虑 Bob 和 Eve 经历的大气湍流全相关和不相关两种极端情况。在 Bob 和 Eve 所经历的大气湍流是全相关的特殊情况下，即 $h_{\text{b}} = h_{\text{e}}$，在实际应用中，往往满足 $r_{\text{e}} \ll r_{\text{b}}$。因此，根据式 (3.40)、(3.52) 和 (3.53) 可以得出 Bob 的信道容量大于 Eve 的信道容量，即 FSO-CDMA 搭线信道的截获概率 $P_{\text{int}} = 0$。说明当 Eve 靠近接收端时，在 Eve 与 Bob 所经历的大气湍流是全相关这种特殊情况下，FSO-CDMA 搭线信道的安全性很高。

在 Bob 和 Eve 所经历的大气湍流完全不相关的特殊情况下，即 $h_{\text{e}} \neq h_{\text{b}}$，FSO-CDMA 搭线信道的截获概率可表示为

$$\begin{aligned}P_{\text{int}} &= P(C_{\text{B}} < C_{\text{E}}) = 1 - P\left(P_{\text{B-e}}(h_{\text{b}}) \leqslant P_{\text{E-e}}(h_{\text{e}})\right) \\ &= 1 - P\left((M-1)Q\left(\frac{\mu_{I^{(0)}}(h_{\text{b}}) - \mu_{I^{(1)}}(h_{\text{b}})}{\sqrt{\sigma^2_{I^{(0)}}(h_{\text{b}}) + \sigma^2_{I^{(1)}}(h_{\text{b}})}}\right)\right. \\ &\left.\leqslant (M-1)Q\left(\frac{\mu_{I^{(0)}}(h_{\text{e}}) - \mu_{I^{(1)}}(h_{\text{e}})}{\sqrt{\sigma^2_{I^{(0)}}(h_{\text{e}}) + \sigma^2_{I^{(1)}}(h_{\text{e}})}}\right)\right) \\ &= 1 - P\left(Q\left(\frac{\mu_{I^{(0)}}(h_{\text{b}}) - \mu_{I^{(1)}}(h_{\text{b}})}{\sqrt{\sigma^2_{I^{(0)}}(h_{\text{b}}) + \sigma^2_{I^{(1)}}(h_{\text{b}})}}\right)\right. \\ &\left.\leqslant Q\left(\frac{\mu_{I^{(0)}}(h_{\text{e}}) - \mu_{I^{(1)}}(h_{\text{e}})}{\sqrt{\sigma^2_{I^{(0)}}(h_{\text{e}}) + \sigma^2_{I^{(1)}}(h_{\text{e}})}}\right)\right)\end{aligned} \tag{3.59}$$

根据 Q 函数的定义，则式 (3.59) 可转换为

$$
\begin{aligned}
P_{\text{int}} &= 1-P\left(\frac{\mu_{I(0)}(h_{\text{b}})-\mu_{I(1)}(h_{\text{b}})}{\sqrt{\sigma^2_{I(0)}(h_{\text{b}})+\sigma^2_{I(1)}(h_{\text{b}})}} \geqslant \frac{\mu_{I(0)}(h_{\text{e}})-\mu_{I(1)}(h_{\text{e}})}{\sqrt{\sigma^2_{I(0)}(h_{\text{e}})+\sigma^2_{I(1)}(h_{\text{e}})}}\right) \\
&= 1-P\left(\begin{array}{c}\dfrac{RgP_{\text{B}}h_{\text{b}}-RgP_{\text{B}}\dfrac{w}{Mn}mh_{\text{b}}}{\sqrt{\sigma^2_{\text{B1-sh1}}(h_{\text{b}})+\sigma^2_{\text{b}}+\sigma^2_{\text{th}}+\sigma^2_{\text{B1-MAI}}(h_{\text{b}})+\sigma^2_{\text{B1-sh0}}(h_{\text{b}})+\sigma^2_{\text{b}}+\sigma^2_{\text{th}}+\sigma^2_{\text{B1-MAI}}(h_{\text{b}})}} \\ \geqslant \dfrac{RgP_{\text{E}}h_{\text{e}}-RgP_{\text{E}}\dfrac{w^2}{Mn}mh_{\text{e}}}{\sqrt{\sigma^2_{\text{E1-sh1}}(h_{\text{e}})+\sigma^2_{\text{b}}+\sigma^2_{\text{th}}+\sigma^2_{\text{E1-MAI}}(h_{\text{e}})+\sigma^2_{\text{E1-sh0}}(h_{\text{e}})+\sigma^2_{\text{b}}+\sigma^2_{\text{th}}+\sigma^2_{\text{E1-MAI}}(h_{\text{e}})}}\end{array}\right) \\
&= 1-P\left(\begin{array}{c}\dfrac{RgP_{\text{B}}\left(1-\dfrac{w}{Mn}m\right)h_{\text{b}}}{\sqrt{\sigma^2_{\text{B1-sh1}}(h_{\text{b}})+\sigma^2_{\text{B1-sh0}}(h_{\text{b}})+2\left(\sigma^2_{\text{b}}+\sigma^2_{\text{th}}+\sigma^2_{\text{B1-MAI}}(h_{\text{b}})\right)}} \\ \geqslant \dfrac{RgP_{\text{E}}\left(1-\dfrac{w^2}{Mn}m\right)h_{\text{e}}}{\sqrt{\sigma^2_{\text{E1-sh1}}(h_{\text{e}})+\sigma^2_{\text{E1-sh0}}(h_{\text{e}})+2\left(\sigma^2_{\text{b}}+\sigma^2_{\text{th}}+\sigma^2_{\text{E1-MAI}}(h_{\text{e}})\right)}}\end{array}\right) \\
&= 1-P\left(\begin{array}{c}\dfrac{P_{\text{B}}\left(1-\dfrac{w}{Mn}m\right)h_{\text{b}}}{\sqrt{\sigma^2_{\text{B1-sh1}}(h_{\text{b}})+\sigma^2_{\text{B1-sh0}}(h_{\text{b}})+2\left(\sigma^2_{\text{b}}+\sigma^2_{\text{th}}+\sigma^2_{\text{B1-MAI}}(h_{\text{b}})\right)}} \\ \geqslant \dfrac{P_{\text{E}}\left(1-\dfrac{w^2}{Mn}m\right)h_{\text{e}}}{\sqrt{\sigma^2_{\text{E1-sh1}}(h_{\text{e}})+\sigma^2_{\text{E1-sh0}}(h_{\text{e}})+2\left(\sigma^2_{\text{b}}+\sigma^2_{\text{th}}+\sigma^2_{\text{E1-MAI}}(h_{\text{e}})\right)}}\end{array}\right)
\end{aligned} \tag{3.60}
$$

令 $A(h_{\text{e}}) = \dfrac{P_{\text{E}}\left(1-\dfrac{w^2}{Mn}m\right)(h_{\text{e}})}{\sqrt{\sigma^2_{\text{E1-sh1}}(h_{\text{e}})+\sigma^2_{\text{E1-sh0}}(h_{\text{e}})+2\left(\sigma^2_{\text{b}}+\sigma^2_{\text{th}}+\sigma^2_{\text{E1-MAI}}(h_{\text{e}})\right)}}$，$B = \sigma^2_{\text{b}}+\sigma^2_{\text{th}} = 2eRF_{\text{a}}g^2P_{\text{b}}\Delta f + 4k_{\text{B}}T\Delta f/R_{\text{L}}$，则式 (3.60) 可转换为

$$
\begin{aligned}
P_{\text{int}} &= 1-P\left(\frac{P_{\text{B}}\left(1-\dfrac{w}{Mn}m\right)h_{\text{b}}}{\sqrt{\sigma^2_{\text{B1-sh1}}(h_{\text{b}})+\sigma^2_{\text{B1-sh0}}(h_{\text{b}})+2\sigma^2_{\text{B1-MAI}}(h_{\text{b}})+2B}} \geqslant A(h_{\text{e}})\right) \\
&= 1-P\Bigg(P^2_{\text{B}}\left(1-\frac{w}{Mn}m\right)^2 h^2_{\text{b}} \\
&\qquad \geqslant A^2(h_{\text{e}})\left(\sigma^2_{\text{B1-sh1}}(h_{\text{b}})+\sigma^2_{\text{B1-sh0}}(h_{\text{b}})+2\sigma^2_{\text{B1-MAI}}(h_{\text{b}})+2B\right)\Bigg)
\end{aligned}
$$

$$= 1 - P\left(\begin{array}{l} P_{\mathrm{B}}^2\left(1-\dfrac{w}{Mn}m\right)^2 h_{\mathrm{b}}^2 - \\ A^2\left(h_{\mathrm{e}}\right)\left(\begin{array}{l} 2eRF_{\mathrm{a}}g^2P_{\mathrm{B}}h_{\mathrm{b}}\Delta f + 2eRF_{\mathrm{a}}g^2P_{\mathrm{B}}\dfrac{w}{Mn}mh_{\mathrm{b}}\Delta f \\ +2m\dfrac{w^2}{Mn}\left(1-\dfrac{w^2}{Mn}\right)\left(Rg\dfrac{P_{\mathrm{B}}}{w}h_{\mathrm{b}}\right)^2 + 2B \end{array}\right) \geqslant 0 \end{array}\right) \tag{3.61}$$

利用解一元二次方程的方法来求解式 (3.61) 中不等式 h_{b} 的取值。其中，令 $a_1 = P_{\mathrm{B}}^2\left(1-\dfrac{w}{Mn}m\right)^2 - 2A^2\left(h_{\mathrm{e}}\right)m\dfrac{w^2}{Mn}\left(1-\dfrac{w^2}{Mn}\right)\left(Rg\dfrac{P_{\mathrm{B}}}{w}\right)^2$，$b_1 = -2A^2\left(h_{\mathrm{e}}\right)eRF_{\mathrm{a}}g^2P_{\mathrm{B}}\left(1+\dfrac{w}{Mn}m\right)\Delta f$，$c_1 = -2A^2\left(h_{\mathrm{e}}\right)\left(2eRF_{\mathrm{a}}g^2P_{\mathrm{b}}\Delta f + 4k_{\mathrm{B}}T\Delta f/R_{\mathrm{L}}\right)$。由于 $a > 0$，且 $h_{\mathrm{b}} \geqslant 0$，则当 $h_{\mathrm{b}} \geqslant \dfrac{-b_1+\sqrt{b_1^2-4a_1c_1}}{2a_1}\left(h_{\mathrm{e}}\right)$ 时，满足不等式，则在 EnB 时，当 Bob 与 Eve 所经历的大气湍流处于完全不相关的特殊情况下，基于 M-PPM FSO-CDMA 搭线信道的截获概率表示为

$$P_{\text{int}} = 1 - \int_0^{\infty} f\left(h_{\mathrm{e}}\right)\mathrm{d}h_{\mathrm{e}} \int_{\frac{-b_1+\sqrt{b_1^2-4a_1c_1}}{2a_1}\left(h_{\mathrm{e}}\right)}^{\infty} f\left(h_{\mathrm{b}}\right)\mathrm{d}h_{\mathrm{b}} \tag{3.62}$$

3.4.3 仿真结果及分析

图 3.12 表示了搭线信道使用 BPPM 调制时，当窃听用户靠近发送端和靠近接收端 (窃听用户与合法接收端的大气湍流完全不相关时)，在不同湍流情况下，FSO-CDMA 搭线信道的截获概率与干扰用户数的关系，其中，$r_{\mathrm{e}} = 0.01$，正交码 $(400, 3, 1, 1)$，$d_{\mathrm{b}} = 2.0\mathrm{km}$，$P = 10\mathrm{mW}$。从图 3.12 中可以看出，FSO-CDMA 搭线信道的截获概率随着系统干扰用户数的增加而减小。与 Eve 靠近发送端的情况相比，Eve 靠近接收端时，搭线信道的截获概率更低，说明当 Eve 靠近接收端时，搭线信道的安全性更高。因此，在后面的仿真分析中，我们主要对 Eve 靠近发送端的情况进行分析。

图 3.13 表示发送端平均比特功率相同和弱湍流下，基于 M-PPM、OOK 的 FSO-CDMA 搭线信道截获概率与干扰用户数的关系。其中，OOC 为 (400, 3, 1, 1)，$\delta = 20\mathrm{dB/km}$，$d_{\mathrm{b}} = 2.0\mathrm{km}$，$P = 10\mathrm{mW}$，$r_{\mathrm{e}} = 0.01$，$r_{\mathrm{e}} + r_{\mathrm{b}} = 1$。从图 3.13(a) 中可以看出，使用 PPM 调制方式可以提高搭线信道的可靠性。其中，Bob 的误码率曲线有时会产生交点，这是由于两种调制方式的误码率随着干扰用户数变化不同。从图 3.13(b) 中可以看出，在相同情况下，使用 PPM 调制方式没有提高搭线信道的安全性。但是，从图中可以得出，在满足 Bob 的误码率 $\mathrm{BER} \leqslant 10^{-6}$，

且采用 PPM 后，Bob 的 BER 低于采用 OOK 的条件下，我们可以通过增加干扰信号数来增强 FSO-CDMA 搭线信道的安全性。如当 $m=3$ 时，基于 OOK 的系统截获概率 $P_{\text{int}} \leqslant 1.1112\times10^{-6}$，而对于基于 4-PPM 的系统来说，我们将干扰用户数增加到 8，此时，系统的截获概率 $P_{\text{int}} \leqslant 7.8003\times10^{-7}$。

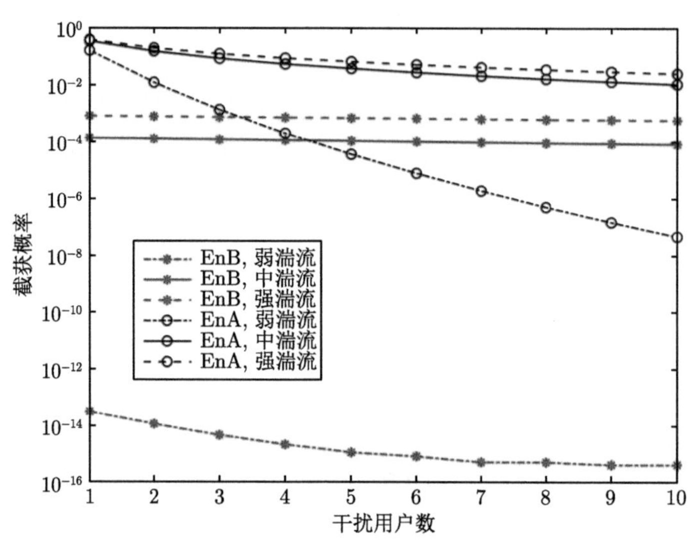

图 3.12　BPPM 调制时 FSO-CDMA 搭线信道的截获概率与干扰用户数的关系

除此之外，随着 M 的增大，Bob 的误码率逐渐减小。然而，当 $M \geqslant 16$ 时，Bob 的可靠性并没有得到提高。原因是当 M 增大时，信号的切普速率增大，接收机噪声增加，从而恶化系统的误码率。从图 3.13(b) 可以看出，随着 M 的增加，FSO-CDMA 的搭线信道的截获概率增大。另外，BPPM 与 4-PPM 情况下的截获概率相差不大，而 4-PPM 情况下，Bob 的可靠性更好。因此，在后面的内容中，我们主要对基于 4-PPM 的 FSO-CDMA 搭线信道的性能进行分析。

图 3.14 表示在使用 4-PPM 调制，不同湍流情况下，搭线信道的截获概率和 Bob 的误码率与码长的关系，其中，$r_{\text{e}}=0.01$，OOC 为 $(n,3,1,1)$，$d_{\text{b}}=2.0\text{km}$，$m=4$，$P=10\text{mW}$。我们可以看出，随着码长的增大，Bob 的误码率在逐渐降低，而 FSO-CDMA 系统的截获概率在增加。因此，同时考虑 FSO-CDMA 系统的可靠性和安全性时，FSO-CDMA 系统中码长必须满足一定的区间。例如，在弱湍流情况下，如果同时满足 Bob 的误码率 BER $\leqslant 10^{-6}$ 和系统的截获概率 $P_{\text{int}} \leqslant 2.3282\times10^{-4}$，码长需满足 $77 \leqslant n \leqslant 400$。

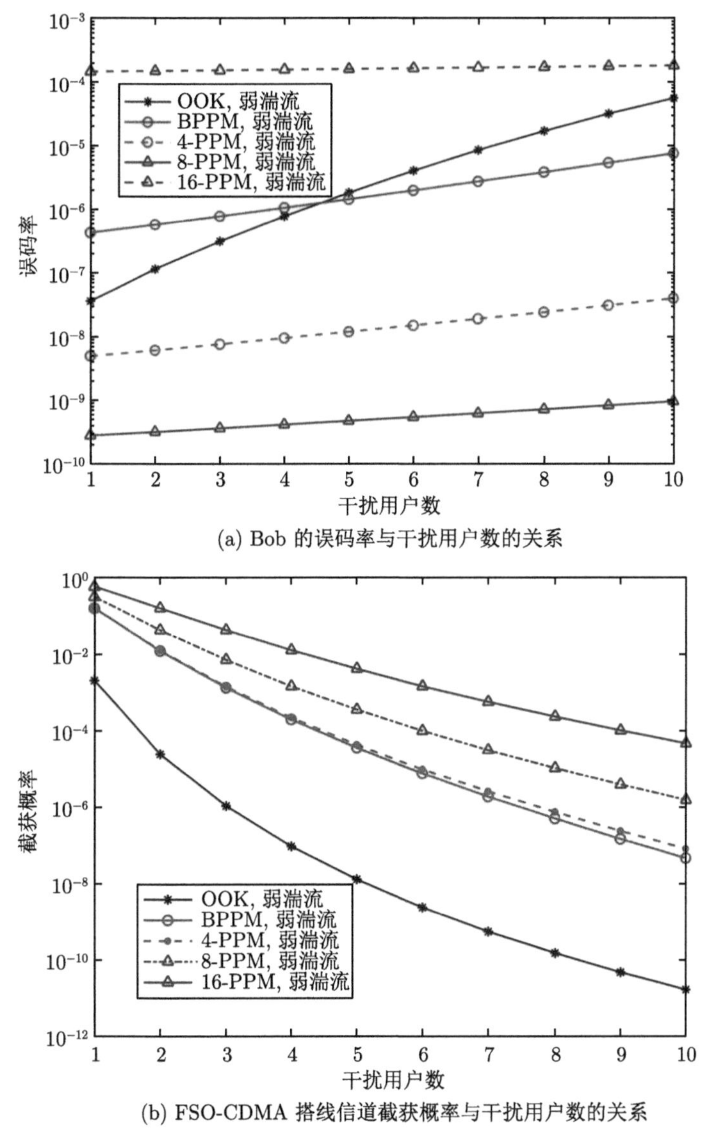

(a) Bob 的误码率与干扰用户数的关系

(b) FSO-CDMA 搭线信道截获概率与干扰用户数的关系

图 3.13 Bob 误码率和 FSO-CDMA 搭线信道截获概率与干扰用户数的关系

此外，在满足基于 4-PPM FSO-CDMA 可靠性优于 OOK FSO-CDMA 可靠性的前提下，我们也可以减小 OOC 码长来降低 4-PPM FSO-CDMA 搭线信道的截获概率，并使其截获概率小于 OOK FSO-CDMA 搭线信道的截获概率。在前面的分析中，已经得出在基于 OOK 的 FSO-CDMA 搭线信道中，当 Bob 的误码率满足 BER $\leqslant 10^{-6}$ 时，码长需满足 $77 \leqslant n \leqslant 145$，此时，搭线信道的截获概率

$P_{\text{int}} \leqslant 4.0858 \times 10^{-8}$，就可使得 4-PPM 的 FSO-CDMA 搭线信道的安全性和可靠性都优于基于 OOK 的 FSO-CDMA 搭线信道，因此，在后面的分析中，采用 OOC$(120, 3, 1, 1)$ 对信号进行编码。

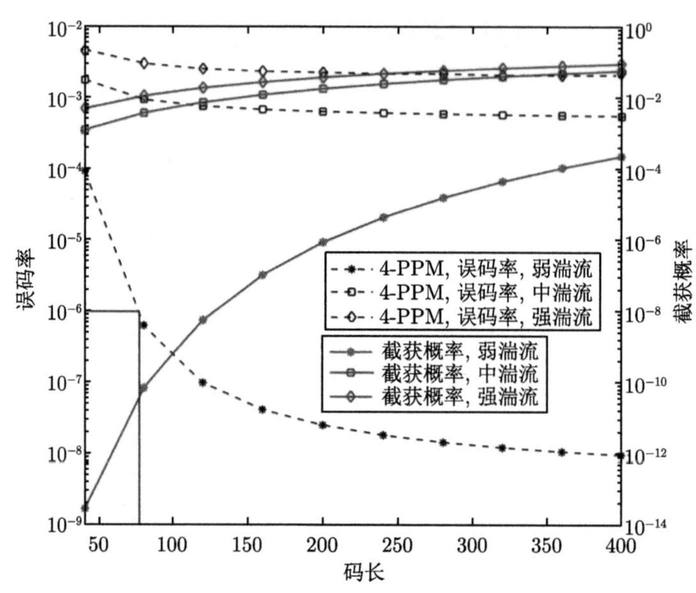

图 3.14　不同湍流情况下，搭线信道的截获概率和 Bob 的误码率与码长的关系

图 3.15 表示了系统使用 4-PPM 调制时，不同湍流情况下，系统的截获概率和 Bob 的误码率与干扰用户数的关系，其中，$r_{\text{e}} = 0.01$，OOC 为 $(120, 3, 1, 1)$，$d_{\text{b}} = 2.0\text{km}, P = 10\text{mW}$。从图中可以看出，同时考虑 FSO-CDMA 系统的可靠性和安全性时，FSO-CDMA 系统干扰用户数需满足一定的区间。例如，在弱湍流中，若要同时满足 Bob 的误码率 BER $\leqslant 10^{-6}$ 和系统的截获概率 $P_{\text{int}} \leqslant 5.4014 \times 10^{-6}$，干扰用户数需满足 $2 \leqslant m \leqslant 6$。

图 3.16 表示使用 4-PPM 调制时和弱湍流情况下，系统的截获概率、Bob 的误码率与干扰用户数和传输速率的关系，其中，$r_{\text{e}} = 0.01$，OOC 为 $(120, 3, 1, 1)$，$d_{\text{b}} = 2.0\text{km}$，$P = 10\text{mW}$。从图 3.16(a) 中看出，Bob 的误码率随着系统干扰用户数和传输速率的增加而增大。从图 3.16(b) 中看出，FSO-CDMA 系统的截获概率随着干扰用户数的增加而减小，而随着传输速率增大，系统的截获概率增大。当 Bob 的误码率满足 BER $\leqslant 1.067 \times 10^{-6}$，干扰用户数和传输速率需满足 $m \leqslant 4, R_{\text{b}} \leqslant 1.5\text{Gb/s}$。当截获概率满足 $P_{\text{int}} \leqslant 7.8219 \times 10^{-4}$，干扰用户数和传输速率需满足 $m \geqslant 2, R_{\text{b}} \leqslant 2\text{Gb/s}$。因此，当 FSO-CDMA 系统满足 $P_{\text{int}} \leqslant 7.8219 \times 10^{-4}$ 和 Bob 的误码率 BER $\leqslant 1.067 \times 10^{-6}$，则需满足 $2 \leqslant m \leqslant 4, R_{\text{b}} \leqslant 1.5\text{Gb/s}$。因

此，我们只需要适当地配置 FSO-CDMA 搭线信道的系统参数，就可以同时满足系统的可靠性、安全性及有效性。

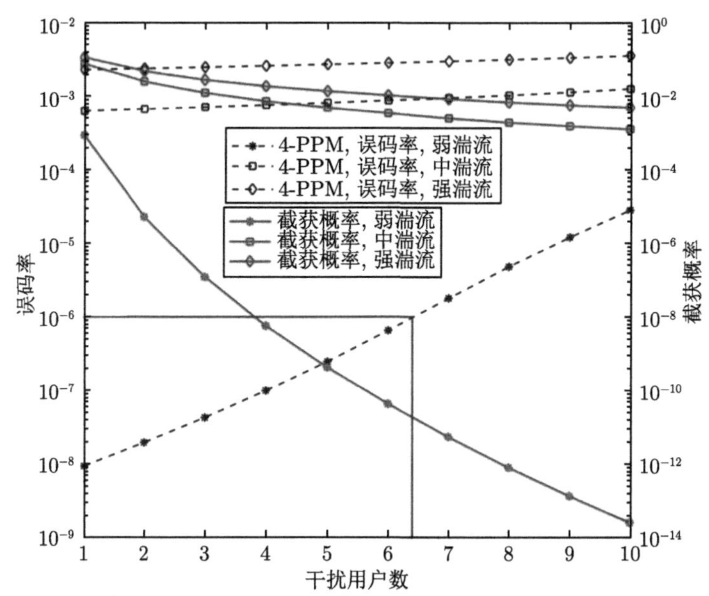

图 3.15 4-PPM 调制，不同湍流情况下，系统的截获概率和 Bob 的误码率与干扰用户数的关系

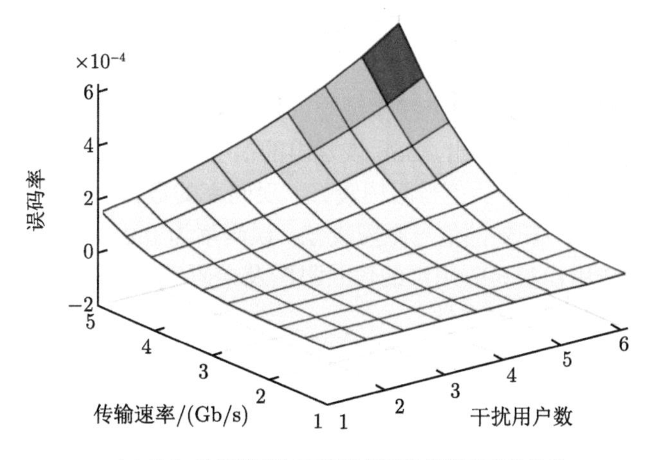

(a) Bob 的误码率与干扰用户数和传输速率的关系

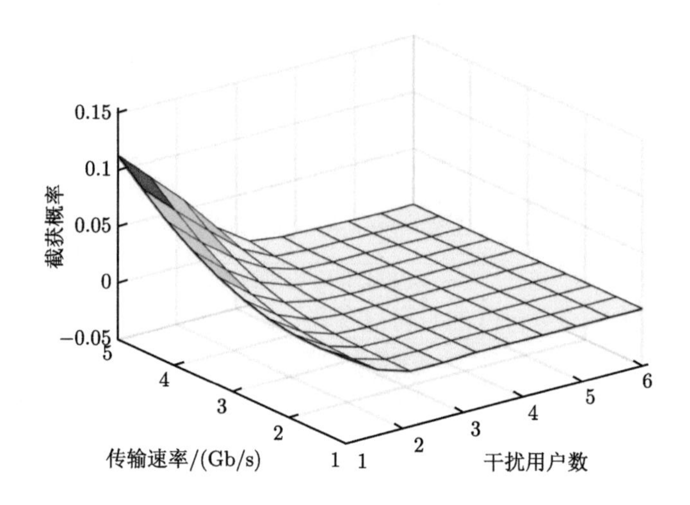

(b) 截获概率与干扰用户数和传输速率的关系

图 3.16 弱湍流情况下，Bob 的误码率、FSO-CDMA 系统的截获概率与干扰用户数和传输速率的关系

3.5 FSO-CDMA 搭线信道的 OptiSystem 仿真

本节我们采用 OptiSystem 对弱湍流情况下的 FSO-CDMA 搭线信道进行仿真实验。FSO 信道中，大气湍流的折射率结构常数为 $4.2\times10^{-15}\text{m}^{-2/3}$，光源的波长为 1550nm，干扰用户数 $m=4$，$r_{\text{e}}=0.01$，$d_{\text{b}}=2.0\text{km}$，$P=10\text{mW}$，$R_{\text{b}}=1\text{Gb/s}$。所用码字为 (400,3,1,1)，具体分别为 (19,120,151)、(30,137,157)、(30,136,154)、(0,15,60)、(0,30,105)。

图 3.17 表示基于 OOK 的搭线信道中，信号编码前、解调输出的信号波形及眼图。从图 3.17(b) 中可以看出，Bob 恢复出的信号与发送端传输的信号一致。从图 3.17(c) 可以看出，Bob 的信号眼图较好，误码率的数值为 4.38607×10^{-7}。从图 3.17 (d) 可以看出，Eve 的信号眼图较差，误码率为 0.0156472，很难恢复出原始信号。对比合法用户与窃听用户的信号眼图及误码率情况，我们可以得出结论，该方案具有一定的物理层安全性。

图 3.18 表示 4-PPM FSO-CDMA 搭线信道的信号波形及眼图。从图 3.18(b) 中可以看出，Bob 恢复出的信号与发送端传输的信号一致，其误码率为 3.62577×10^{-8}，Eve 的误码率为 4.00532×10^{-4}。与基于 OOK 的 FSO-CDMA 搭线信道模型相比，基于 4-PPM 的搭线信道模型的可靠性更高，但 Eve 误码率较小，搭线信道的安全性降低。

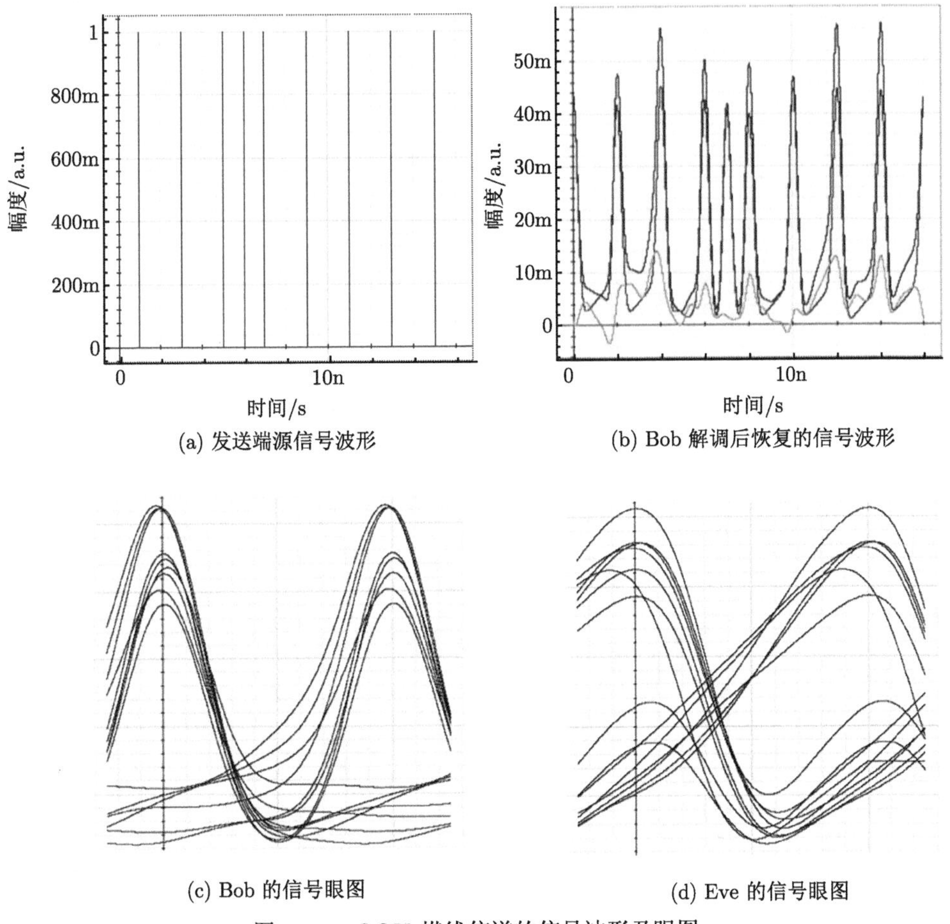

(a) 发送端源信号波形

(b) Bob 解调后恢复的信号波形

(c) Bob 的信号眼图

(d) Eve 的信号眼图

图 3.17 OOK 搭线信道的信号波形及眼图

图 3.19 表示 4-PPM 搭线信道 Bob 和 Eve 的信号眼图。采用 OOC(120,3,1,1) 具体码字为 (5,59,11)、(2,77,68)、(2,58,65)、(6,14,35)、(7,64,22)。Bob 的误码率为 5.44024×10^{-8}，Eve 的误码率为 0.039667。与 $n=400$ 的基于 4-PPM 搭线信道的性能相比，Bob 的误码率仍然满足 $\text{BER}\leqslant10^{-6}$，但 Eve 的误码率变大，说明搭线信道的安全性增强。此外，与采用 (400,3,1,1) 的基于 OOK 的 FSO-CDMA 搭线信道相比，Eve 的误码率增加。

图 3.20 表示在 4-PPM 搭线信道中，当 $n=120$ 和 $R_{\rm b}=2\text{Gb/s}$ 时，Bob 和 Eve 的信号眼图。其中 Bob 的误码率 1.2304×10^{-5}，Eve 的误码率为 0.0457616，与传输速率 $R_{\rm b}=1\text{Gb/s}$ 相比，增大传输速率后，Bob 和 Eve 的误码率增加。

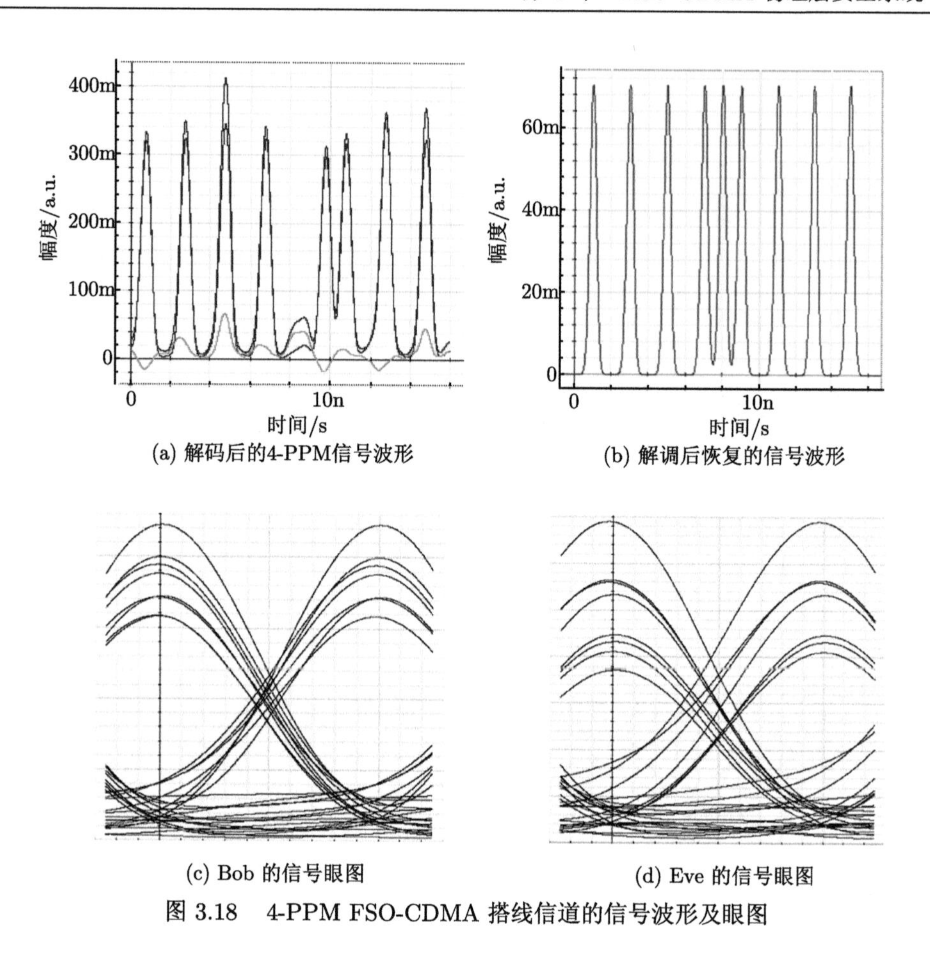

(a) 解码后的4-PPM信号波形　　(b) 解调后恢复的信号波形

(c) Bob 的信号眼图　　(d) Eve 的信号眼图

图 3.18　4-PPM FSO-CDMA 搭线信道的信号波形及眼图

(a) Bob 的信号眼图　　(b) Eve 的信号眼图

图 3.19　4-PPM 搭线信道 Bob 和 Eve 的信号眼图 ($n = 120$)

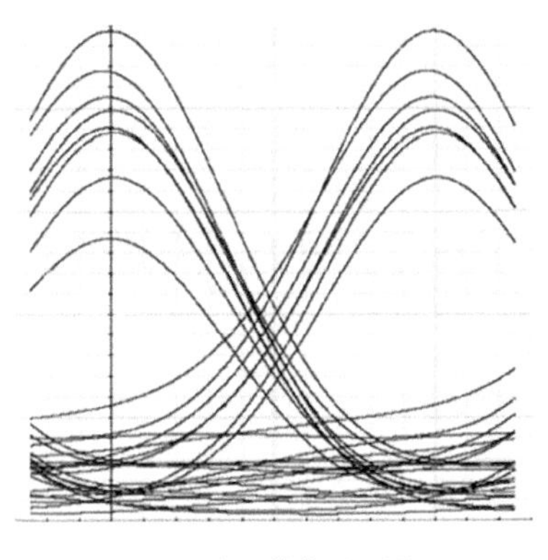

(a) Bob 的信号眼图

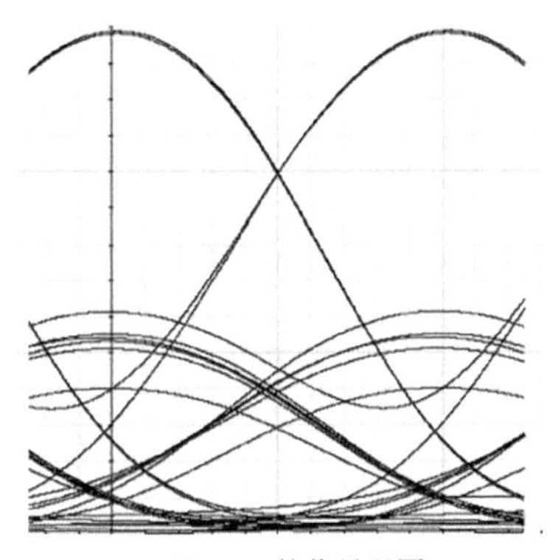

(b) Eve 的信号眼图

图 3.20 4-PPM Bob 和 Eve 的信号眼图 ($n = 120$，$R_{\mathrm{b}} = 2\mathrm{Gb/s}$)

参 考 文 献

[1] Dang N T, Pham A T. Performance improvement of FSO-CDMA systems over dispersive turbulence channel using multi-wavelength PPM signaling. Optics Express, 2012, 20(24):26786.

[2] San V V, Vo H V. Accurate estimation of receiver sensitivity for 10 Gb/s optically amplified systems. Optics Communications, 2000, 181(1-3):71-78.

[3] Gray R M. Entropy and Information Theory. 2 edition. New York, USA: Springer, 2011: 197-200.

[4] Zou Y, Wang X, Shen W. Optimal relay selection for physical-layer security in cooperative wireless networks. IEEE Journal on Selected Areas in Communications, 2013, 31(10): 2099-2111.

[5] Lopez-Martinez F J, Gomez G, Garrido-Balsells J M. Physical-layer security in free-space optical communications. IEEE Photonics Journal, 2015, 7(2): 7901014.

第 4 章　混合 FSO/光纤 OCDMA 物理层安全系统

4.1　引　　言

光纤通信系统虽然广泛应用在地面通信中，但仍然存在着不足。首先，光纤通信只能满足地面上的光通信网络；其次，在偏远城镇、村庄、山区等地方光纤光缆安装困难。此外，在一些临时突发事件、灾难救援等场合，无法及时铺设光纤光缆。此时，FSO 通信可以解决这些问题，也可以作为备用链路防止通信中断，还可以将地面通信扩展到空间通信、海上通信，形成空天地海一体化的通信网络。因此，混合 FSO/光纤网络应运而生。混合 FSO/光纤网络具有高速、易穿透、低成本、部署简单等优点，可以应用于局域网、最后一公里接入以及空天地海一体化信息网络等商业或军事通信中。但是混合光网络的复杂性以及信道开放性，使得 FSO 链路和光纤链路都容易受到窃听者的攻击，而 OCDMA 的物理层安全性好、抗干扰能力强，因此可以将 OCDMA 技术应用在混合光网络中提高安全性。于是，本章我们建立基于 OCDMA 的混合 FSO/光纤搭线信道，以条件保密中断概率作为性能指标，从理论上评估系统的物理层安全性，同时分析保密速率、传输距离、窃听比例、窃听位置以及干扰用户数对系统物理层安全的影响。

为了证明系统存在的合理性以及验证部分理论结果，我们搭建了 10Gb/s 基于 OCDMA 的混合 FSO/光纤搭线信道实验系统，采用基于 WSS 和光纤延时线的二维可重构光编解码器来实现实验系统的光编解码，测量不同接收功率下的合法用户的误码率，说明了在一定的接收功率下，合法用户可以实现可靠传输。同时考虑窃听者在光纤链路窃听且非匹配解码的情况，通过测量在不同窃听位置和窃听比例下的窃听者的误码率，并与合法用户的误码率进行比较，我们可以得出系统的截获距离。

4.2　基于 OCDMA 的混合 FSO/光纤搭线信道

4.2.1　基于 OCDMA 的混合 FSO/光纤搭线信道模型

基于 OCDMA 的混合 FSO/光纤搭线信道如图 4.1 所示，合法用户 Alice 和 Bob 在全光链路上通信，同时还存在窃听者 Eve 可以在 FSO 链路或者光纤链路上窃听。系统采用的是 OOK 调制，为了防止窃听者通过能量检测的方式窃取信息，需要加入干扰用户，同时我们假设干扰用户是相互独立的。发送功率为 P_0，FSO 链路传输距离为 d_1，衰减系数为 δ，光纤链路传输距离为 d_2，衰减系数为 α。

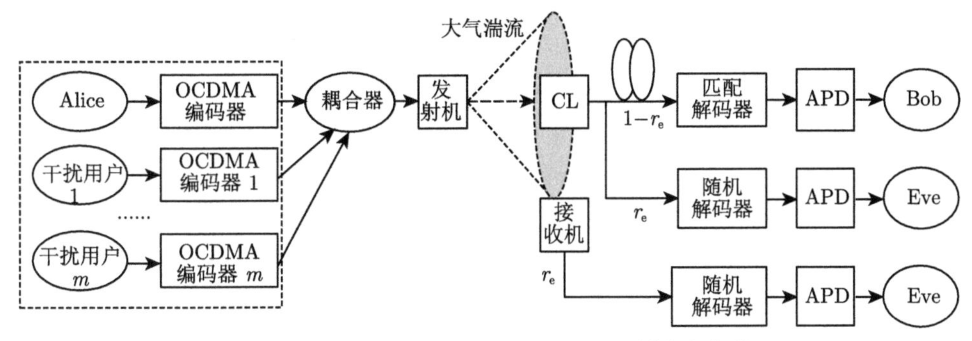

图 4.1 基于 OCDMA 的混合 FSO/光纤搭线信道

在发送端，信号通过光编码器用素数跳频码 $(p \times p^2, p, 0, 1)$ 编码，其中 p 是用于时间扩展和跳频的素数，码长为 p^2，码重为 p，自相关均值为 $\mu_0 = 1/(2p)$[1]。编码后的信号进入大气中传输，受到大气衰减和大气湍流的影响。接着激光束通过耦合透镜 (coupling lens, CL) 直接耦合进光纤，再经过光纤传输。在接收端，Bob 采用匹配解码器进行解码，然后解码信号被雪崩光电二极管 (avalanche photodiode, APD) 接收并进行光电转换，最后恢复出原始信息。

对于窃听者 Eve 来说，首先在 FSO 链路中，由于光学衍射，激光束在传输过程中会发散，因此 Eve 在 FSO 链路输出终端的激光束发散区域中，可以收集到合法用户未接收的信息；另外窃听者可能在光束会聚区反射小部分光束来获得一些能量，虽然这样合法用户可能会发现窃听者的存在，但本章也对这种情况下的安全性做了分析。其次在光纤链路中，Eve 通过弯曲光纤等手段，可以在光纤的任意位置窃听 [2]。于是我们假设 Eve 窃听到的功率比例为 r_{e}，而合法用户 Bob 接收到的功率比例为 $1 - r_{\mathrm{e}}$。同时由于 Eve 不知道合法用户采用的具体码字，所以 Eve 只能采用随机解码器。

接下来，我们讨论主信道的情况，在不考虑大气湍流时，Bob 接收到的切普功率为

$$P_{\mathrm{B}} = p^2 \left(1 - r_{\mathrm{e}}\right) P_0 / 10^{\frac{\delta d_1 + \alpha d_2}{10}} \cdot \eta \tag{4.1}$$

当发送用户数据为 “1” 时，Bob 接收到的信号电流和噪声方差分别为

$$I_{\mathrm{s},1} = RgP_{\mathrm{B}} \left(1 + \frac{1}{2p^2} m\right) I_{\mathrm{B}} \tag{4.2}$$

$$\sigma_{\mathrm{s},1}^2 = \sigma_{\mathrm{sh-s},1}^2 + \sigma_{\mathrm{b-s}}^2 + \sigma_{\mathrm{th}}^2 + \sigma_{\mathrm{MAI-s}}^2 \tag{4.3}$$

当发送用户数据为“0”时，Bob 接收到的信号电流和噪声方差分别为

$$I_{\mathrm{s},0} = RgP_{\mathrm{B}}\frac{1}{2p^2}m \cdot I_{\mathrm{B}} \tag{4.4}$$

$$\sigma_{\mathrm{s},0}^2 = \sigma_{\mathrm{sh-s},0}^2 + \sigma_{\mathrm{b-s}}^2 + \sigma_{\mathrm{th}}^2 + \sigma_{\mathrm{MAI-s}}^2 \tag{4.5}$$

式中，背景噪声为 $\sigma_{\mathrm{b-s}}^2 = 2eRF_{\mathrm{a}}g^2P_{\mathrm{b}}\eta\alpha_{\mathrm{r}} \cdot \Delta f$；热噪声为 $\sigma_{\mathrm{th}}^2 = 4k_{\mathrm{B}}T\Delta f/R_{\mathrm{L}}$；散粒噪声为 $\sigma_{\mathrm{sh-s},1}^2 = 2eRF_{\mathrm{a}}g^2P_{\mathrm{B}}\left[1 + m/\left(2p^2\right)\right]I_{\mathrm{B}} \cdot \Delta f$，$\sigma_{\mathrm{sh-s},0}^2 = eRF_{\mathrm{a}}g^2P_{\mathrm{B}}m \cdot I_{\mathrm{B}} \cdot \Delta f/p^2$；多址干扰为 $\sigma_{\mathrm{MAI-s}}^2 = m\mu_0\left(1-\mu_0\right)\left(RgP_{\mathrm{B}}I_{\mathrm{B}}/p\right)^2$。其中 R 和 g 分别为 APD 的响应度和平均增益；P_{b} 为背景噪声功率；e 为电子电荷量；F_{a} 为过量噪声因子；k_{B} 为玻尔兹曼常数；T 为接收机温度；R_{L} 为负载电阻；Δf 为有效的噪声带宽；表示为 $\Delta f = p^2 \cdot R_{\mathrm{b}}/2$，$R_{\mathrm{b}}$ 为比特传输速率。另外，I_{B} 表示大气湍流对 Bob 造成的起伏；α_{r} 为合法用户 Bob 受到的背景噪声功率在光纤链路的衰减，表示为 $\alpha_{\mathrm{r}} = 10^{-\alpha d_2/10}$[3]。

4.2.2 窃听者在 FSO 链路窃听

当窃听者 Eve 在 FSO 链路上窃听时，假设 Eve 到 Alice 的距离，即窃听距离为 d_{ae}，且大气湍流对 Eve 造成的起伏表示为 I_{E}。若 Eve 采用非匹配解码器解码，则互相关峰值的取值范围为 $1 \leqslant v < p$，此时我们考虑最差的窃听情况，即 $v = 1$，从而达到系统安全性的上界，于是在不考虑湍流的情况下，Eve 接收到的切普功率为

$$P_{\mathrm{F-EU}} = pr_{\mathrm{e}} \cdot P_0/10^{\frac{\delta d_{\mathrm{ae}}}{10}} \tag{4.6}$$

当发送用户数据为“1”时，Eve 接收到的信号电流和噪声方差分别为

$$I_{\mathrm{F-eu},1} = RgP_{\mathrm{F-EU}}\left(1 + \frac{1}{2p}m\right)I_{\mathrm{E}} \tag{4.7}$$

$$\sigma_{\mathrm{F-eu},1}^2 = \sigma_{\mathrm{sh-F-eu},1}^2 + \sigma_{\mathrm{b-F-e}}^2 + \sigma_{\mathrm{th}}^2 + \sigma_{\mathrm{MAI-F-eu}}^2 \tag{4.8}$$

当发送用户数据为“0”时，Eve 接收到的信号电流和噪声方差分别为

$$I_{\mathrm{F-eu},0} = RgP_{\mathrm{F-EU}}\frac{1}{2p}m \cdot I_{\mathrm{E}} \tag{4.9}$$

$$\sigma_{\mathrm{F-eu},0}^2 = \sigma_{\mathrm{sh-F-eu},0}^2 + \sigma_{\mathrm{b-F-e}}^2 + \sigma_{\mathrm{th}}^2 + \sigma_{\mathrm{MAI-F-eu}}^2 \tag{4.10}$$

式中，背景噪声为 $\sigma_{\mathrm{b-F-e}}^2 = 2eRF_{\mathrm{a}}g^2P_{\mathrm{b}} \cdot \Delta f$；散粒噪声为 $\sigma_{\mathrm{sh-F-eu},1}^2 = 2eRF_{\mathrm{a}}g^2P_{\mathrm{F-EU}}\left[1 + m/(2p)\right]I_{\mathrm{E}} \cdot \Delta f$，$\sigma_{\mathrm{sh-F-eu},0}^2 = eRF_{\mathrm{a}}g^2P_{\mathrm{F-EU}}m \cdot I_{\mathrm{E}} \cdot \Delta f/p$；多址干扰为 $\sigma_{\mathrm{MAI-F-eu}}^2 = m\mu_0\left(1-\mu_0\right)\left(RgP_{\mathrm{F-EU}}I_{\mathrm{E}}\right)^2$。

若 Eve 采用匹配解码器解码，则互相关峰值为 $v=p$，此时是最好的窃听情况，达到系统安全性的下界。在不考虑湍流的情况下，Eve 接收到的切普功率为

$$P_{\mathrm{F-EM}}=p^2r_{\mathrm{e}}\cdot P_0/10^{\frac{\delta d_{\mathrm{ae}}}{10}} \tag{4.11}$$

当发送用户数据为“1”时，Eve 接收到的信号电流和噪声方差分别为

$$I_{\mathrm{F-em,1}}=RgP_{\mathrm{F-EM}}\left(1+\frac{1}{2p^2}m\right)I_{\mathrm{E}} \tag{4.12}$$

$$\sigma^2_{\mathrm{F-em,1}}=\sigma^2_{\mathrm{sh-F-em,1}}+\sigma^2_{\mathrm{b-F-e}}+\sigma^2_{\mathrm{th}}+\sigma^2_{\mathrm{MAI-F-em}} \tag{4.13}$$

当发送用户数据为“0”时，Eve 接收到的信号电流和噪声方差分别为

$$I_{\mathrm{F-em,0}}=RgP_{\mathrm{F-EM}}\frac{1}{2p^2}m\cdot I_{\mathrm{E}} \tag{4.14}$$

$$\sigma^2_{\mathrm{F-em,0}}=\sigma^2_{\mathrm{sh-F-em,0}}+\sigma^2_{\mathrm{b-F-e}}+\sigma^2_{\mathrm{th}}+\sigma^2_{\mathrm{MAI-F-em}} \tag{4.15}$$

式中，散粒噪声为 $\sigma^2_{\mathrm{sh-F-em,1}}=2eRF_{\mathrm{a}}g^2P_{\mathrm{F-EM}}\left[1+m/\left(2p^2\right)\right]I_{\mathrm{E}}\cdot\Delta f$，$\sigma^2_{\mathrm{sh-F-em,0}}=eRF_{\mathrm{a}}g^2P_{\mathrm{F-EM}}m\cdot I_{\mathrm{E}}\cdot\Delta f/p^2$；多址干扰为 $\sigma^2_{\mathrm{MAI-F-em}}=m\mu_0(1-\mu_0)\left(RgP_{\mathrm{F-EM}}I_{\mathrm{E}}/p\right)^2$。

4.2.3 窃听者在光纤链路窃听

当 Eve 在光纤链路窃听时，Eve 和 Bob 受到的大气湍流的影响是一样的，因此 $I_{\mathrm{E}}=I_{\mathrm{B}}$。对于窃听信道，假设 Eve 到耦合透镜的距离，即窃听距离为 d_{ce}，若 Eve 采用非匹配解码器解码，且互相关峰值为 $v=1$ 时，在不考虑湍流的情况下，Eve 接收到的切普功率为

$$P_{\mathrm{O-EU}}=pr_{\mathrm{e}}\cdot P_0/10^{\frac{\delta d_1+\alpha d_{\mathrm{ce}}}{10}}\cdot\eta \tag{4.16}$$

当发送用户数据为“1”时，Eve 接收到的信号电流和噪声方差分别为

$$I_{\mathrm{O-eu,1}}=RgP_{\mathrm{O-EU}}\left(1+\frac{1}{2p}m\right)I_{\mathrm{B}} \tag{4.17}$$

$$\sigma^2_{\mathrm{O-eu,1}}=\sigma^2_{\mathrm{sh-O-eu,1}}+\sigma^2_{\mathrm{b-O-e}}+\sigma^2_{\mathrm{th}}+\sigma^2_{\mathrm{MAI-O-eu}} \tag{4.18}$$

当发送用户数据为“0”时，Eve 接收到的信号电流和噪声方差分别为

$$I_{\mathrm{O-eu,0}}=RgP_{\mathrm{O-EU}}\frac{1}{2p}m\cdot I_{\mathrm{B}} \tag{4.19}$$

$$\sigma_{\mathrm{O-eu},0}^{2}=\sigma_{\mathrm{sh-O-eu},0}^{2}+\sigma_{\mathrm{b-O-e}}^{2}+\sigma_{\mathrm{th}}^{2}+\sigma_{\mathrm{MAI-O-eu}}^{2} \tag{4.20}$$

式中，背景噪声为 $\sigma_{\mathrm{b-O-e}}^{2}=2eRF_{\mathrm{a}}g^{2}P_{\mathrm{b}}\eta\alpha_{d}\cdot\Delta f$；散粒噪声为 $\sigma_{\mathrm{sh-O-eu},1}^{2}=2eRF_{\mathrm{a}}g^{2}P_{\mathrm{O-EU}}\left[1+m/(2p)\right]I_{\mathrm{B}}\cdot\Delta f$，$\sigma_{\mathrm{sh-O-eu},0}^{2}=eRF_{\mathrm{a}}g^{2}P_{\mathrm{O-EU}}m\cdot I_{\mathrm{B}}\cdot\Delta f/p$；多址干扰为 $\sigma_{\mathrm{MAI-O-eu}}^{2}=m\mu_{0}\left(1-\mu_{0}\right)\left(RgP_{\mathrm{O-EU}}I_{\mathrm{B}}\right)^{2}$。其中 α_{d} 为窃听者 Eve 受到的背景噪声功率在光纤链路的增益，表示为 $\alpha_{\mathrm{d}}=10^{-\alpha d_{\mathrm{ce}}/10}$。

若 Eve 采用匹配解码器解码，则在不考虑湍流的情况下，Eve 接收到的切普功率为

$$P_{\mathrm{O-EM}}=p^{2}r_{\mathrm{e}}\cdot P_{0}/10^{\frac{\delta d_{1}+\alpha d_{\mathrm{ce}}}{10}}\cdot\eta \tag{4.21}$$

当发送用户数据为“1”时，Eve 接收到的信号电流和噪声方差分别为

$$I_{\mathrm{O-em},1}=RgP_{\mathrm{O-EM}}\left(1+\frac{1}{2p^{2}}m\right)I_{\mathrm{B}} \tag{4.22}$$

$$\sigma_{\mathrm{O-em},1}^{2}=\sigma_{\mathrm{sh-O-em},1}^{2}+\sigma_{\mathrm{b-O-e}}^{2}+\sigma_{\mathrm{th}}^{2}+\sigma_{\mathrm{MAI-O-em}}^{2} \tag{4.23}$$

当发送用户数据为“0”时，Eve 接收到的信号电流和噪声方差分别为

$$I_{\mathrm{O-em},0}=RgP_{\mathrm{O-EM}}\frac{1}{2p^{2}}m\cdot I_{\mathrm{B}} \tag{4.24}$$

$$\sigma_{\mathrm{O-em},0}^{2}=\sigma_{\mathrm{sh-O-em},0}^{2}+\sigma_{\mathrm{b-O-e}}^{2}+\sigma_{\mathrm{th}}^{2}+\sigma_{\mathrm{MAI-O-em}}^{2} \tag{4.25}$$

式中，散粒噪声为 $\sigma_{\mathrm{sh-O-em},1}^{2}=2eRF_{\mathrm{a}}g^{2}P_{\mathrm{O-EM}}\left[1+m/\left(2p^{2}\right)\right]I_{\mathrm{B}}\cdot\Delta f$，$\sigma_{\mathrm{sh-O-em},0}^{2}=\dfrac{eRF_{\mathrm{a}}g^{2}P_{\mathrm{O-EM}}m\cdot I_{\mathrm{B}}\cdot\Delta f}{p^{2}}$；多址干扰方差为 $\sigma_{\mathrm{MAI-O-em}}^{2}=m\mu_{0}(1-\mu_{0})\left(\dfrac{RgP_{\mathrm{O-EM}}I_{\mathrm{B}}}{p}\right)^{2}$。

4.3　物理层安全分析及讨论

4.3.1　条件保密中断概率

根据上面的分析，我们可以得到 Bob 和 Eve 的信噪比分别为 [4]

$$\gamma_{\mathrm{b}}=\frac{\left(I_{\mathrm{s},1}-I_{\mathrm{s},0}\right)^{2}}{\left(\sigma_{\mathrm{s},1}+\sigma_{\mathrm{s},0}\right)^{2}} \tag{4.26}$$

$$\gamma_{x-\mathrm{ey}}=\frac{\left(I_{x-\mathrm{ey},1}-I_{x-\mathrm{ey},0}\right)^{2}}{\left(\sigma_{x-\mathrm{ey},1}+\sigma_{x-\mathrm{ey},0}\right)^{2}} \tag{4.27}$$

式中，$x=F$ 和 $x=O$ 分别表示 Eve 在 FSO 链路和光纤链路窃听；$y=u$ 和 $y=m$ 分别表示 Eve 采用非匹配解码器和匹配解码器。

为了计算方便，我们假设归一化的信道带宽为 $B=1$，于是我们得到主信道和窃听信道的信道容量分别为

$$C_{\mathrm{b}}=\log\left(1+\gamma_{\mathrm{b}}\right) \tag{4.28}$$

$$C_{\mathrm{e}}=\log\left(1+\gamma_{x-\mathrm{e}y}\right) \tag{4.29}$$

一般情况下，主信道的信道容量大于窃听信道的信道容量，即 $C_{\mathrm{b}}>C_{\mathrm{e}}$，根据信息理论，保密容量定义为

$$C_{\mathrm{S}}=C_{\mathrm{b}}-C_{\mathrm{e}}=\begin{cases}\log(1+\gamma_{\mathrm{b}})-\log(1+\gamma_{x-\mathrm{e}y}), & \gamma_{\mathrm{b}}\geqslant\gamma_{x-\mathrm{e}y}\\ 0, & \text{其他}\end{cases} \tag{4.30}$$

当保密容量 C_{s} 不能满足进行保密传输的速率 R_{s} 时，就会发生中断事件，于是保密中断概率被提出，并定义为 [5]

$$P_{\mathrm{out}}=p\left(C_{\mathrm{s}}<R_{\mathrm{s}}\right) \tag{4.31}$$

上式表示的保密中断概率不仅包括通信系统不能进行保密传输，还包括合法目的端的可靠性得不到保证的概率。当主信道的信道容量不能满足传输速率，即 $C_{\mathrm{b}}<R_{\mathrm{s}}$ 时，信息传输不可靠，此时即使不存在窃听者，也会发生中断事件，但不能表示系统是不安全的。因此，式 (4.31) 中所表示的保密中断概率不能单纯用来评估系统的物理层安全性。于是，为了更准确地评估系统的物理层安全性，条件保密中断概率被提出，并定义为 [6]

$$\begin{aligned}P_{\mathrm{so}}&=p\left(C_{\mathrm{s}}<R_{\mathrm{s}}\left|\gamma_{\mathrm{b}}>\gamma_{\mathrm{th}}\right.\right)\\&=p\left(C_{\mathrm{b}}-C_{\mathrm{e}}<R_{\mathrm{s}}\left|\gamma_{\mathrm{b}}>2^{R_{\mathrm{s}}}-1\right.\right)\\&=p\left(\gamma_{\mathrm{b}}<2^{R_{\mathrm{s}}}\left(1+\gamma_{x-\mathrm{e}y}\right)-1\left|\gamma_{\mathrm{b}}>2^{R_{\mathrm{s}}}-1\right.\right)\\&=\frac{p\left(2^{R_{\mathrm{s}}}-1<\gamma_{\mathrm{b}}<2^{R_{\mathrm{s}}}\left(1+\gamma_{x-\mathrm{e}y}\right)-1\right)}{p\left(\gamma_{\mathrm{b}}>2^{R_{\mathrm{s}}}-1\right)}\end{aligned} \tag{4.32}$$

上式是在合法用户实现可靠传输条件下，系统发生保密中断的条件概率，即只有当信息传输不安全时，才会发生保密中断，可以更准确地测量系统未能实现保密通信的可能性。

4.3.2 窃听者在 FSO 链路窃听

(1) 计算 $\gamma_{\mathrm{b}}>2^{R_{\mathrm{s}}}-1$

将式 (4.26) 代入 $\gamma_{\mathrm{b}}>2^{R_{\mathrm{s}}}-1$, 可以得到

$$\frac{\left(I_{\mathrm{s},1}-I_{\mathrm{s},0}\right)^2}{\left(\sigma_{\mathrm{s},1}+\sigma_{\mathrm{s},0}\right)^2}>2^{R_{\mathrm{s}}}-1 \tag{4.33}$$

将上式化简后，可以得到

$$\left(\sigma_{\mathrm{s},1}-\sigma_{\mathrm{s},0}\right)^2>\left(2^{R_{\mathrm{s}}}-1\right)\cdot\left(2eF_{\mathrm{a}}g\Delta f\right)^2 \tag{4.34}$$

令 $h_1=\left(2^{R_{\mathrm{s}}}-1\right)\cdot\left(2eF_{\mathrm{a}}g\Delta f\right)^2$，可以得到

$$\sigma_{\mathrm{s},1}^2+\sigma_{\mathrm{s},0}^2-2\sigma_{\mathrm{s},1}\sigma_{\mathrm{s},0}>h_1 \tag{4.35}$$

将上式移项并两边平方

$$\left(\sigma_{\mathrm{s},1}^2-\sigma_{\mathrm{s},0}^2\right)^2-2h_1\left(\sigma_{\mathrm{s},1}^2+\sigma_{\mathrm{s},0}^2\right)+h_1^2>0 \tag{4.36}$$

根据等式 (4.3) 和 (4.5) 我们可以得到

$$\sigma_{\mathrm{s},1}^2-\sigma_{\mathrm{s},0}^2=2eRF_{\mathrm{a}}g^2P_{\mathrm{B}}I_{\mathrm{B}}\cdot\Delta f \tag{4.37}$$

$$\begin{aligned}\sigma_{\mathrm{s},1}^2+\sigma_{\mathrm{s},0}^2=&\,2m\mu_0\left(1-\mu_0\right)\left(\frac{RgP_{\mathrm{B}}I_{\mathrm{B}}}{p}\right)^2+2eRF_{\mathrm{a}}g^2P_{\mathrm{B}}I_{\mathrm{B}}\left(1+\frac{1}{p^2}m\right)\cdot\Delta f\\&+2\left(2eRF_{\mathrm{a}}g^2P_{\mathrm{b}}\eta\alpha_{\mathrm{r}}\Delta f+\frac{4k_{\mathrm{B}}T}{R_{\mathrm{L}}}\Delta f\right)\end{aligned} \tag{4.38}$$

于是，定义

$$\begin{cases}a_1=\left(2eRF_{\mathrm{a}}g^2P_{\mathrm{B}}\Delta f\right)^2-4m\mu_0\left(1-\mu_0\right)\left(\dfrac{RgP_{\mathrm{B}}}{p}\right)^2h_1\\[2ex] b_1=-4eRF_{\mathrm{a}}g^2P_{\mathrm{B}}\left(1+\dfrac{1}{p^2}m\right)\cdot\Delta f\cdot h_1\\[2ex] c_1=h_1^2-4\left(2eRF_{\mathrm{a}}g^2P_{\mathrm{b}}\eta\alpha_{\mathrm{r}}\cdot\Delta f+\dfrac{4k_{\mathrm{B}}T}{R_{\mathrm{L}}}\Delta f\right)h_1\end{cases} \tag{4.39}$$

$$h_1=\left(2^{R_{\mathrm{s}}}-1\right)\cdot\left(2eF_{\mathrm{a}}g\Delta f\right)^2 \tag{4.40}$$

则可以得到一个一元二次不等式，即 $a_1I_{\mathrm{B}}^2+b_1I_{\mathrm{B}}+c_1>0$，该不等式的解为

$$I_{\mathrm{B}}>y_1=\frac{-b_1+\sqrt{b_1^2-4a_1c_1}}{2a_1} \tag{4.41}$$

(2) 计算 $\gamma_{\mathrm{b}} < 2^{R_{\mathrm{s}}}(1+\gamma_{\mathrm{F-eu}})-1$

将式 (4.26) 代入 $\gamma_{\mathrm{b}} < 2^{R_{\mathrm{s}}}(1+\gamma_{\mathrm{F-eu}})-1$，可以得到

$$\frac{(I_{\mathrm{s},1}-I_{\mathrm{s},0})^2}{(\sigma_{\mathrm{s},1}+\sigma_{\mathrm{s},0})^2} < 2^{R_{\mathrm{s}}}(1+\gamma_{\mathrm{F-eu}})-1 \tag{4.42}$$

令 $h_2=\left[2^{R_{\mathrm{s}}}(1+\gamma_{\mathrm{F-eu}})-1\right]\cdot(2eF_{\mathrm{a}}g\Delta f)^2$，将上式化简后，得到

$$\sigma_{\mathrm{s},1}^2+\sigma_{\mathrm{s},0}^2-h_2 < 2\sigma_{\mathrm{s},1}\sigma_{\mathrm{s},0} \tag{4.43}$$

当 $\sigma_{\mathrm{s},1}^2+\sigma_{\mathrm{s},0}^2-h_2 \leqslant 0$ 时，上式恒成立，则 $\gamma_{\mathrm{b}} < 2^{R_{\mathrm{s}}}(1+\gamma_{\mathrm{e}})-1$；当 $\sigma_{\mathrm{s},1}^2+\sigma_{\mathrm{s},0}^2-h_2 > 0$ 时，两边平方后，得到

$$\left(\sigma_{\mathrm{s},1}^2-\sigma_{\mathrm{s},0}^2\right)^2-2h_2\left(\sigma_{\mathrm{s},1}^2+\sigma_{\mathrm{s},0}^2\right)+h_2^2 < 0 \tag{4.44}$$

于是令

$$\begin{cases} a_2=\left(2eRF_{\mathrm{a}}g^2P_{\mathrm{B}}\Delta f\right)^2-4m\mu_0(1-\mu_0)\left(\dfrac{RgP_{\mathrm{B}}}{p}\right)^2 h_2 \\ b_2=-4eRF_{\mathrm{a}}g^2P_{\mathrm{B}}\left(1+\dfrac{1}{p^2}m\right)\cdot\Delta f\cdot h_2 \\ c_2=h_2^2-4\left(2eRF_{\mathrm{a}}g^2P_{\mathrm{b}}\eta\alpha_{\mathrm{r}}\cdot\Delta f+\dfrac{4k_{\mathrm{B}}T}{R_{\mathrm{L}}}\Delta f\right)h_2 \end{cases} \tag{4.45}$$

$$h_2=\left[2^{R_{\mathrm{s}}}(1+\gamma_{\mathrm{F-eu}})-1\right]\cdot(2eF_{\mathrm{a}}g\Delta f)^2 \tag{4.46}$$

可以得到一个一元二次不等式，即 $a_2I_{\mathrm{B}}^2+b_2I_{\mathrm{B}}+c_2<0$，该不等式的解为

$$\frac{-b_2-\sqrt{b_2^2-4a_2c_2}}{2a_2} < I_{\mathrm{B}} < \frac{-b_2+\sqrt{b_2^2-4a_2c_2}}{2a_2} \tag{4.47}$$

当 $I_{\mathrm{B}} \leqslant \left(-b_2-\sqrt{b_2^2-4a_2c_2}\right)\Big/(2a_2)$ 时，$\sigma_{\mathrm{s},1}^2+\sigma_{\mathrm{s},0}^2-h_2 \leqslant 0$，此时 $\gamma_{\mathrm{b}} < 2^{R_{\mathrm{s}}}(1+\gamma_{\mathrm{e}})-1$，所以 I_{B} 的取值为

$$0 < I_{\mathrm{B}} < y_2=\frac{-b_2+\sqrt{b_2^2-4a_2c_2}}{2a_2} \tag{4.48}$$

综上所述，当 Eve 非匹配解码时，条件保密中断概率表示为

$$P_{\mathrm{so-u}}=\frac{p\left(2^{R_{\mathrm{s}}}-1<\gamma_{\mathrm{b}}<2^{R_{\mathrm{s}}}(1+\gamma_{\mathrm{F-eu}})-1\right)}{p\left(\gamma_{\mathrm{b}}>2^{R_{\mathrm{s}}}-1\right)}=\frac{p(y_1<I_{\mathrm{B}}<y_2)}{p(I_{\mathrm{B}}>y_1)} \tag{4.49}$$

类似地，我们可以得出 Eve 匹配解码时的条件保密中断概率表达式。

1. 在 FSO 链路发送端窃听

首先，我们考虑 Eve 在 FSO 链路的发送端窃听的情况。由于发射端附近的激光束狭窄，Eve 不得不截断光束从辐射中获取一小部分能量，然后让其他部分继续传递给 Bob，因此 Eve 必须是一个足够复杂的设备可以反射一小部分光束，且不影响主信道的传输，于是窃听比例 r_{e} 取决于窃听设备的反射/透射比。

由于 Eve 截取到的信号没有在大气信道中传输，不受大气湍流的影响，则 $I_{\mathrm{E}}=1$。当窃听距离和窃听比例一定时，Eve 的信噪比 $\gamma_{\mathrm{F-eu}}$ 为常数，则 y_2 为常数，于是条件保密中断概率表示为

$$P_{\mathrm{so-u}}=\frac{F_{\mathrm{B}}\left(y_2\right)-F_{\mathrm{B}}\left(y_1\right)}{1-F_{\mathrm{B}}\left(y_1\right)} \tag{4.50}$$

接下来，我们通过 Matlab 数值计算，分析不同系统参数对条件保密中断概率 P_{so} 的影响。这里 $\lambda=1550\mathrm{nm}$，$D=0.04\mathrm{m}$，$R_{\mathrm{L}}=50\Omega$，$T=300\mathrm{K}$，$g=30$，$c=1.12$，$e=1.6\times10^{-19}\mathrm{C}$，$R=0.5\mathrm{A/W}$，$F_{\mathrm{a}}=16$，$P_{\mathrm{b}}=-40\mathrm{dBm}$，$k_{\mathrm{B}}=1.38\times10^{-23}\mathrm{W/(K\cdot Hz)}$，$p=13$，$R_{\mathrm{b}}=1\mathrm{Gb/s}$，$P_0=10\mathrm{mW}$，$\delta=10\mathrm{dB/km}$，$\alpha=0.2\mathrm{dB/km}$。

当 Eve 在 FSO 链路发送端窃听时，Eve 到 Alice 之间的距离为 $d_{\mathrm{ae}}=0$，图 4.2 和图 4.3 分别是当 Eve 在非匹配解码和匹配解码时，在不同湍流强度下，条件保密中断概率 P_{so} 与保密速率 R_{s} 之间的关系图。此时 FSO 链路的传输距离为 $d_1=2\mathrm{km}$，光纤链路的传输距离为 $d_2=50\mathrm{km}$，干扰用户数为 $m=2$，窃听比例为 $r_{\mathrm{e}}=0.001$，同时图中弱、中、强湍流对应的大气折射率结构常数分别为 $C_n^2=8.4\times10^{-15}\mathrm{m}^{-2/3}$，$C_n^2=1.7\times10^{-14}\mathrm{m}^{-2/3}$，$C_n^2=5.0\times10^{-14}\mathrm{m}^{-2/3}$。从图 4.2 和图 4.3 可以看出，无论 Eve 是匹配解码还是非匹配解码，随着保密速率 R_{s} 的增加，条件保密中断概率 P_{so} 增大，系统的物理层安全性下降。当保密速率 R_{s} 一定时，P_{so} 随着湍流强度的增大而增大，说明大气湍流越强，系统安全性越差。另外，从图 4.3 中可以看出，当 Eve 匹配解码时，若保密速率 R_{s} 大于某个值，条件保密中断概率 $P_{\mathrm{so}}=1$ 恒成立，此时系统没有任何安全性，因此在进行系统设计时，我们要在 FSO 链路发送端附近设置防止 Eve 窃听的监测设备。

图 4.4 是当 Eve 非匹配解码时，在弱湍流情况下，条件保密中断概率 P_{so} 与干扰用户数 m 之间的关系图。此时 FSO 链路的传输距离为 $d_1=2\mathrm{km}$，光纤链路的传输距离为 $d_2=50\mathrm{km}$，窃听比例为 $r_{\mathrm{e}}=0.001$，保密速率分别为 $R_{\mathrm{s}}=0$ 和 $R_{\mathrm{s}}=1$。从图 4.4 可以看出，当保密速率 R_{s} 一定时，随着干扰用户数的增加，条件保密中断概率 P_{so} 减小，系统的物理层安全性上升，说明增加干扰用户数可以提高系统的安全性。

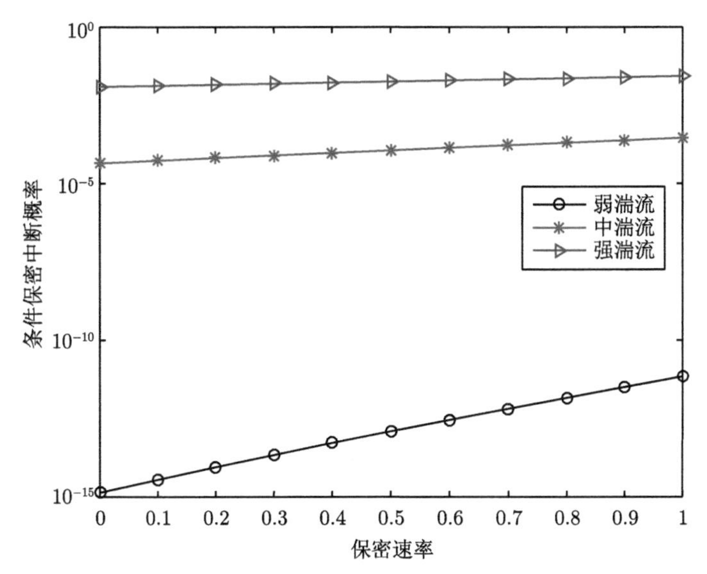

图 4.2 Eve 非匹配解码时，条件保密中断概率与保密速率之间的关系

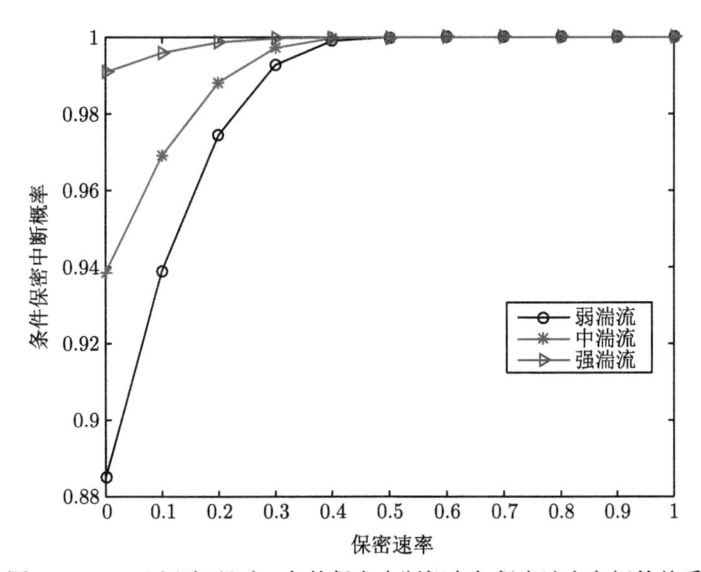

图 4.3 Eve 匹配解码时，条件保密中断概率与保密速率之间的关系

2. 在 FSO 链路中间窃听

接着，我们考虑 Eve 在 FSO 链路中间窃听的情况，与发送端窃听类似，不同的是在链路中窃听用户会受到大气湍流的影响，条件保密中断概率表示为

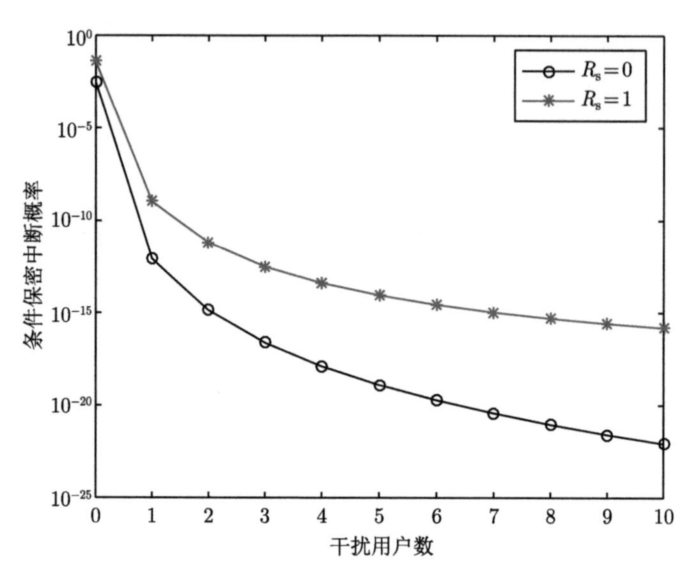

图 4.4　Eve 非匹配解码且弱湍流时，条件保密中断概率与干扰用户数之间的关系

$$P_{\text{so-u}} = \frac{\displaystyle\int_0^{\infty}\int_{y_1}^{y_2} f(I_{\text{B}})\, f(I_{\text{E}})\,\mathrm{d}I_{\text{B}}\mathrm{d}I_{\text{E}}}{\displaystyle\int_{y_1}^{\infty} f(I_{\text{B}})\,\mathrm{d}I_{\text{B}}} = \frac{\displaystyle\int_0^{\infty}\left[F_{\text{B}}(y_2) - F_{\text{B}}(y_1)\right] f(I_{\text{E}})\,\mathrm{d}I_{\text{E}}}{1 - F_{\text{B}}(y_1)} \tag{4.51}$$

我们讨论 Eve 在 FSO 链路中间窃听时，不同系统参数对系统的物理层安全性的影响。图 4.5 是在弱湍流情况下，条件保密中断概率 P_{so} 与保密速率 R_{s} 之间的关系图，此时 Eve 距 Alice 之间的距离 $d_{\text{ae}} = 1\text{km}$。另外 FSO 链路的传输距离 $d_1 = 2\text{km}$，光纤链路的传输距离 $d_2 = 50\text{km}$，干扰用户数 $m = 2$，窃听比例分别为 $r_{\text{e}} = 0.001$ 和 $r_{\text{e}} = 0.01$。由图 4.5 可以看出，当 Eve 在 FSO 链路中间窃听时，无论是匹配解码还是非匹配解码，条件保密中断概率 P_{so} 随着保密速率 R_{s} 的增加而增大。当保密速率 R_{s} 一定时，P_{so} 随着窃听比例 r_{e} 的增加而增大，系统的物理层安全性下降。

图 4.6 是在弱湍流情况下，条件保密中断概率 P_{so} 与窃听距离 d_{ae} 之间的关系图，此时，FSO 链路的传输距离 $d_1 = 2\text{km}$，光纤链路的传输距离 $d_2 = 50\text{km}$，干扰用户数 $m = 2$，窃听比例 $r_{\text{e}} = 0.001$，且保密速率分别为 $R_{\text{s}} = 0$ 和 $R_{\text{s}} = 1$。由图 4.6 可以看出，当 Eve 在 FSO 链路中间窃听时，无论是匹配解码还是非匹配解码，随着窃听距离的增加，条件保密中断概率 P_{so} 减小，系统的物理层安全性上升。说明 Eve 距离发送端越远，系统越安全。

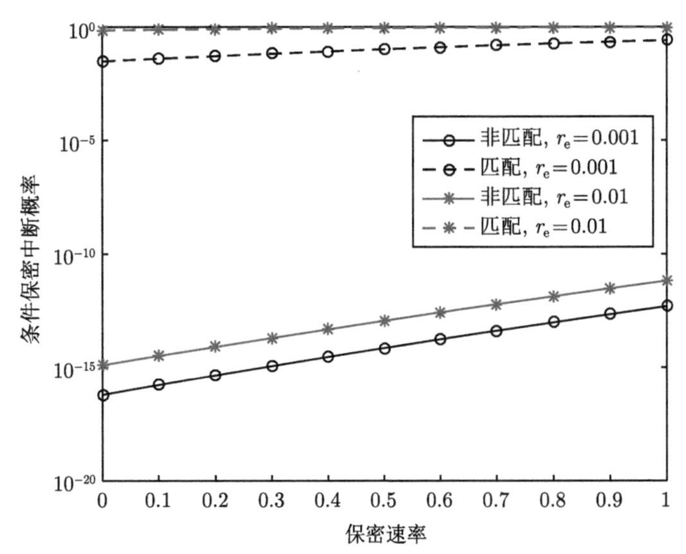

图 4.5 弱湍流情况下，条件保密中断概率与保密速率之间的关系

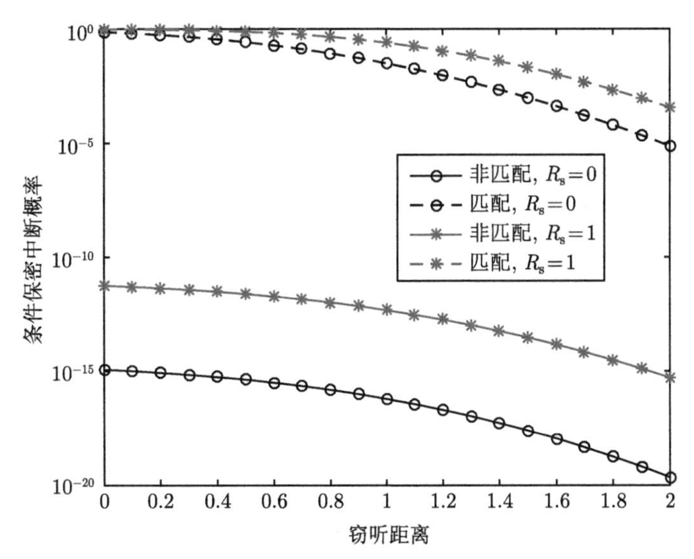

图 4.6 弱湍流情况下，条件保密中断概率与窃听距离之间的关系

3. 在 FSO 链路接收端窃听

最后，我们考虑 Eve 在 FSO 链路接收端窃听的情况，此时 Eve 在激光束的发散区域中，可以收集到合法用户未接收的信息，如图 4.1 所示，这是在 FSO 链路最容易实现的窃听情况 [7]。当然为了不被合法用户发现，Eve 应尽量远离光斑

中心，而耦合透镜处于光斑中心，因此大气湍流对 Bob 和 Eve 造成的起伏是不相关的。此时，Eve 距 Alice 之间的距离 $d_{\mathrm{ae}} = d_1$，是 Eve 在 FSO 链路中间窃听的一种特殊情况。

图 4.7 是条件保密中断概率 P_{so} 与 FSO 链路传输距离 d_1 之间的关系图，光纤链路传输距离 $d_2 = 50\mathrm{km}$。图 4.8 是条件保密中断概率 P_{so} 与光纤链路传输距

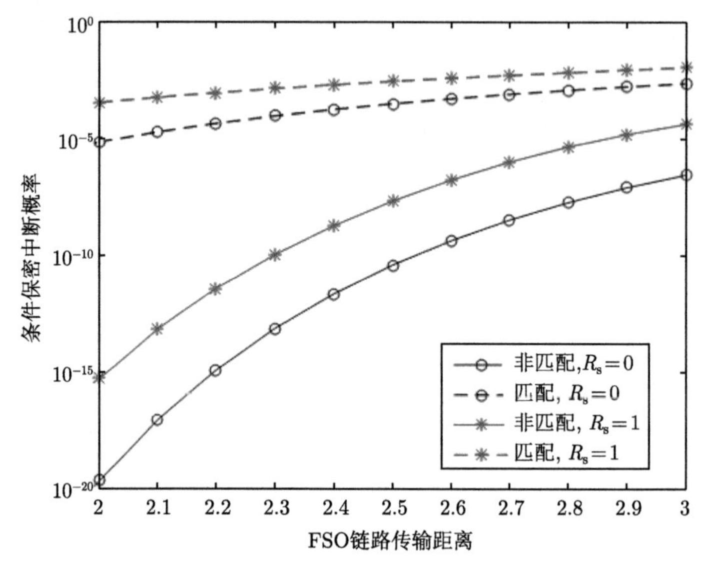

图 4.7　条件保密中断概率与 FSO 链路传输距离之间的关系

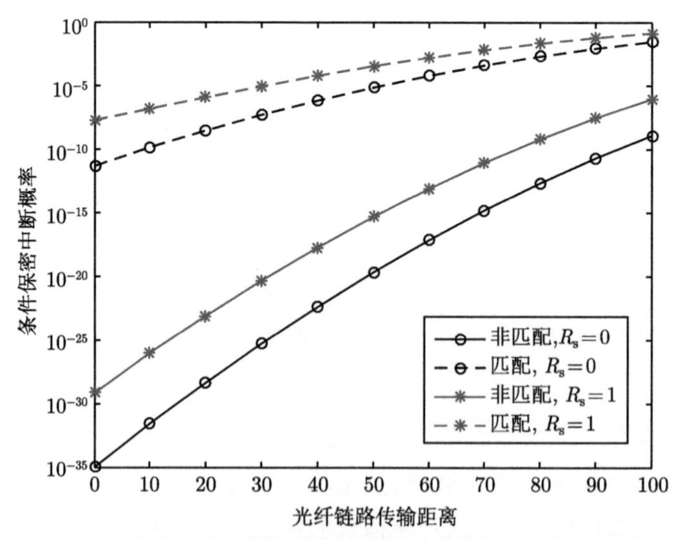

图 4.8　条件保密中断概率与光纤链路传输距离之间的关系

离 d_2 之间的关系图，FSO 链路传输距离 $d_1 = 2\text{km}$。另外，干扰用户数 $m = 2$，窃听比例 $r_e = 0.001$，保密速率分别为 $R_s = 0$ 和 $R_s = 1$。由图 4.7 和图 4.8 可以看出，当 R_s 一定时，随着链路传输距离的增加，条件保密中断概率 P_{so} 增大，系统的物理层安全性下降。

图 4.9 是条件保密中断概率 P_{so} 与干扰用户数 m 之间的关系图，此时 FSO 链路传输距离 $d_1 = 2\text{km}$，光纤链路传输距离 $d_2 = 50\text{km}$，窃听比例 $r_e = 0.001$，保密速率分别 $R_s = 0$ 和 $R_s = 1$。从图 4.9 可以看出，在 Eve 匹配解码时，条件保密中断概率 P_{so} 变化很小，说明干扰用户数 m 的影响很小，因为此时散粒噪声占主导因素，而干扰用户数对散粒噪声的影响较小；在 Eve 非匹配解码时，条件保密中断概率 P_{so} 随着干扰用户数 m 的增大而减小，说明增加干扰用户数可以提高系统的物理层安全性。

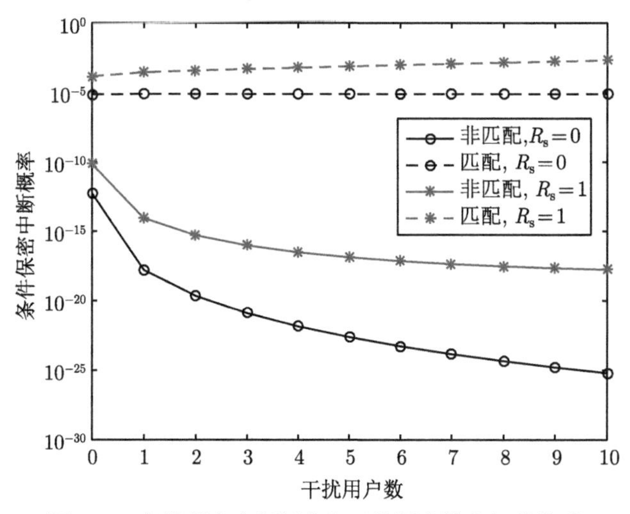

图 4.9 条件保密中断概率与干扰用户数之间的关系

4.3.3 窃听者在光纤链路窃听

当 $R_s = 0$ 时，式 (4.32) 简化为

$$P_{so} = p(C_b < C_e) = p(\gamma_b < \gamma_e) \tag{4.52}$$

由上面的分析可知，条件保密中断概率 P_{so} 随着保密速率 R_s 的增加而增大，所以此时的条件保密中断概率是最小的。根据上式的定义可知，只要主信道的信道容量小于窃听信道的信道容量，即 $C_b < C_e$ 时，就发生保密中断，与截获概率 (窃听者成功截获源信号的概率) 的定义一样，说明截获概率就是最小的条件保密中断概率。此时，若 FSO 链路传输距离一定，则光纤链路传输距离 d_2 较小或者

窃听距离 d_{ce} 较大时，$P_{so}=0$ 恒成立，即系统满足绝对安全。于是我们在考虑最小条件保密中断概率 $P_{so}^{\min}=0$ 的情况下，定义了系统的安全传输距离和截获距离，来定量评估系统的物理层安全性。

1. 安全传输距离

当 FSO 链路传输距离一定时，光纤链路传输距离影响着系统的物理层安全，于是我们定义安全传输距离 L_t：窃听者在光纤链路的任意位置窃听时，都能满足 $P_{so}^{\min}=0$ 的条件下，合法用户能够传输的最远光纤链路距离。

$$L_t=\max_{P_{so}^{\min}=0}\{d_2\} \tag{4.53}$$

图 4.10 是安全传输距离 L_t 与窃听比例 r_e 之间的关系图，此时 FSO 链路传输距离 $d_1=1\text{km}$，干扰用户数 $m=2$。只要光纤链路传输距离 $d_2\leqslant L_t$，无论 Eve 在光纤链路的任意位置窃听，都可以满足 $P_{so}^{\min}=0$，即当 $R_s=0$ 时，系统是绝对安全的。同时，由图 4.10 可知，随着窃听比例 r_e 的增加，安全传输距离 L_t 减小，即光纤链路可传输距离减小，且相对于匹配解码，Eve 非匹配解码时的安全传输距离更大。

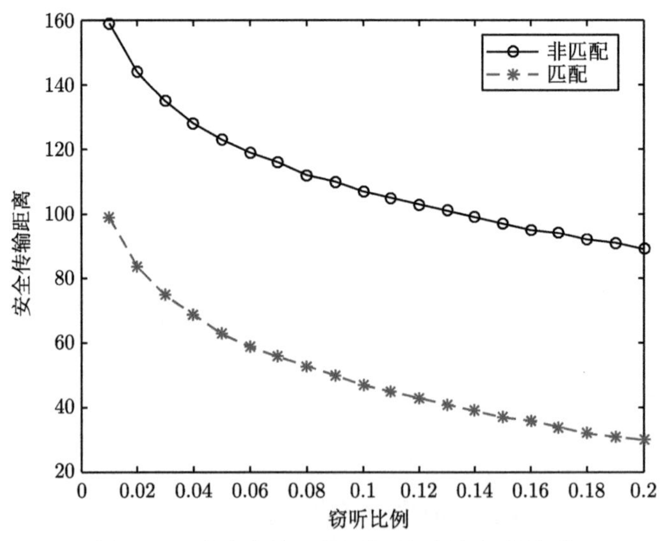

图 4.10　安全传输距离与窃听比例之间的关系

2. 截获距离

在实际的通信系统中，存在光纤链路传输距离 $d_2>L_t$ 的情况，此时 Eve 在光纤链路任意位置窃听，系统不能保证绝对安全，于是我们定义截获距离 L_e：若

窃听距离 $d_{\mathrm{ce}} < L_{\mathrm{e}}$，则 $P_{\mathrm{so}}^{\min} \neq 0$，即系统不能满足绝对安全，定义为

$$L_{\mathrm{e}} = \min_{\{P_{\mathrm{so}}^{\min}=0\}} \{d_{\mathrm{ce}}\} \tag{4.54}$$

图 4.11 是截获距离 L_{e} 与窃听比例 r_{e} 之间的关系图，此时 FSO 链路传输距离 $d_1 = 1\mathrm{km}$，光纤链路传输距离 $d_2 = 150\mathrm{km}$，干扰用户数 $m = 2$。由图 4.11 可以看出，随着窃听比例 r_{e} 的增加，截获距离 L_{e} 增大。当 Eve 非匹配解码时，若 $r_{\mathrm{e}} = 0.01$，则截获距离 $L_{\mathrm{e}} = 0\mathrm{km}$，说明当 $R_{\mathrm{s}} = 0$ 时，Eve 在光纤链路任何位置窃听，系统都能保证绝对安全；若 $r_{\mathrm{e}} = 0.1$，则截获距离 $L_{\mathrm{e}} = 46\mathrm{km}$，此时若窃听距离 $d_{\mathrm{ce}} < 46\mathrm{km}$，系统就不能保证绝对安全，因此只需要在光纤链路前 46km 范围内，设置一个防止窃听者 Eve 窃听的监测设备，就可以保证系统的绝对安全。

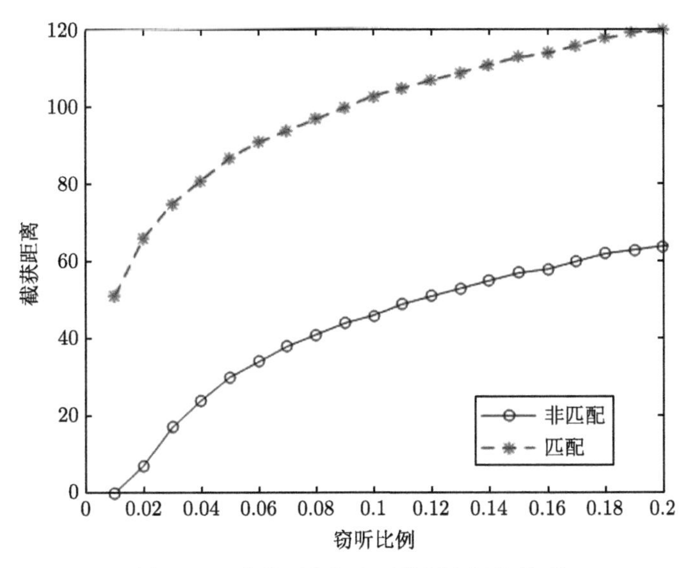

图 4.11 截获距离与窃听比例之间的关系

4.4 基于 OCDMA 的混合 FSO/光纤搭线信道实验系统

图 4.12 是 10Gb/s 基于 OCDMA 的混合 FSO/光纤搭线信道实验系统框图，包括发送端、FSO 信道、光纤信道和接收端。首先，在发送端，10G 误码仪发送随机信号，同时 10G 光发射机产生 15ps 光窄脉冲，并将随机信号调制在光脉冲上，而这里采用的调制方式是 OOK 调制，此时光功率为 −4.78dBm。调制后的信号经过 EDFA，将发射光功率提高到 9.4dBm, 然后进入光编码器进行编码，编码后的光信号功率为 −7.81dBm。接着，光信号通过 EDFA 放大到 8.14dBm。此

后光信号依次通过 FSO 链路和光纤链路传输。在本实验中，FSO 链路的传输距离为 1.8m，同时我们采用准直透镜来保证光信号对准传输。光纤链路的传输距离为 40km，同时由于光纤色散的影响，会产生光脉冲展宽的现象，影响实验结果，因此我们采用 DCF 来进行色散补偿。另外实验系统中的可调衰减器 1 是为了模拟不同的 FSO 链路的大气衰减，从而控制接收功率的大小，需要指出的是这里的接收功率指的是经过色散补偿之后的信号功率。

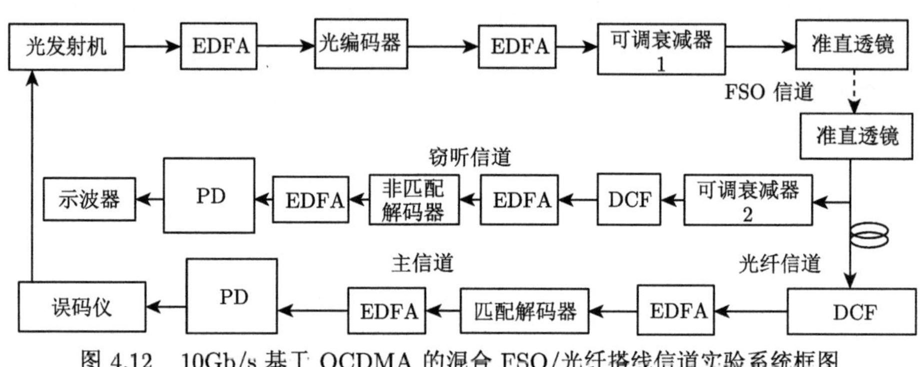

图 4.12　10Gb/s 基于 OCDMA 的混合 FSO/光纤搭线信道实验系统框图

当然在通信链路上还存在外部窃听者，由于实验条件的限制，这里我们只考虑窃听者在光纤链路窃听的情况。对于窃听信道，窃听者可以在光纤链路任意位置窃听，此时可调衰减器 2 是为了模拟不同的窃听比例，同时我们假设窃听者也可以完美补偿光纤色散。

为了减小窃听者的信噪比，提高系统的安全性，我们采用低功率传输，实验中合法用户接收功率的最大值为 −21.55dBm。在接收端，由于接收功率太小，要对经过光通信链路传输后的光信号先进行放大，这里采用的放大器是低噪声的可调谐 EDFA，它可以控制输出光功率，同时可以减小放大器自身的噪声对信号的干扰，提高输出的信噪比。对于主信道，放大后的光信号进入匹配解码器进行匹配解码，然后再经过作为前置放大器 EDFA 放大后，被光电探测器 (photodetector, PD) 接收，进行光电转换。之后电信号输入 10G 误码仪进行误码检测。同时，可以通过 20G 实时示波器进行波形和眼图测试。对于窃听信道，由于窃听者不知道具体的码字，只能采用非匹配解码器解码，对于窃听者在不同窃听位置和窃听比例情况下接收到的信号，我们同样可以进行误码检测，观察波形和眼图。下面将对实验中采用的主要设备进行详细的介绍，同时测量 FSO 链路的大气湍流强度。

4.4.1　光编解码器

光编解码器作为 OCDMA 系统中的关键器件，不仅决定了系统的复杂程度，还决定了系统的传输性能。在本书中，编解码有两种：一种是基于可调延时线的一维可重构光编解码器，另一种是基于 WSS 和光纤延时线的二维可重构光编解码器。它们的结构图如图 4.13 和图 4.14 所示。

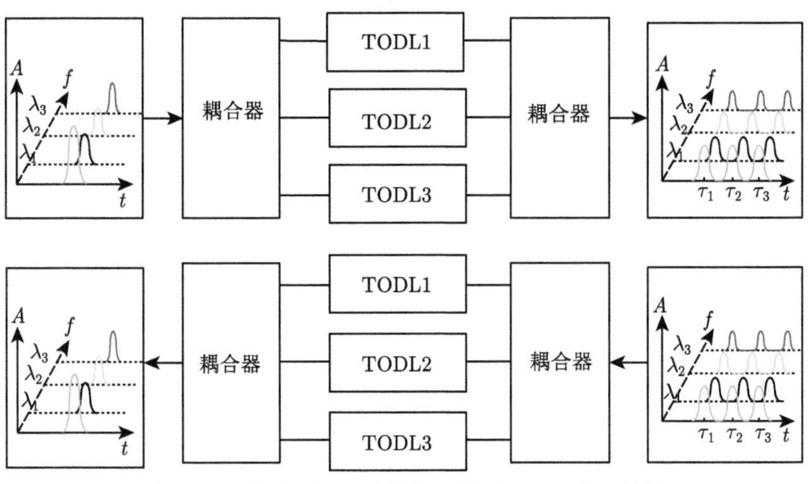

图 4.13　基于可调延时线的一维可重构光编解码器

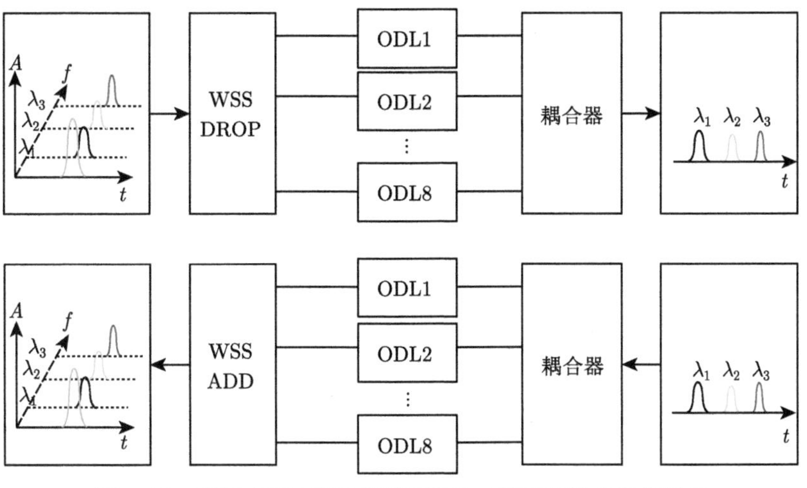

图 4.14　基于 WSS 和光纤延时线的二维可重构光编解码器

对于一维可重构光编码器，光信号经由耦合器一分为三，通过可调延时线给予不同的延时，再由耦合器进行耦合即可得到时域编码。通过不同的延时组合就可以得到不同的编码。而对应的解码器是将编码信号一分为三，根据比特周期来给予每一路互补延时进行对齐，然后经耦合器耦合即可得到解码信号。

对于二维可重构光编码器，WSS DROP 每个输出端口分别连接着不一样长度的光纤延时线，且长度由采用的特定的光地址码和数据速率决定。另外不同端口采用的波长也不同，且可由计算机串口进行控制，然后经过光纤延时线编码后的信号通过合路器合路后输出。对于可重构光解码器，光信号在分路器后被分成 8 路，每一路分别连接着不一样长度的光纤延时线，且光纤延时线的长度是根据编码端的光纤延时线长度来设置的，使得光脉冲在延时后能在下个比特周期叠加起来，完成时域上的匹配解码。同时，在频域上，解码端的不同端口的波长也可由计算机串口进行控制，并与编码端的波长设置相匹配，完成频域上的匹配解码。本实验系统采用的是基于 WSS 和光纤延时线的二维可重构光编解码器。

虽然 WSS 有 8 个输入输出端口，但是本实验中采用的 10G 光发射机只输出 WSS 对应的 3 个波长，于是我们只采用了其中 3 个端口。在本实验系统中，我们采用的二维地址码为素数跳频码 $\{(13,1), (52,2), (65,3)\}$[8]，且实验中所采用的光编解码器设备如图 4.15 所示。

(a) 光编码器

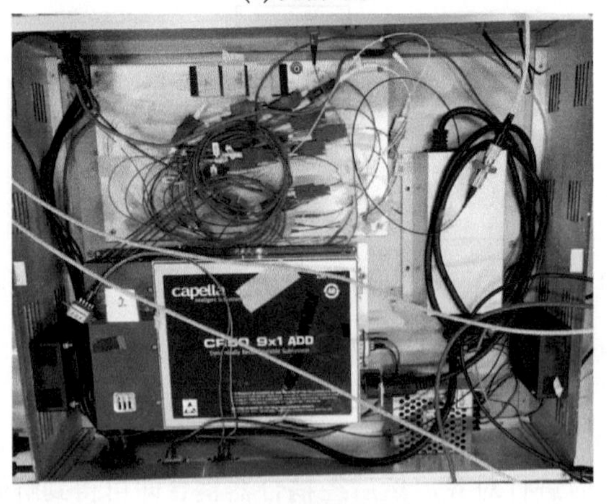

(b) 光编码器

图 4.15　光编解码器实物图

对于 WSS 编码器，ODL2、ODL5 和 ODL6 的延迟分别为 7.1ps、30.2ps 和 37.9ps。对于 WSS 解码器，ODL2、ODL5 和 ODL6 的延迟分别为 92.9ps、69.8ps 和 62.1ps。应当指出的是，当光编码器码字重构变化的频率足够快时，窃听者将不能跟踪到合法用户码字的变化。

4.4.2 大气湍流强度测量

在实验开始前，我们需要先测量大气湍流强度，具体的操作方法是在 FSO 信道的输出终端接实时示波器，观察经过大气湍流后，不同时间下的接收信号的波形，同时测量接收信号的强度，从而计算出大气湍流强度方差。

图 4.16 为经过大气湍流后的接收信号波形图，测试时间为 10s，采样间隔为 0.01ms，于是我们将测量到的数据代入下式进行计算 [9]

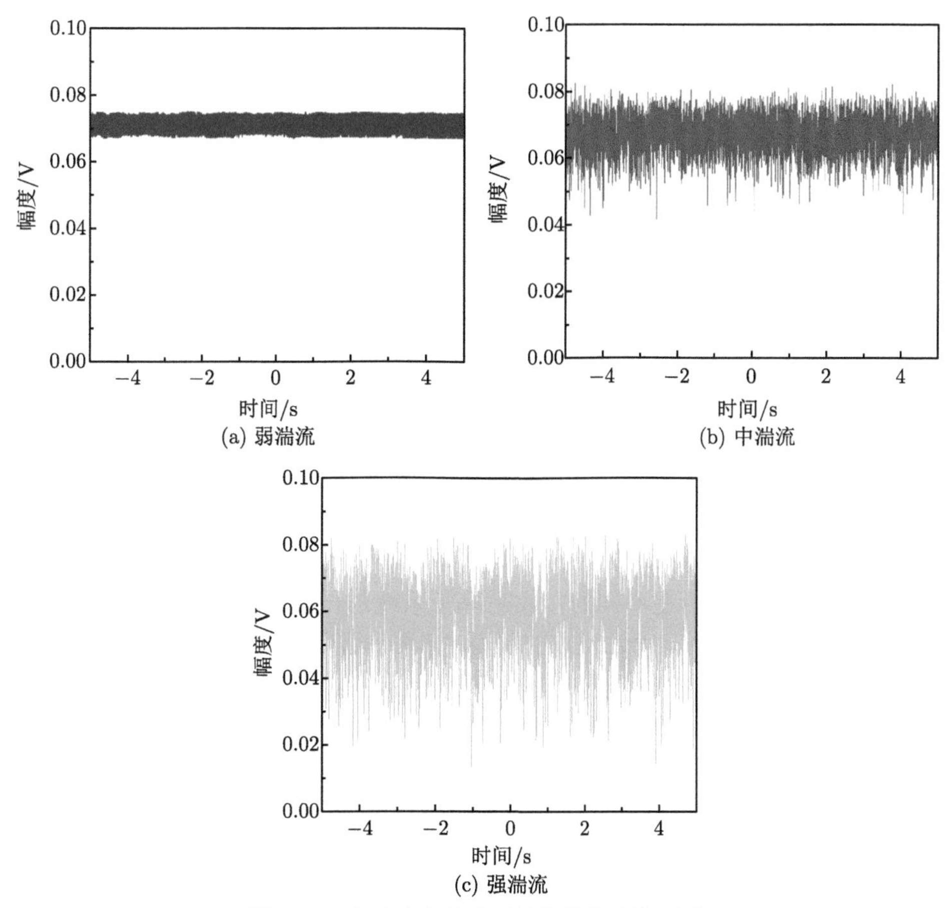

(a) 弱湍流

(b) 中湍流

(c) 强湍流

图 4.16 经过大气湍流后的接收信号波形图

$$\sigma_I^2 = \langle I_1^2 \rangle / \langle I_1 \rangle^2 - 1 \tag{4.55}$$

式中，I_1 是经过大气湍流后的接收信号强度。计算得到图 4.16 对应的折射率常数分别为 4.96×10^{-15}，3.41×10^{-14} 和 1.51×10^{-13}，对应于弱、中和强湍流情况。

4.4.3 实验结果与分析

对于一个通信系统来说，必须保证合法用户的可靠传输，于是我们对系统的可靠性进行分析。首先，随机发送的电信号经过光发射机，得到的调制后的波形图如图 4.17 所示，本实验采用的是光强度调制中的 OOK 调制，调制波形图中的脉冲代表发送用户数据为“1”，此时有光信号通过。经过调制后的光信号进入编码器进行编码，得到的光编码后的波形图如图 4.18 所示，可以看出光脉冲发生了展宽，即达到了扩频的效果。

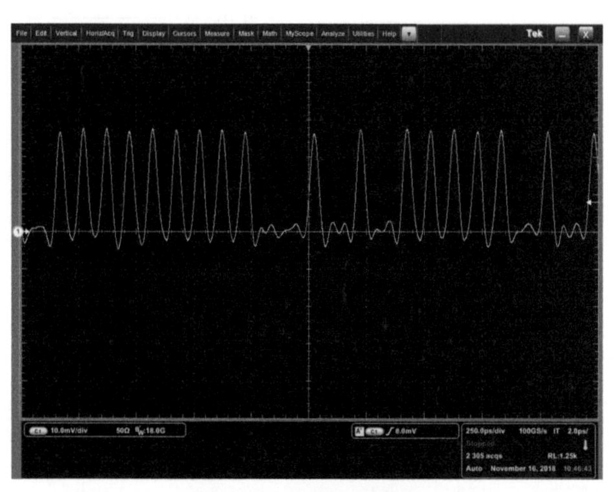

图 4.17 调制波形图

接下来，我们分析在不同的接收功率下系统的传输性能。图 4.19 是当接收功率为 −21.55dBm 时，合法用户的解码波形图和眼图，图 4.20 是当接收功率为 −24.55dBm 时，合法用户的解码波形图和眼图，图 4.21 是当接收功率为 −26.55dBm 时，合法用户的解码波形图和眼图，此时 FSO 链路长度为 1.8m，光纤链路长度为 40km。从图 4.19 中可以看出，合法用户可以很好地恢复出原始信号，且眼图完全张开，说明系统的传输性能良好，实现了可靠传输。由于接收功率减小，图 4.20 中的解码波形图幅度有所下降，但是眼图张开状况良好，同样可以恢复出原始信号。图 4.21 中的眼图张开较小，说明此时合法用户的误码率性能较差，系统的可靠性有所下降。

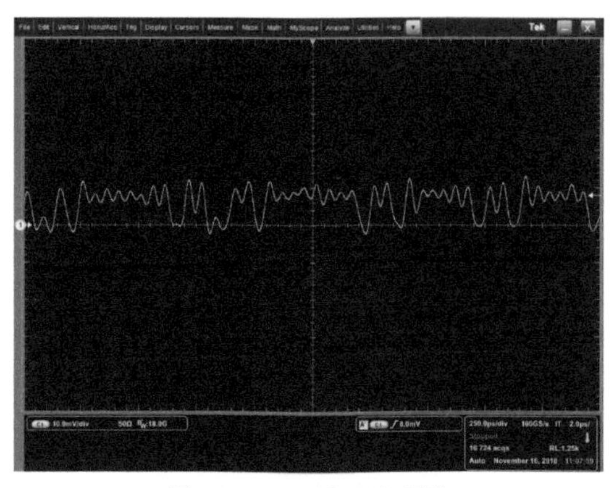

图 4.18 光编码波形图

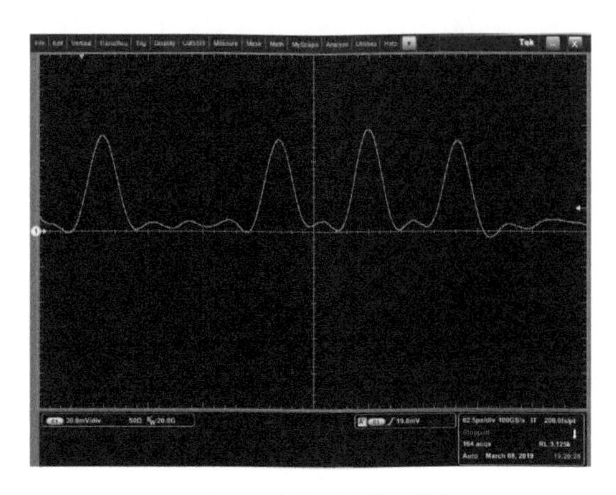

(a) 合法用户解码波形图

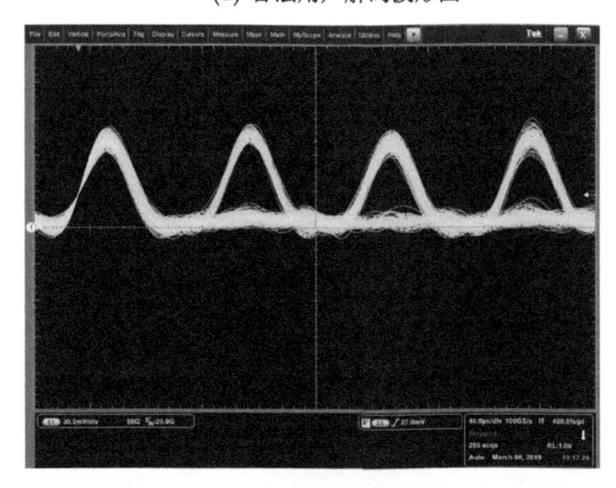

(b) 合法用户眼图

图 4.19 接收功率为 −21.55dBm 时，合法用户的解码波形图和眼图

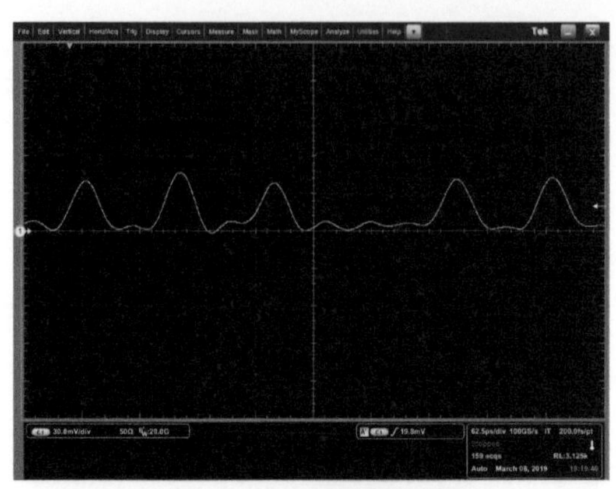

(a) 合法用户解码波形图

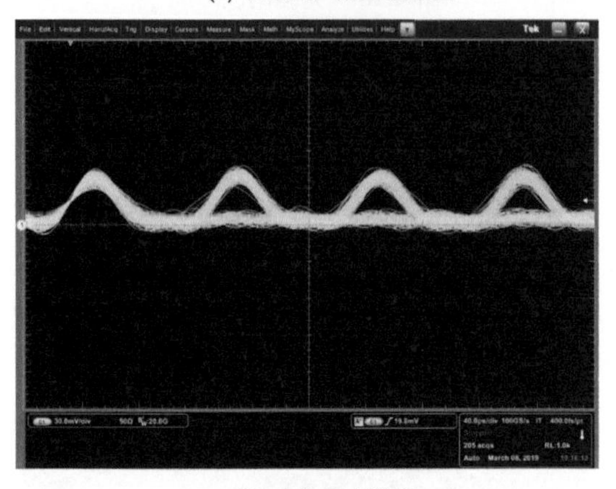

(b) 合法用户眼图

图 4.20　接收功率为 −24.55dBm 时，合法用户的解码波形图和眼图

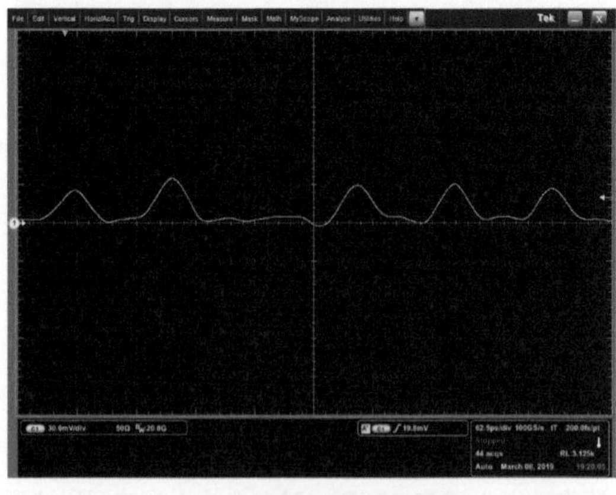

(a) 合法用户解码波形图

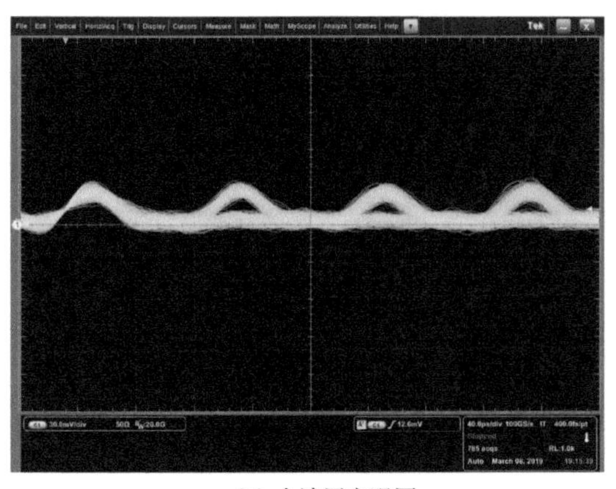

(b) 合法用户眼图

图 4.21 接收功率为 −26.55dBm 时，合法用户的解码波形图和眼图

上面是从眼图来定性分析系统的可靠性，现在我们以合法用户的误码率为性能指标，来定量分析系统的可靠性。图 4.22 是在不同的接收功率下，所测得的合法用户误码率图，从图 4.22 中可以看出，随着接收功率的减小，合法用户的误码率增加，说明系统的可靠性下降。例如，当接收功率为 −21.55dBm 时，合法用户的误码率为 $\mathrm{BER_b} = 4.12 \times 10^{-8}$；当接收功率为 −24.55dBm 时，合法用户的误码率为 $\mathrm{BER_b} = 5.1 \times 10^{-4}$；当接收功率为 −26.55dBm 时，合法用户的误码率为 $\mathrm{BER_b} = 1.23 \times 10^{-2}$，于是为了保证合法用户的可靠传输，接收功率不能太小。

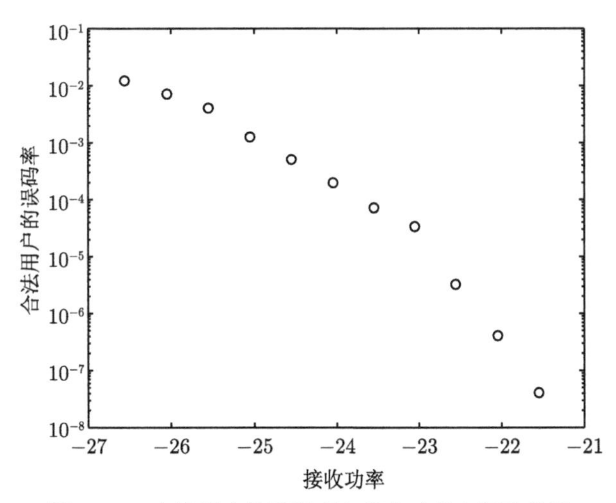

图 4.22 合法用户的误码率与接收功率之间的关系

通过上面的分析可知，对于我们所搭建的基于 OCDMA 的混合 FSO/光纤搭线信道来说，在一定的接收功率下，合法用户可以实现可靠传输，接下来我们需要考虑系统的物理层安全性。窃听者可以在光纤链路任意位置窃听，由于窃听者不知道合法用户采用的具体码字，于是窃听者只能非匹配解码，此时 FSO 链路长度为 1.8m，光纤链路长度为 40km。于是我们对窃听者在不同窃听位置和窃听比例下接收到的信号进行分析，从而评估系统的物理层安全性。

图 4.23 和图 4.24 是当窃听者非匹配解码时，不同窃听位置和窃听比例下的眼图，此时合法用户的接收功率为 -21.55dBm。图 4.23 是当窃听比例 $r_{\mathrm{e}}=0.005$ 时，窃听者在非匹配解码情况下的眼图，此时窃听距离分别为 15km、20km 和 30km。从图中可以看出，当窃听者非匹配解码时，眼图张开得很小，随着窃听距离的增加，眼图趋于闭合的，说明码间串扰和噪声对接收信号的影响很大，噪声叠加在信号上，眼图变得模糊不清，则此时窃听者不能恢复原始信号，此时系统是安全的。而且，随着窃听距离的增加，码间串扰和噪声的影响更大，眼图张开得更小，说明窃听者的误码率性能变差，系统越安全。图 4.24 是当窃听比例 $r_{\mathrm{e}}=0.01$ 时，窃听者在非匹配解码情况下的眼图，此时窃听距离分别为 15km、20km 和 30km。我们同样可以看到眼图基本闭合，说明窃听者不能恢复原始信号，此时系统是安全的。

由上面的分析可知，当窃听比例较小或者窃听距离较大时，窃听者的眼图是完全闭合的，此时窃听者不能恢复原始信号，系统是安全的。但是当窃听者的窃听距离比较小时，则不能保证系统的绝对安全。根据式 (4.82) 的定义可知，当合法用户的信噪比小于窃听者的信噪比，即合法用户的误码率大于窃听者的误码率时，系统是不安全的，则此时窃听者处在截获距离之内。于是，我们可以测量窃听者在光纤链路不同位置窃听时的误码率，并与合法用户误码率比较，从而得出系统的截获距离。

图 4.25 是当窃听者在光纤链路不同位置窃听且非匹配解码时，在不同窃听比例下测得的窃听者的误码率，此时合法用户的接收功率为 -21.55dBm，测得的合法用户误码率为 $\mathrm{BER_b}=4.12\times10^{-8}$。通过比较窃听者和合法用户的误码率，从图 4.25 中可以得出，当窃听比例 $r_{\mathrm{e}}=0.01$ 时，无论窃听者在光纤链路的任何位置窃听，窃听者的误码率始终大于合法用户的误码率，因此截获距离 $L_{\mathrm{e}}=0$km，说明此时窃听者在光纤链路的任意位置窃听，系统都能保证绝对安全；当窃听比例 $r_{\mathrm{e}}=0.02$ 时，截获距离 $L_{\mathrm{e}}=5$km，此时我们需要在光纤链路前 5km 范围内，设置一个防止窃听者窃听的监测设备；当窃听比例 $r_{\mathrm{e}}=0.05$ 时，截获距离 $L_{\mathrm{e}}=12$km，此时需要监测窃听的距离为 12km。综上所述，我们可以得出，随着窃听比例的增加，系统的截获距离增大。

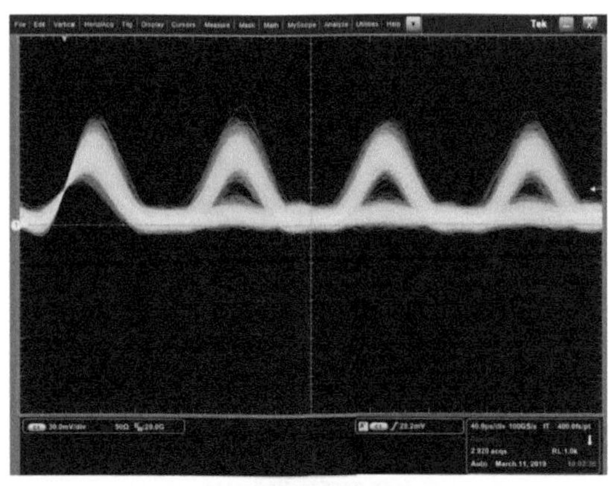

(a) 窃听距离为 15km

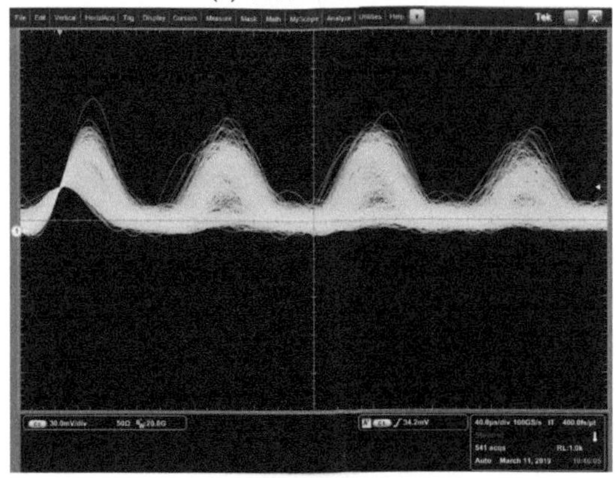

(b) 窃听距离为 20km

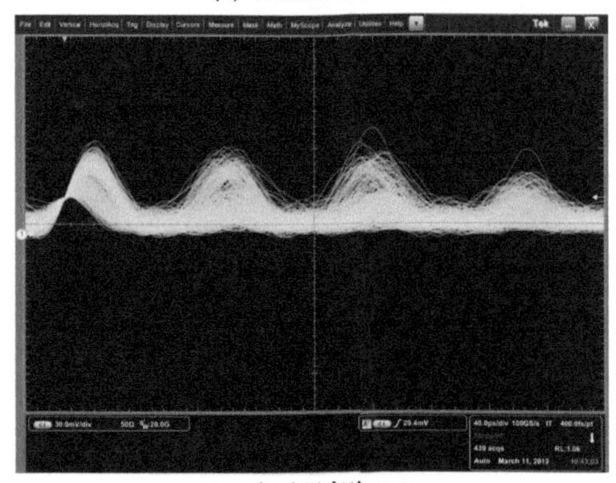

(c) 窃听距离为 30km

图 4.23 窃听比例为 0.005 时，窃听者在非匹配解码情况下的眼图

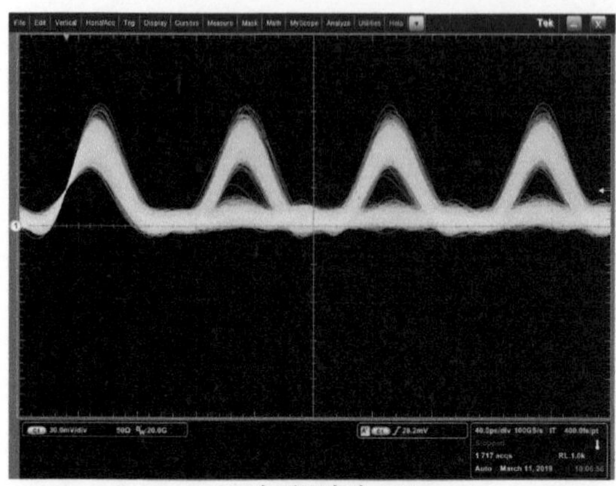

(a) 窃听距离为 15km

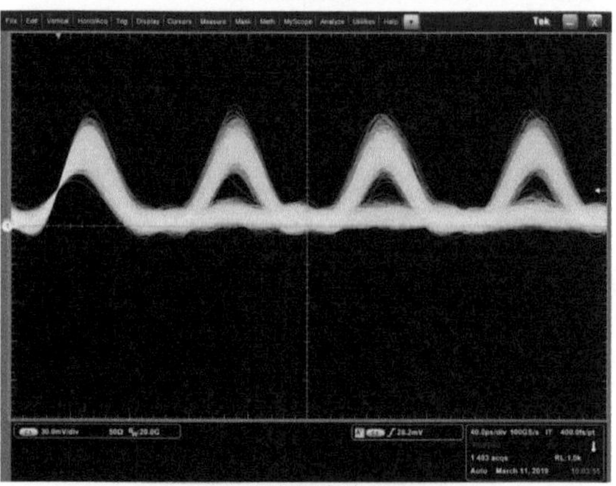

(b) 窃听距离为 20km

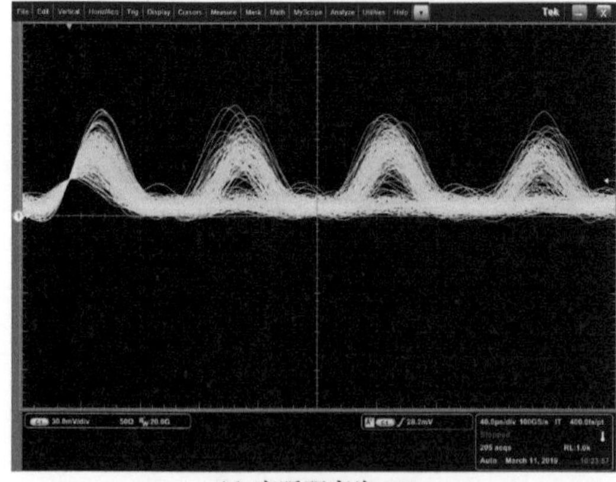

(c) 窃听距离为 30km

图 4.24　窃听比例为 0.01 时，窃听者在非匹配解码情况下的眼图

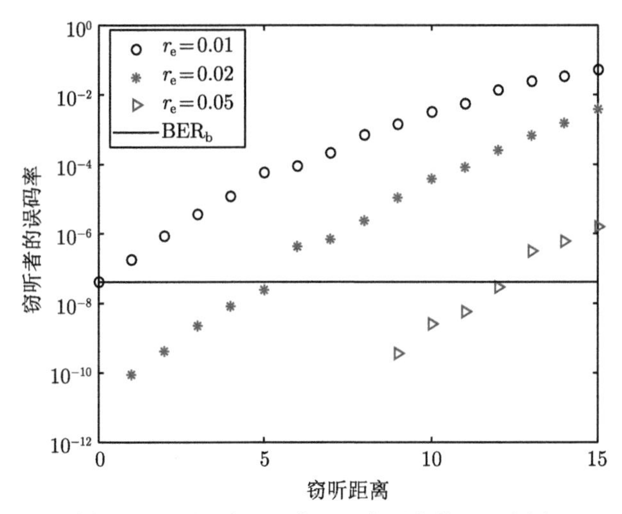

图 4.25 不同窃听距离下，窃听者的误码率图

参 考 文 献

[1] Tancevski L, Andonovic I. Wavelength hopping/time spreading code division multiple access systems. Electronics Letters, 1994, 30(17): 1388-1390.

[2] Ji J, Zhang G, Li W, et al. Performance analysis of physical-layer security in an OCDMA-based wiretap channel. IEEE/OSA Journal of Optical Communications & Networking, 2017, 9(10): 813-818.

[3] Bayaki E, Michalopoulos D S, Schober R. EDFA-based all-optical relaying in free-space optical systems. IEEE Transactions on Communications, 2012, 60(12): 3797-3807.

[4] Trinh P V, Dang N T, Pham A T. All-optical relaying FSO systems using EDFA combined with optical hard-limiter over atmospheric turbulence channels. Journal of Lightwave Technology, 2015, 33(19): 4132-4144.

[5] Romero-Jerez J M, Gomez G, Lopez-Martinez F J. On the outage probability of secrecy capacity in arbitrarily-distributed fading channels// European Wireless Conference, Budapest, Hungary, 2015.

[6] Zhou X, Mckay M R, Maham B, et al. Rethinking the secrecy outage formulation: A secure transmission design perspective. IEEE Communications Letters, 2011, 15(3): 302-304.

[7] Eghbal M, Abouei J. Security enhancement in free-space optics using acousto-optic deflectors. IEEE/OSA Journal of Optical Communication and Networking, 2014, 6(8): 684-694.

[8] Tancevski L, Andonovic I, Tur M, et al. Massive optical LANs using wavelength hopping/time spreading with increased security. IEEE Photonics Technology Letters, 1996, 8(7): 935-937.

[9] Rusch L A, Abtahi M, Lemieux P, et al. Suppression of turbulence-induced scintillation in free-space optical communication systems using saturated optical amplifiers. Journal of Lightwave Technology, 2007, 24(12): 4966-4973.

第 5 章　时间分集 FSO-CDMA 物理层安全系统

5.1　引　　言

大气湍流的影响会严重恶化 FSO 通信系统的性能，降低 FSO 通信系统的可靠性。同时，当系统存在外部窃听用户时，由于光束的扩展，FSO 通信系统的安全性也将会受到影响。基于以上影响，本章分析一种基于时间分集 FSO-CDMA 搭线信道模型 [1,2]。在发送端，合法用户利用耦合器将信号分成两路 (或多路)，每一路信号采用不同的码字进行编码，然后在不同的时间内将编码后的信号发送出去。在接收端，合法用户使用匹配的光解码器进行时间分集接收，而窃听者使用随机光解码器进行窃听。采用雪崩光电二极管光子计数模型，考虑了背景噪声、大气湍流、器件噪声以及不同的多址干扰，理论分析了合法用户和窃听用户在不同湍流和分集下的误码率性能。基于二进制非对称信道模型，采用保密容量对时间分集 FSO-CDMA 搭线信道的物理层安全性能进行了评估。随后，利用 OptiSystem 软件对时间分集 FSO-CDMA 搭线信道进行仿真，比较了在不同延时、不同湍流等情况下对系统可靠性和安全性的影响。

在此基础上，设计并实现了 10Gb/s 基于时间分集的 FSO-CDMA 搭线信道实验系统。二维光编/解码器由 WSS 和光纤延时线构成，一维光编/解码器由耦合器和可调光纤延时线构成。首先，在背靠背情况下，测量和比较时间分集系统与未分集系统的眼图和误码率，量化分析由于多址干扰产生的影响。然后，分别在弱湍流和强湍流的情况下，比较时间分集对系统可靠性的影响，并且比较了两个编码信号之间的延时对系统可靠性的影响。另一方面，通过测量窃听用户的误码率和眼图，以保密容量作为安全评估指标，量化分析时间分集对系统安全性的影响。

5.2　基于时间分集的 FSO-CDMA 搭线信道模型

图 5.1 是基于时间分集的 FSO-CDMA 搭线信道模型。在发射端 (Alice)，数据信号进行 OOK 调制，调制后的信号被分成 N 路 (以下设 $N=2$) 相同的光信号，每路光信号由不同的光编码器进行编码，并且两路信号通过光纤延时线在不同的时间传输。FODL 是固定光延时线，可保证两个信号的相对延时大于大气信道的相干时间。因此，当大气湍流改变时，这两个信号彼此不相关。TODL 是可

调光延时线，通过调整 TODL 的延时设置，可以保证两路信号的码字互相关值为 0，从而可以消除两路信号之间的 MAI。

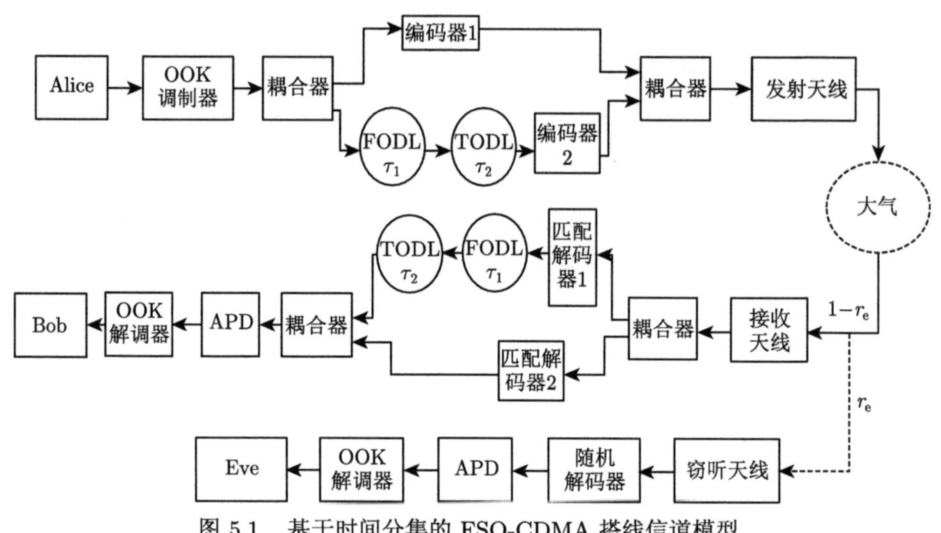

图 5.1　基于时间分集的 FSO-CDMA 搭线信道模型

在接收端，合法用户 (Bob) 首先通过耦合器对接收到的光信号进行分路。两路光信号分别采用各自的匹配解码器进行解码。然后，两路解码后的光信号通过 FODL 和 TODL 对齐，再通过耦合器合并成一路信号，传输到光检测器进行切普接收，最后恢复合法用户数据。同时，在接收端存在一个窃听用户 (Eve)。假设窃听用户窃取到的信号功率比是 r_e，则合法用户接收到的功率比为 $1-r_e$。由于窃听用户不知道合法用户采用的具体码字，只能随机选择光地址码和光解码器进行解码，并使用光检测器恢复合法的用户数据。

一般情况下，大气湍流的相干时间间隔为 0.1ms：10ms。因此，为保证两路信号的比特位始终对齐，FODL 所设置的延时应是比特数据周期的整数倍。在该模型中可设为 10ms，此时两路信号所经历的大气湍流完全不相关。而两路信号之间的互相关干扰则取决于两个光地址码的相对延时。因此，如果适当调整 TODL 的延时设置，则可以消除两路信号之间的 MAI。

在该系统中采用 OOC $(F, K, 1)$，其中 F 为码长，K 为码重，码字之间的互相关最大值为 1。对于 OOC (40, 3, 1)，具体码字分别为 $\{1000100000001000000000000000000000000000\}\{1000000001001000000000000000000000000000\}$。码字之间的互相关值与相对延时的关系如图 5.2 所示，T_c 是码字周期。可以看出两个码字的互相关值随 TODL 的延时设置而变化。例如，$\tau_2=6T_c$ 码字互相关值为 0，因此可以消除 MAI。如果码字互相关值为 1，如在 $\tau_2=2T_c$ 时系统中将存在始终 MAI。

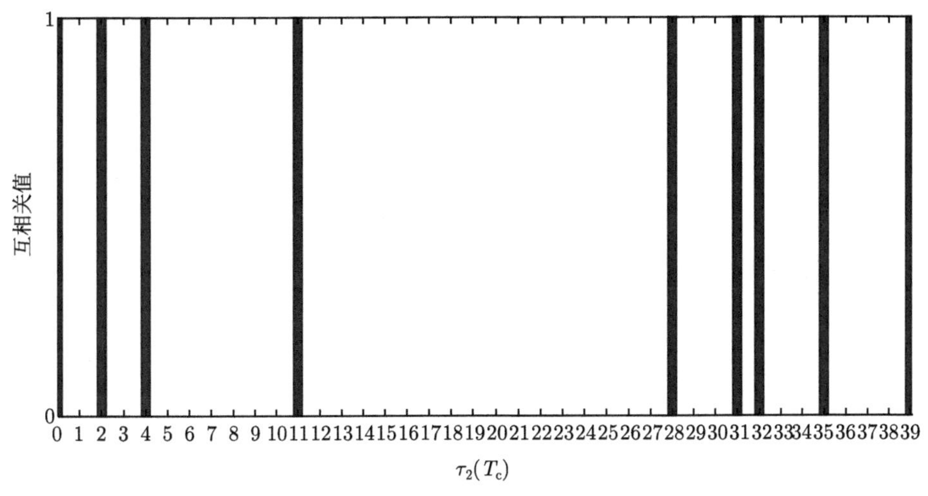

图 5.2 两个 OOC 码字的周期互相关

5.3 时间分集的 FSO-CDMA 搭线信道性能分析

5.3.1 合法用户误码率分析

情况 A：用户系统内部无 MAI (系统误码率性能最好情况)

假设在无湍流和无窃听用户情况下接收到的两路信号合并后码字“1”的平均功率为 P_{rw}，因此合法用户实际接收功率可表示为

$$P_{\mathrm{rb}}\left(X_1, X_2\right)=\left(1-r_{\mathrm{e}}\right)\left(X_1 \cdot \frac{P_{\mathrm{rw}}}{2}+X_2 \cdot \frac{P_{\mathrm{rw}}}{2}\right) \tag{5.1}$$

X_1, X_2 分别表示第 1 路和第 2 路信号的湍流值。在接收端采用 APD 进行光子计数检测，光子到达 APD 的数量呈泊松分布，设到达率为 $\lambda_{\mathrm{s}}\left(X_1, X_2\right)$。$\lambda_{\mathrm{s}}\left(X_1, X_2\right)$ 表示发码字“1”时 APD 对两路信号的总光子吸收率

$$\lambda_{\mathrm{s}}\left(X_1, X_2\right)=\frac{\eta P_{\mathrm{rb}}\left(X_1, X_2\right)}{h f_0} \tag{5.2}$$

η 是 APD 量子效率；h 是普朗克常量；f_0 是光信号发射频率。当发送比特数据“1”和“0”时，光子吸收率可以写成

$$\lambda\left(X_1, X_2\right)=\begin{cases} K \lambda_{\mathrm{s}}\left(X_1, X_2\right)+K \lambda_{\mathrm{b}}+I_{\mathrm{b}} / e & \text{发送“1”} \\ K \lambda_{\mathrm{s}}\left(X_1, X_2\right) / M_{\mathrm{e}}+K \lambda_{\mathrm{b}}+I_{\mathrm{b}} / e & \text{发送“0”} \end{cases} \tag{5.3}$$

λ_{b} 为实际中背景光所引起的光子吸收率；e 为电子电荷；I_{b} 为体漏电流；M_{e} 为消光比。对于发送 “1” 时的比特数据，合法用户累计输出呈高斯分布，对应的均值和方差可以写成

$$\mu_{\mathrm{b1}}(X_1,X_2)=GT_{\mathrm{C}}\left[K\lambda_{\mathrm{s}}(X_1,X_2)+K\lambda_{\mathrm{s}}(X_1,X_2)/M_{\mathrm{e}}+K\lambda_{\mathrm{b}}+I_{\mathrm{b}}/e\right]+T_{\mathrm{C}}I_{\mathrm{s}}/e \tag{5.4}$$

$$\sigma_{\mathrm{b1}}^2(X_1,X_2)=G^2F_{\alpha}T_{\mathrm{C}}\left[K\lambda_{\mathrm{s}}(X_1,X_2)+K\lambda_{\mathrm{s}}(X_1,X_2)/M_{\mathrm{e}}+K\lambda_{\mathrm{b}}+I_{\mathrm{b}}/e\right]+T_{\mathrm{C}}I_{\mathrm{s}}/e+\sigma_{\mathrm{th}}^2 \tag{5.5}$$

其中，G 是 APD 增益；I_{s} 是 APD 表面泄漏电流；F_{α} 是过剩噪声因子

$$F_{\alpha}=k_{\mathrm{eff}}G+\left(2-\frac{1}{G}\right)(1-k_{\mathrm{eff}}) \tag{5.6}$$

k_{eff} 是 APD 有效电离率；热噪声为

$$\sigma_{\mathrm{th}}^2=\frac{2k_{\mathrm{B}}T_{\mathrm{R}}T_{\mathrm{C}}}{e^2R_{\mathrm{L}}} \tag{5.7}$$

k_{B} 是玻尔兹曼常数；T_{R} 是接收机噪声温度；T_{C} 是码片周期；R_{L} 是负载电阻。

对于发送 “0” 时的比特数据，合法用户累计输出呈高斯分布，对应的均值和方差可以写成

$$\mu_{\mathrm{b0}}(X_1,X_2)=GT_{\mathrm{C}}[2K\lambda_{\mathrm{s}}(X_1,X_2)/M_{\mathrm{e}}+K\lambda_{\mathrm{b}}+I_{\mathrm{b}}/e]+T_{\mathrm{C}}I_{\mathrm{s}}/e \tag{5.8}$$

$$\sigma_{\mathrm{b0}}^2(X_1,X_2)=G^2F_{\alpha}T_{\mathrm{C}}[2K\lambda_{\mathrm{s}}(X_1,X_2)/M_{\mathrm{e}}+K\lambda_{\mathrm{b}}+I_{\mathrm{b}}/e]+T_{\mathrm{C}}I_{\mathrm{s}}/e+\sigma_{\mathrm{th}}^2 \tag{5.9}$$

假设合法用户等概率地发送比特数据 “0” 和 “1”，$P_{\mathrm{b}}(0/1)$ 表示发送比特数据为 “1”，合法用户接收到的信号却为 “0” 的错误概率；$P_{\mathrm{b}}(1/0)$ 表示发送比特数据为 “0”，合法用户接收到的信号却为 “1” 的错误概率。

$$P_{\mathrm{b}}(1/0)=Q\left(\frac{Th-\mu_{\mathrm{b0}}(X_1,X_2)}{\sigma_{\mathrm{b0}}(X_1,X_2)}\right) \tag{5.10}$$

$$P_{\mathrm{b}}(0/1)=Q\left(\frac{\mu_{\mathrm{b1}}(X_1,X_2)-Th}{\sigma_{\mathrm{b1}}(X_1,X_2)}\right) \tag{5.11}$$

其中，$Q(v)=\dfrac{1}{2}\mathrm{erfc}\left(\dfrac{v}{\sqrt{2}}\right)$。因此，总的错误概率为

$$P_{\mathrm{ERROR}}(X_1,X_2)=\frac{1}{2}\left[P_{\mathrm{b}}(1/0)+P_{\mathrm{b}}(0/1)\right] \tag{5.12}$$

当系统用时间分集接收时，平均误码率为

$$\mathrm{BER}=\iint P(X_1X_2)P_{\mathrm{ERROR}}(X_1,X_2)\mathrm{d}X_1\mathrm{d}X_2 \tag{5.13}$$

又因为两路信号是相互独立的，所以

$$P(X_iX_j)=P(X_i)P(X_j) \tag{5.14}$$

从而可得到

$$\begin{aligned}\mathrm{BER}=\min_{Th}\iint\prod_{i=1}^{2}\frac{1}{\sqrt{2\pi\sigma_{Xi}^2}X_i}\exp\left\{-\frac{\left(\ln X_i+\dfrac{\sigma_{Xi}^2}{2}\right)^2}{2\sigma_{Xi}^2}\right\}\\ \times\frac{1}{2}\left[Q\left(\frac{Th-\mu_{\mathrm{b0}}(X_1,X_2)}{\sigma_{\mathrm{b0}}(X_1,X_2)}\right)+Q\left(\frac{\mu_{\mathrm{b1}}(X_1,X_2)-Th}{\sigma_{\mathrm{b1}}(X_1,X_2)}\right)\right]\mathrm{d}X_1\mathrm{d}X_2\end{aligned} \tag{5.15}$$

情况 B：合法用户系统内部有 MAI (系统误码率性能最差情况)

当设置的时延 $\tau_2=0$，即一路发送比特数据为“1”时一定会对另一路信号产生干扰，因此合法用户系统内部一定有 MAI，系统误码率性能达到最差。因为发送“0”和“1”是等概的，所以发生互相关干扰的概率为 0.5，均值 $\mu=0.5$。

当发送比特数据“0”时，均值和方差可以写成

$$\begin{aligned}\mu_{\mathrm{b0}}(X_1,X_2)=GT_{\mathrm{C}}[\mu\lambda_{\mathrm{s}}(X_1,X_2)+(2K-\mu)\lambda_{\mathrm{s}}(X_1,X_2)/M_{\mathrm{e}}\\ +K\lambda_{\mathrm{b}}+I_{\mathrm{b}}/e]+T_{\mathrm{C}}I_{\mathrm{s}}/e\end{aligned} \tag{5.16}$$

$$\begin{aligned}\sigma_{\mathrm{b0}}^2(X_1,X_2)=G^2F_{\alpha}T_{\mathrm{C}}[\mu\lambda_{\mathrm{s}}(X_1,X_2)+(2K-\mu)\lambda_{\mathrm{s}}(X_1,X_2)/M_{\mathrm{e}}+K\lambda_{\mathrm{b}}+I_{\mathrm{b}}/e]\\ +T_{\mathrm{C}}I_{\mathrm{s}}/e+\sigma_{\mathrm{th}}^2\end{aligned} \tag{5.17}$$

当发送比特数据“1”时，均值和方差可以写成

$$\begin{aligned}\mu_{\mathrm{b1}}(X_1,X_2)=GT_{\mathrm{C}}[(K+\mu)\lambda_{\mathrm{s}}(X_1,X_2)+(K-\mu)\lambda_{\mathrm{s}}(X_1,X_2)/M_{\mathrm{e}}\\ +K\lambda_{\mathrm{b}}+I_{\mathrm{b}}/e]+T_{\mathrm{C}}I_{\mathrm{s}}/e\end{aligned} \tag{5.18}$$

$$\begin{aligned}\sigma_{\mathrm{b1}}^2(X_1,X_2)=G^2F_{\alpha}T_{\mathrm{C}}[(K+\mu)\lambda_{\mathrm{s}}(X_1,X_2)+(K-\mu)\lambda_{\mathrm{s}}(X_1,X_2)/M_{\mathrm{e}}\\ +K\lambda_{\mathrm{b}}+I_{\mathrm{b}}/e]+T_{\mathrm{C}}I_{\mathrm{s}}/e+\sigma_{\mathrm{th}}^2\end{aligned} \tag{5.19}$$

此时，误码率计算只需将对应的均值和方差代入式 (5.10)~(5.15) 中即可。

5.3.2 窃听用户误码率分析

当窃听者靠近接收端进行窃听时，可假设窃听用户与合法用户靠得足够近，则在弱湍流情况下，窃听用户窃取的信号所经历的大气湍流与合法用户接收到的信号所经历的大气湍流完全一样。在该时间分集系统中，若改变延时 τ_1 和 τ_2，窃听用户则无法获取具体延时设置，只能检测出有两路信号，并不知道合法用户是采用分集接收的，因此只能采用未分集接收。此时，可设窃听用户对湍流为 X_1 的那路信号进行破译。此时，窃听用户接收到的功率为

$$P_{\rm re}\left(X_1\right) = r_{\rm e} X_1 \frac{P_{\rm rw}}{2} \tag{5.20}$$

在这种情况下，另一路信号被视为干扰信号，$P_{\rm re}\left(X_2\right) = r_{\rm e} X_2 P_{\rm rw}/2$。由于窃听用户不知道合法用户的编码，所以采用随机光解码器对光信号进行解码。由于码间互相关与相对延迟有关，干扰信号对窃听用户的影响取决于窃听用户选择的码和两个信号的相对延迟。这里，我们考虑系统安全性的最坏情况，即合法用户和窃听用户之间的码字互相关值为 0。当合法用户发送比特数据 “1” 时，设窃听用户与合法用户之间互相关值为 $x\left(1 \leqslant x \leqslant K\right)$，均值和方差为

$$\begin{aligned}\mu_{\rm e1}\left(X_1, X_2\right) = {} & G T_{\rm C}\{x\lambda_{\rm e}\left(X_1\right) + [(K-x)\lambda_{\rm e}\left(X_1\right) + K\lambda_{\rm e}\left(X_2\right)]/M_{\rm e} \\ & + K\lambda_{\rm b} + I_{\rm b}/e\} + T_{\rm C} I_{\rm s}/e\end{aligned} \tag{5.21}$$

$$\begin{aligned}\sigma_{\rm e1}^2\left(X_1, X_2\right) = {} & G^2 F_\alpha T_{\rm C}\{x\lambda_{\rm e}\left(X_1\right) + [(K-x)\lambda_{\rm e}\left(X_1\right) + K\lambda_{\rm e}\left(X_2\right)]/M_{\rm e} \\ & + K\lambda_{\rm b} + I_{\rm b}/e\} + T_{\rm C} I_{\rm s}/e + \sigma_{\rm th}^2\end{aligned} \tag{5.22}$$

其中，$\lambda_{\rm e}\left(X_1\right) = \eta P_{\rm re}\left(X_1\right)/hf_0$, $\lambda_{\rm e}\left(X_2\right) = \eta P_{\rm re}\left(X_2\right)/hf_0$ 分别表示在 X_1 那条湍流下窃听用户接收端 APD 的光子数量和在 X_2 那条湍流下到达窃听用户接收端 APD 的光子数量。当 $x = K$ 时，窃听用户完全猜出码字，进行匹配解码，此时系统安全性最差。

当合法用户发送比特数据 “0” 时，窃听用户截取到信号的均值和方差为

$$\mu_{\rm e0}\left(X_1, X_2\right) = G T_{\rm C}\{[K\lambda_{\rm e}\left(X_1\right) + K\lambda_{\rm e}\left(X_2\right)]/M_{\rm e} + K\lambda_{\rm b} + I_{\rm b}/e\} + T_{\rm C} I_{\rm s}/e \tag{5.23}$$

$$\begin{aligned}\sigma_{\rm e0}^2\left(X_1, X_2\right) = {} & G^2 F_\alpha T_{\rm C}\{[K\lambda_{\rm e}\left(X_1\right) + K\lambda_{\rm e}\left(X_2\right)]/M_{\rm e} + K\lambda_{\rm b} + I_{\rm b}/e\} \\ & + T_{\rm C} I_{\rm s}/e + \sigma_{\rm th}^2\end{aligned} \tag{5.24}$$

同理，对于窃听用户来说，$P_{\rm e}(1/0)$，$P_{\rm e}(0/1)$ 和 BER 计算只需将对应的均值和方差代入式 (5.8)~(5.12) 中即可。$P_{\rm e}/(0/1)$ 表示发送比特数据为 “1”，窃听用户判决的信号却为 “0” 的错误概率；$P_{\rm e}(1/0)$ 表示发送比特数据为 “0”，窃听用户判决的信号却为 “1” 的错误概率。

5.3.3 时间分集 FSO-CDMA 搭线信道安全性分析

为了保证系统的误码率性能，所以采取 5.3.1 中情况 A 下的延时设置，即合法用户系统内部无互相关干扰。窃听用户采用随机组合的地址码去破解，当窃听用户所采用的码字与合法用户码字的互相关值为 1 时，对于窃听用户来说，误码率性能达到最差，此时系统安全性最好。当窃听用户所采用的码字与合法用户码字的互相关值为 K 时，对于窃听用户来说，误码率性能达到最好，此时系统安全性最差。

合法用户信道和窃听用户信道的二进制非对称信道模型分别如图 5.3(a)、(b) 所示。窃听信道模型中，发送的信号作为信源 X，信源信息熵为 $H(X)$，合法用户和窃听用户接收到的输出信号分别为 Z 和 Ze。合法用户的信道容量为

$$C_{XZ} = \max_{p(x)} \{I(X;Z)\} = \max_{p(x)}\{H(X) - H(X/Z)\} \tag{5.25}$$

其中，$H(X)$ 表示信源信息熵；$I(X;Z)$ 表示平均互信息量；$H(X/Z)$ 表示条件熵。窃听用户的信道容量为

$$C_{XZe} = \max_{p(x)} \{I(X;Ze)\} = \max_{p(x)}\{H(X) - H(X/Ze)\} \tag{5.26}$$

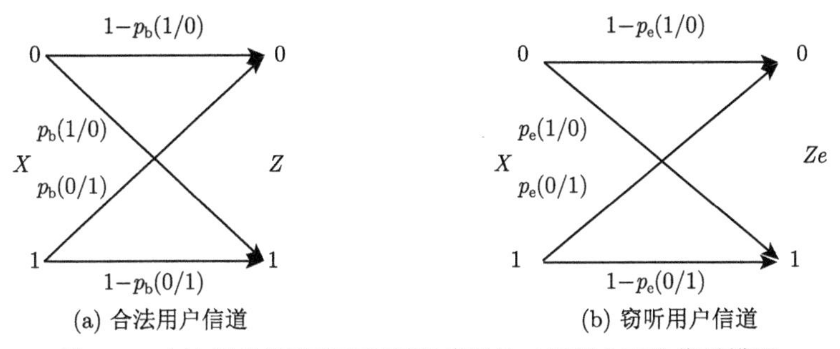

(a) 合法用户信道　　(b) 窃听用户信道

图 5.3 合法用户信道和窃听用户信道的二进制非对称信道模型

假设信源等概率发送信号，则信源信息熵为 $H(X) = 1$，则信道容量的计算公式为

$$\begin{aligned} C_{XZ} = 1 + \frac{1}{2}\{&[1 - p_{\mathrm{b}}(0/1)]\log_2[1 - p_{\mathrm{b}}(0/1)] + p_{\mathrm{b}}(0/1)\log_2 p_{\mathrm{b}}(0/1) \\ &+ [1 - p_{\mathrm{b}}(1/0)]\log_2[1 - p_{\mathrm{b}}(1/0)] + p_{\mathrm{b}}(1/0)\log_2 p_{\mathrm{b}}(1/0)\} \end{aligned} \tag{5.27}$$

$$\begin{aligned} C_{XZe} = 1 + \frac{1}{2}\{&[1 - p_{\mathrm{e}}(0/1)]\log_2[1 - p_{\mathrm{e}}(0/1)] + p_{\mathrm{e}}(0/1)\log_2 p_{\mathrm{e}}(0/1) \\ &+ [1 - p_{\mathrm{e}}(1/0)]\log_2[1 - p_{\mathrm{e}}(1/0)] + p_{\mathrm{e}}(1/0)\log_2 p_{\mathrm{e}}(1/0)\} \end{aligned} \tag{5.28}$$

保密容量的本质是合法信道的信道容量与窃听信道的信道容量之差，是信道能绝对安全传输的最大信息率。我们用保密容量来衡量系统的安全性，由于保密容量的非负性，所以

$$C_{\mathrm{s}}=\begin{cases} C_{XZ}-C_{XZe}, & C_{XZ}>C_{XZe} \\ 0, & \text{其他} \end{cases} \tag{5.29}$$

5.3.4 数值分析与讨论

接下来通过 Matlab 进行数值计算，针对不同的情况量化分析系统的性能变化。表 5.1 是分析系统性能时所设置的参数。

表 5.1　Matlab 数值分析参数

符号	名称	数值
η	APD 量子效率	0.7
λ	光波长	1550nm
G	APD 增益	100
k_{eff}	APD 有效电离率	0.02
I_{s}	APD 表面泄漏电流	10nA
I_{b}	APD 体漏电流	0.1nA
λ_{b}	背景光子吸收率	10^{11}
M_{e}	消光比	100
R_{b}	数据比特率	1Gb/s
R_{L}	接收负载电阻	50Ω
T_{r}	接收机噪声温度	300K
L	传输距离	1km
F	码长	40
K	码重	3
r_{e}	窃听比例	0.01

图 5.4 表示了在情况 A 和 OOC (40, 3, 1) 下，2 分集 FSO-CDMA 系统在不同湍流、不同接收功率情况下，合法用户误码率与归一化阈值之间的关系。其中 $Th=M\mu_{\mathrm{b1}}$, μ_{b1} 是在无湍流情况下接收到比特数据位为 “1” 时的平均光子数。从图中可以看出，在不同的情况下都有一个最佳阈值使得误码率最小。在同一湍流情况下，当接收功率越大，对应的 M 值越小；接收功率相同时，湍流越强，对应的 M 值越小。所以，在不同的情况下，应采取不同的判决阈值使得误码率达到最小。

在时间分集 FSO-CDMA 系统中，由于设置不同的延时，在情况 A 和情况 B 两种情况下存在两种 BER 性能。图 5.5 显示了不同湍流条件下的 BER 性能比较。从图中可以看出，不论是情况 A 还是情况 B，误码率都随着接收功率的增大而减小，但是随着功率增大到一定值时系统误码率下降变缓，这是因为此时影响系统误码率性能主要是由于过剩噪声和大气湍流引起的闪烁效应，接收功率增大

不会呈现明显下降趋势。从图中还可以看出，当湍流越大，系统误码率越高。最后，还可以从图中发现在同一湍流下情况 A 和情况 B 两种情况的差别，例如，在湍流方差为 0.1 和接收功率为 -25dBm 下，情况 A 的 BER 为 1×10^{-12}，而情况 B 的 BER 为 1×10^{-4}。因此，如果合理设计时间分集 FSO-CDMA 的相对延迟，合法用户的 BER 将大大降低。

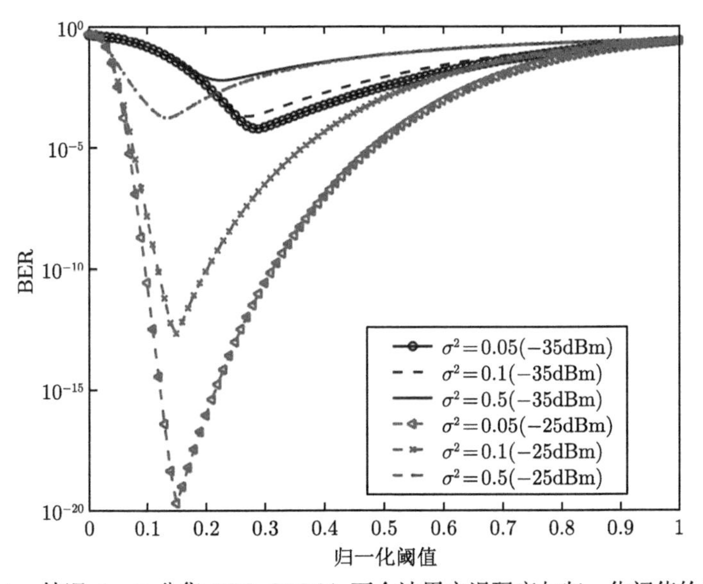

图 5.4 情况 A：2 分集 FSO-CDMA 下合法用户误码率与归一化阈值的关系

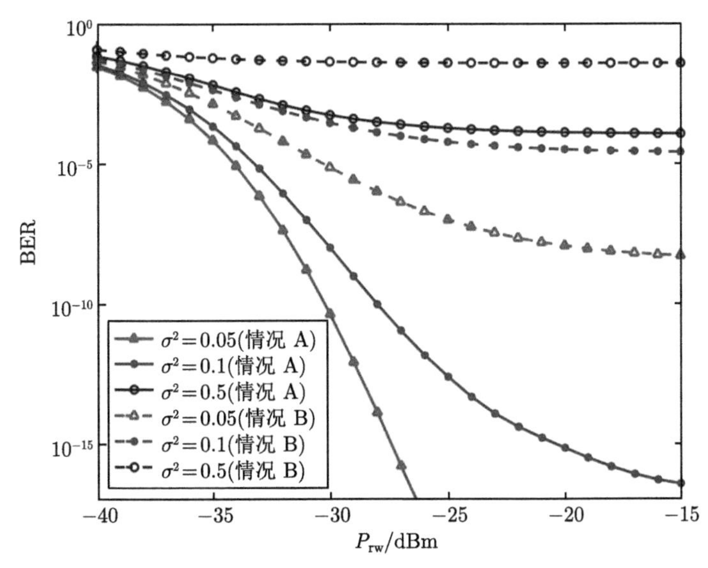

图 5.5 2 分集 FSO-CDMA 下合法用户误码率与接收功率的关系

图 5.6 表示了情况 A 下，合法用户误码率与接收功率在不同湍流和不同分集下的关系。采用 OOC (40, 3, 1)。从图中看出，在同一湍流和同一接收功率下，3 分集 (3TD) 的误码率性能要优于 2 分集 (2TD) 时的误码率性能，2 分集时的误码率性能要优于未分集 (NO TD) 时的误码率性能。例如，在湍流方差为 0.1 时，要使系统的误码率达到 1×10^{-9}，3 分集下接收功率只要达到 -25dBm 即可，未分集下接收功率要达到 -18dBm 才行。当湍流方差为 0.1，接收到的功率为 -20dBm 时，3 分集下的误码率可以达到 1×10^{-16}，未分集下误码率只能达到 1×10^{-8}。因此，我们可以得出，分集数越多，可靠性越好，但是由于码字容量和系统复杂度的约束关系，所以要选择一个折中方案。

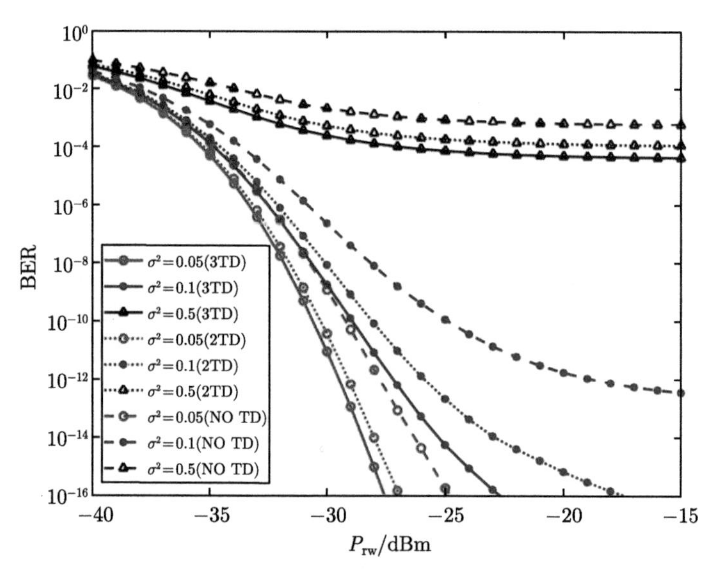

图 5.6 情况 A：合法用户误码率与接收功率在不同湍流和不同分集下的关系

Eve 的误码率与采取的随机光解码器有关。考虑系统安全性最差的情况，即窃听用户匹配解码。图 5.7 是在 2 分集 FSO-CDMA 系统中 Eve 匹配解码时的 BER。这里使用 OOC (40, 3, 1)，窃取功率比为 1%。从图 5.7 可以看出，随着合法用户功率的增加，Eve 的误码率逐渐变小，这将降低物理层的安全性。

图 5.8 是 2 分集 FSO-CDMA 系统中不同湍流下的保密容量，其中窃听用户采用匹配解码并在三种不同的湍流效应进行分析。从图中可以看出，随着接收功率的增加，系统的保密容量先增加后减小。原因在于，当接收功率较小时，随着接收功率的增加，合法用户的 BER 下降速度快于窃听用户的 BER。然而，随着接收功率的增加，合法用户的 BER 趋于稳定，但 Eve 的 BER 持续下降。因此，在不同的湍流效应下可以实现系统最大的保密容量。

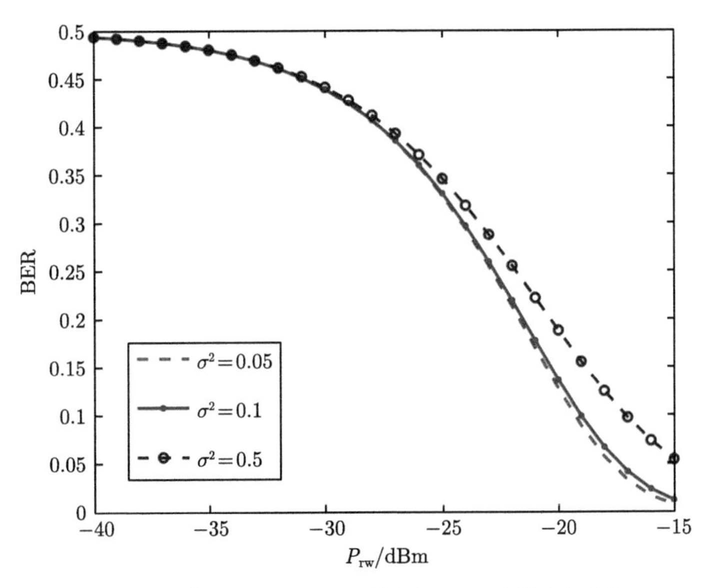

图 5.7 在 2 分集 FSO-CDMA 系统中 Eve 匹配解码时的 BER

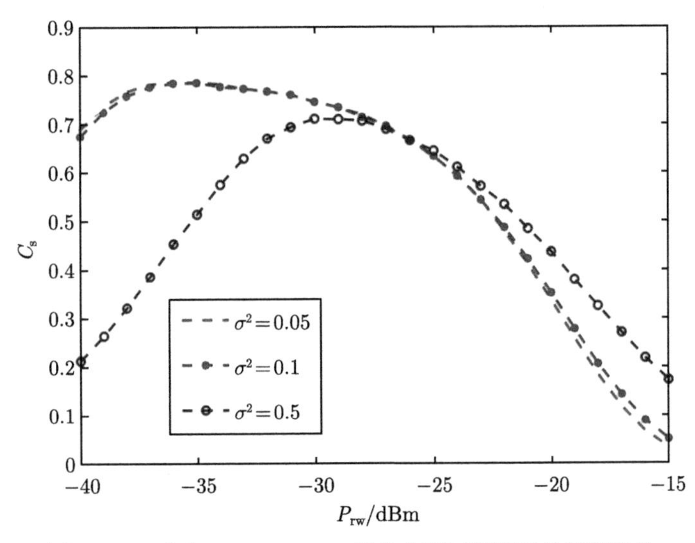

图 5.8 2 分集 FSO-CDMA 系统中不同湍流下的保密容量

另一方面，当接收功率高时，湍流效应越大，安全容量越大。相反，当接收功率低时，湍流效应越大，保密能力越小。原因是不同的湍流和接收功率对合法用户和窃听用户的 BER 有不同的影响。

图 5.9 显示了当窃听用户使用匹配解码器时，不同时间分集下窃听用户的误码率。如图 5.9 所示，窃听用户的误码率随分集数的增加而增加。原因是窃听用

户只能对一个信号进行解码，而其他分集信号则作为干扰信号接收。

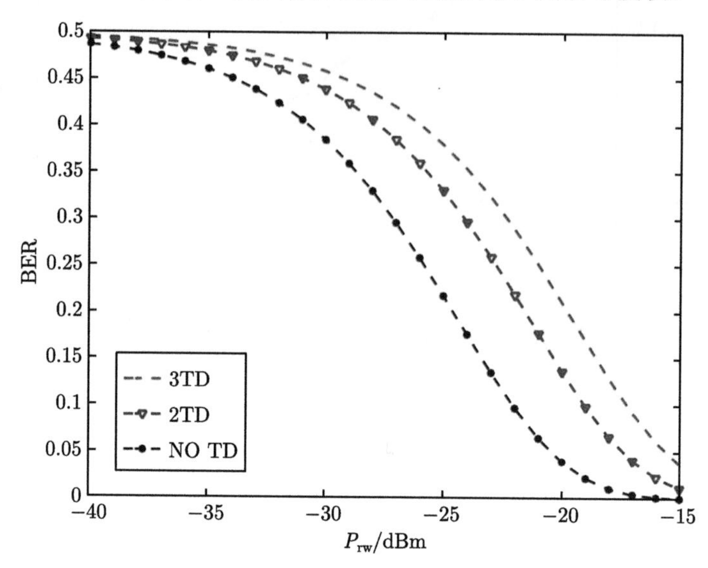

图 5.9　不同时间分集下窃听用户的误码率

图 5.10 显示了不同时间分集下 FSO-CDMA 系统的保密容量，窃听用户使用匹配解码器。窃听信道在 3 分集时具有最大的保密容量，但在未分集时具有最差的安全性。例如，当接收功率为 −20dBm 时，未分集安全容量只能达到 0.15bit/symbol，而 3 分集可以达到 0.45bit/symbol。

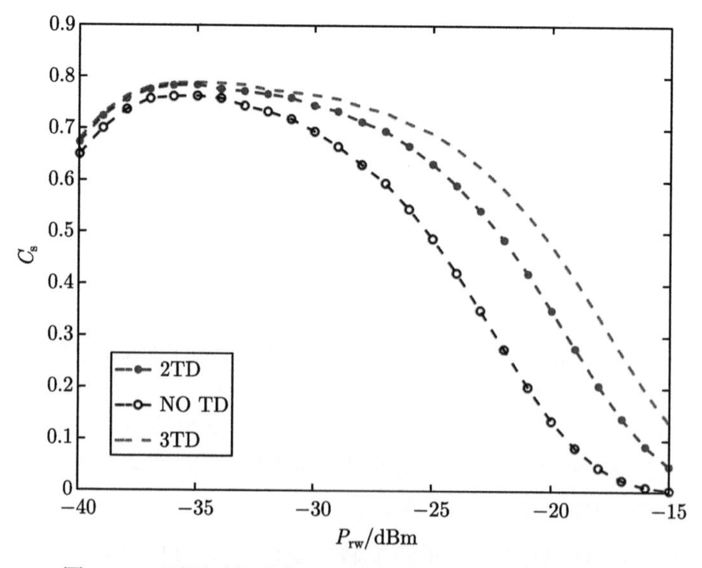

图 5.10　不同时间分集下 FSO-CDMA 系统的保密容量

基于以上所有的数值分析，可以发现保密容量受合法用户和窃听用户的 BER 限制。对于不同的湍流效应，即使是对窃听用户最有利的情况下，我们可以选择合适的功率来确保系统的可靠性和安全性。

5.4 OptiSystem 仿真

下面使用 OptiSystem 软件仿真 2 重时间分集 FSO-CDMA 搭线信道的性能。主要参数设置如下：大气折射率结构常数 $C_n^2 = 1 \times 10^{-14}\text{m}^{-2/3}$，大气衰减系数为 20dB/km，数据速率为 1Gb/s，传输距离为 1km，光源的功率为 5dBm，采用 ODL 进行编解码，OOC 码字为 5.3.2 节中所使用的码字。

图 5.11 为发射端框图，调制后的光信号经耦合器分成两路，其中一路信号通过耦合器将信号一分为三分别经过不同的延时后再耦合形成一路编码信号；另外一路则是先通过 $\tau_1 = 10\text{ms}$ 和 $\tau_2 = 0.025\text{ns}$ 的延时后在进行编码。最后，将两路编码后的信号合并后再经 FSO 传输。

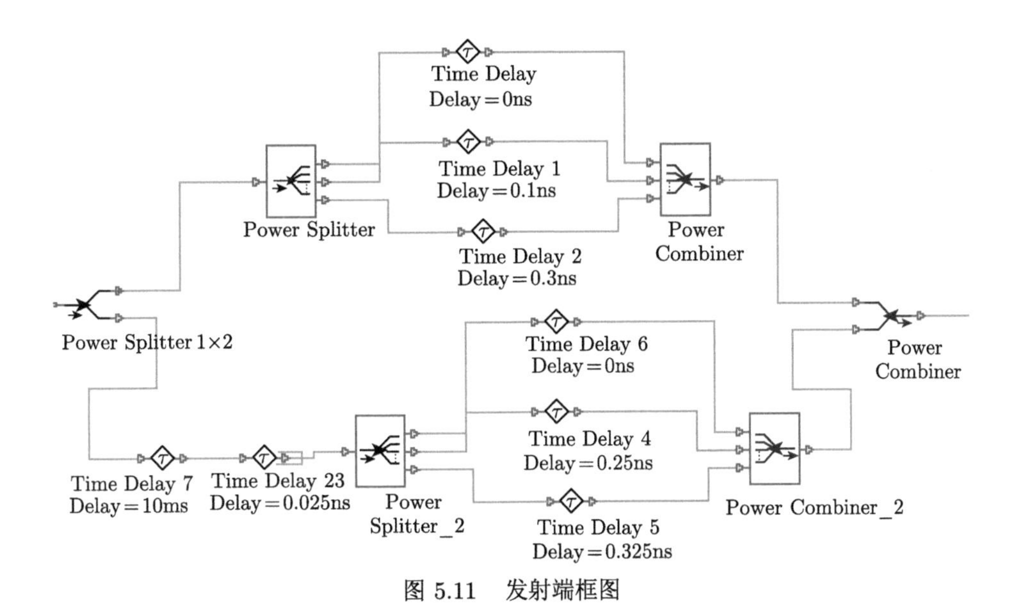

图 5.11 发射端框图

图 5.12 和图 5.13 分别是在情况 A 和情况 B 两种情况下合法用户的眼图，从图中可以看出，对于时间分集 FSO-CDMA 系统来说，若延时设置合理，那么系统性能才会大大提高，这与理论分析得到的结果一致。图 5.14 是未分集合法用户的眼图，与图 5.12 相比，采用时间分集的眼图性能要优于未分集系统。

图 5.15 是窃听用户在 2 分集下的眼图。窃听用户的窃取比例为 1%，使用匹

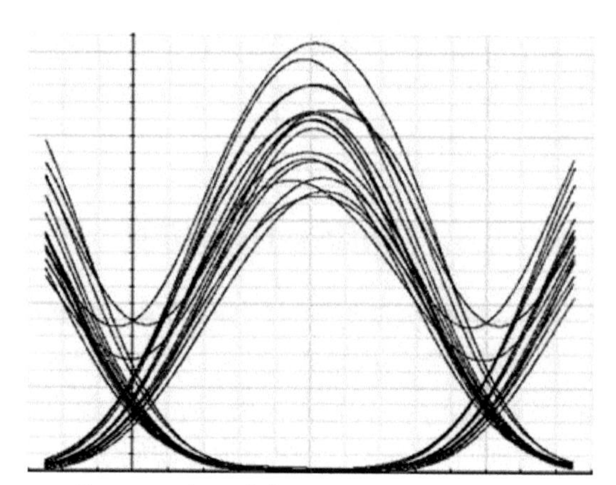

图 5.12　情况 A：在 2 分集 FSO-CDMA 下合法用户的眼图

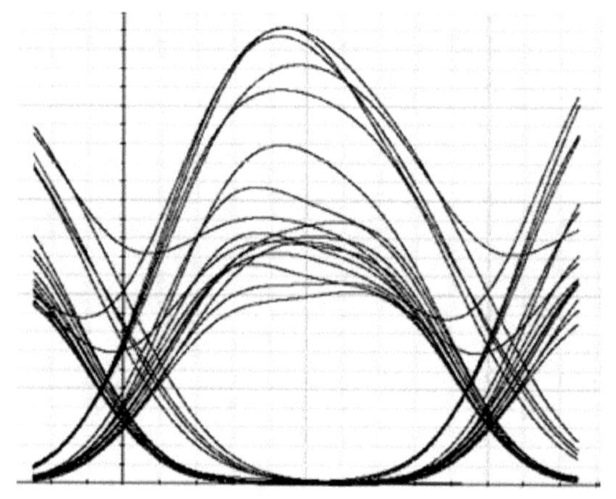

图 5.13　情况 B：在 2 分集 FSO-CDMA 下合法用户的眼图

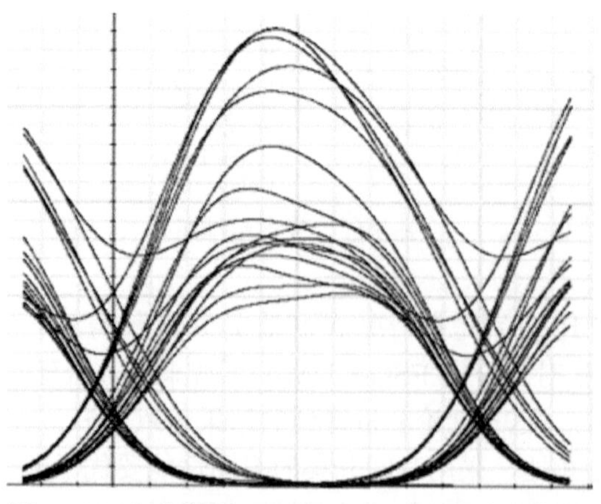

图 5.14　未分集 FSO-CDMA 下合法用户的眼图

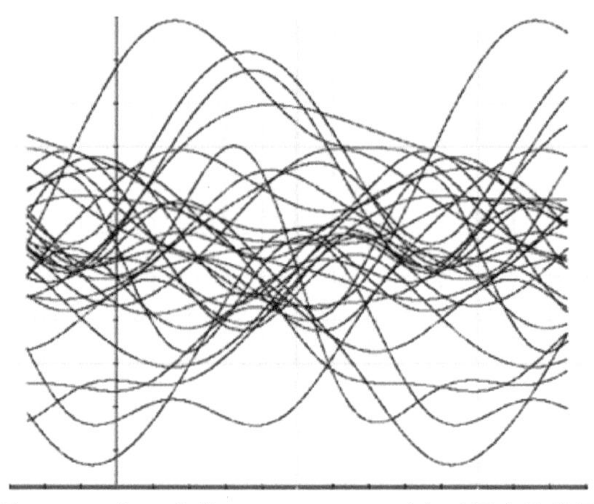

图 5.15 在 2 分集 FSO-CDMA 下窃听用户的眼图

配解码 (安全性最差情况)。从图中可以看出，窃听用户的眼图性能非常差，这说明时间分集 FSO-CDMA 具有一定的安全性。

5.5 时间分集 FSO-CDMA 搭线信道实验研究

5.5.1 实验框图

图 5.16 为 10Gb/s 基于时间分集的 FSO-CDMA 搭线信道实验框图，其中合法用户通过 FSO 传输链路进行通信，并且在光束发散区域中存在一个窃听用户，试图截获合法用户信号。首先，在发送端，SeBERT-10S 误码仪将 10Gb/s 数据信号发送到光发射机，进行 OOK 调制。光发射机 SPTX15ps-10G 输出宽度为 15ps，光谱为 1548.7～1550.1nm 的光脉冲，对应于波长选择开关的波长 53 (1549.72nm)，54 (1550.12nm) 和 55 (1550.52nm)。输出功率为 −3.48dBm。调制的光信号由 EDFA 放大后，再通过耦合器一分为二。一路先通过光纤进行延时 τ_1，再经过光编码器 1 进行一维光编码；另外一路通过编码器 2 进行二维光编码，并通过调整可调衰减器使得两路信号光功率一致。当两路编码信号的相对延时 τ_1 大于大气湍流信道的相干时间时，两个信号在接收器处将完全不相关。相反，当相对延时小于相干时间时，两个信号将在接收器处部分相关。将两路编码信号通过耦合器合路，经 EDFA 放大后，采用准直透镜进行大气信道传输。在本实验中，FSO 链路的传输距离为 1.8m，为了模拟大气湍流效应，设计了一个 40cm×40cm×80cm 的盒子，左右两端的小孔用于光信号传输，电吹风提供热空气，不同的温度和风速对应于不同的湍流效应。

在接收端，合法用户用准直透镜接收光信号，通过可调衰减器模拟不同的接收功率 $p_{\rm rb}$ (对应不同的接收距离)。接收到的光信号通过耦合器将信号分路，其中一路经过光匹配解码器 1 进行一维光解码，另外一路则是通过匹配的解码器 2 进行二维光解码。可调衰减器保证两路信号功率一致。调节光纤延时线，使得两路解码信号完全对齐，并利用偏振器调节光路使得光信号稳定。随后，通过耦合器将两路解码信号合路，并通过 EDFA 进行放大。采用 18.5ps IR 进行光电检测后，再输入误码仪进行误码率分析。波形和眼图则通过 20G Tektronix DPO 72004C 数字示波器进行观察。

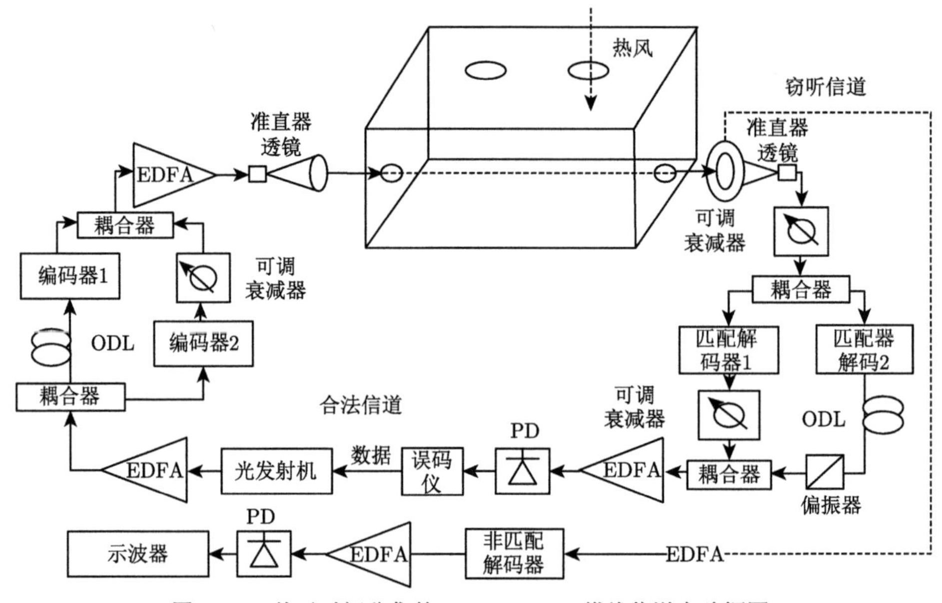

图 5.16　基于时间分集的 FSO-CDMA 搭线信道实验框图

同时，由于光束半径的扩散，接收端有一个 Eve 进行窃听。假设 Eve 窃取到的功率比例为 r_e，合法用户接收到的功率比为 $1-r_\mathrm{e}$。根据 Kerckhoffs 原理，窃听用户知道合法用户正在发送什么类型的 OCDMA 信号，但不知道合法用户采用的具体码字。合法用户可以很容易地通过改变光地址码实现重构，因此可以合理假设窃听用户无法知道合法用户采用的光地址码，即 Eve 只能采用非匹配光解码器。

采用基于 TODL 的一维可重构光编解码器，编码器的相对延迟分别为 14.3ps、28.6ps、71.4ps，解码器的相对延迟分别为 85.7ps、71.4ps 和 28.6ps，对应光地址码 {0110010}。采用基于 WSS 和 ODL 的二维可重构光编解码器。同样，我们也考虑了 WSS 和耦合器尾纤的影响。编码器的相对延迟分别为 0ps 和 28.6ps，解码器的相对延迟分别为 100ps 和 71.4ps，本实验中所使用的二维地址码为 $\{\lambda_{53}0\lambda_{54}0000\}$。

本实验所用的主要实验器件对应的型号如表 5.2 所示。

表 5.2 实验器件参数型号

实验器件	型号
误码仪	SeBERT-10S
光发射机	SPTX15ps-10G
可调衰减器	FVA-600 Variable Attenuator
EDFA1	EDFA-MW-BA-40-16-16-SC/PC-B-11
EDFA2	EDFA-BA-15-28-FA
EDFA3	EDFA-MW-PA-40-20-0-SC/PC-B-11
EDFA4	EDFA-MW-BA-40-14-22-SC/PC-B-11
示波器	Tektronix DPO 72004C Digital Phosphor Oscilloscope
可调光纤延时线	VDL-002-D-35-33-SS-FC/APC
光电转换器	18.5-ps IR Photodetector
光功率计	FPM-300 Power Meter

5.5.2 可靠性分析

在实验开始前，需要测量大气湍流强度。弱、中、强三种不同湍流下的波形图如第 4 章所示。对应的折射率结构常数分别为 4.96×10^{-15}，3.41×10^{-14} 和 1.51×10^{-13}。在背靠背情况下，虽然没有大气湍流的影响，但是由于存在器件噪声的影响，信号幅度也会发生轻微波动。

图 5.17 是信号波形图。x 轴是时间，单位为 100ps/div；y 轴是信号幅度，单位为 20mV/div。该系统采用 OOK 调制，即数据 “1” 发送光脉冲，而数据 “0” 不发送任何信息。其中，图 5.17(a) 是以 10Gb/s 的数据速率发送的输出信号；图 5.17(b) 是编码器 1 的编码波形，对应于地址码 {0110010}；图 5.17(c) 是编码器 2 的编码波形，对应于地址码 $\{\lambda_{53}0\lambda_{54}0000\}$；图 5.17(d) 是经过相对延时后两路合并后的波形。从图中可以看出，经过合路之后，波形变得杂乱无章，已无法通过功率检测直观判断数据是 “1” 还是 “0”。这说明，时间分集 OCDMA 系统具备了一定的物理层安全性。

对于时间分集 FSO-CDMA 系统，两种编码信号采用不同的延时会影响系统的误码率性能。在实验中，我们设置了两种不同的延时。第一种情况 (情况 1)，使用 20m 光纤延迟线，延迟约 103ns。此时，系统的两路信号相关性比较高。第二种情况 (情况 2)，使用延迟约 0.129ms 的 25km 单模光纤。在这种情况下，系统的两个信号之间的相关性较小。

通过前面几节的分析，码字的互相关干扰取决于两个光地址码之间的相对延时，而两个光地址码的不完全正交性会导致 MAI。因此，为了保证系统的可靠性，在实验中设置的相对延时，使得 MAI 尽可能小。

在背靠背的情况下，当没有 MAI 时，非分集系统的性能应与时间分集系统的性能完全相同。当存在 MAI 时，非分集系统的性能优于时间分集系统。在实验中，调整两个编码信号的相对延迟，使码字互相关最小。但是，实验系统的 MAI

并不能完全消除。图 5.18 显示了背靠背传输中合法用户的误码率。由此可见，未分集系统的误码率略低于时间分集系统。例如，当接收功率为 2.28dBm 时，非分集的误码率为 5.68×10^{-12}，情况 1 和情况 2 下的误码率分别为 7.52×10^{-12}，8.83×10^{-12}。

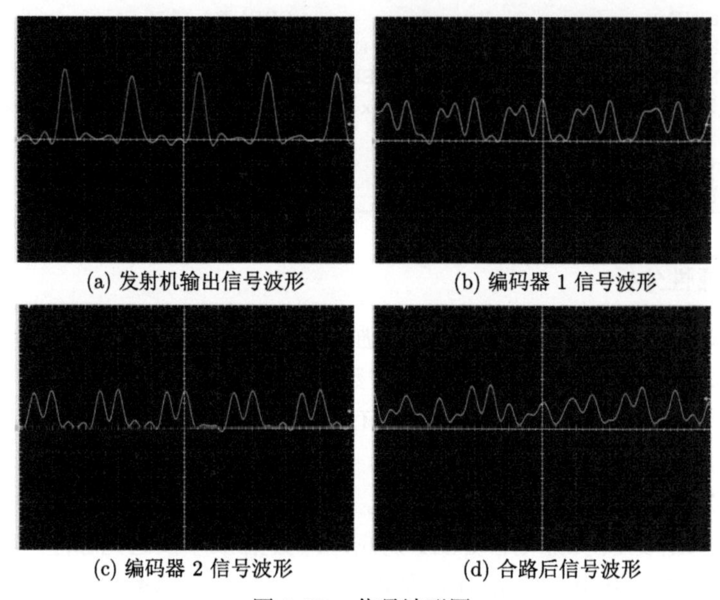

(a) 发射机输出信号波形　(b) 编码器 1 信号波形

(c) 编码器 2 信号波形　(d) 合路后信号波形

图 5.17　信号波形图

图 5.19 为弱湍流下合法用户的眼图，图 5.20 表示在强湍流下合法用户的眼图。由此可见，在强湍流条件下，时间分集可以显著提高系统的可靠性。此外，当时间分集的两个信号之间的相关性降低时，可靠性的提高更为明显。

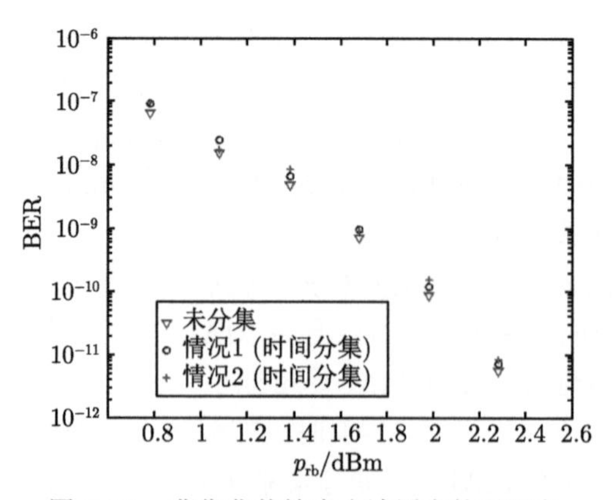

图 5.18　背靠背传输中合法用户的误码率

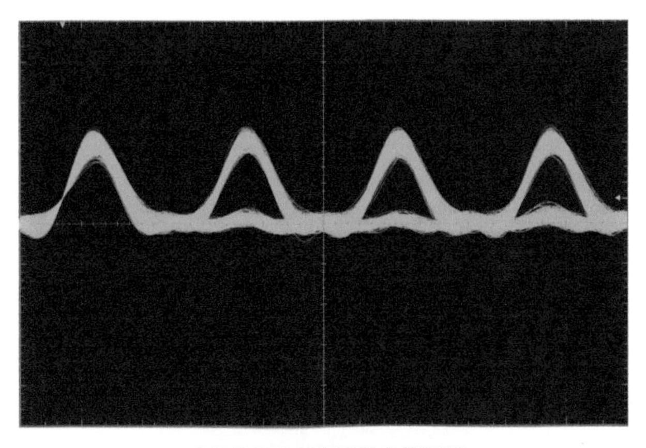

(a) 未分集下合法用户的眼图

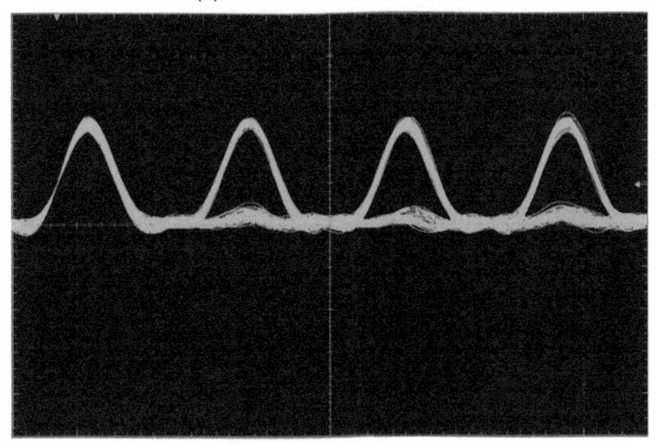

(b) 情况1下合法用户的眼图

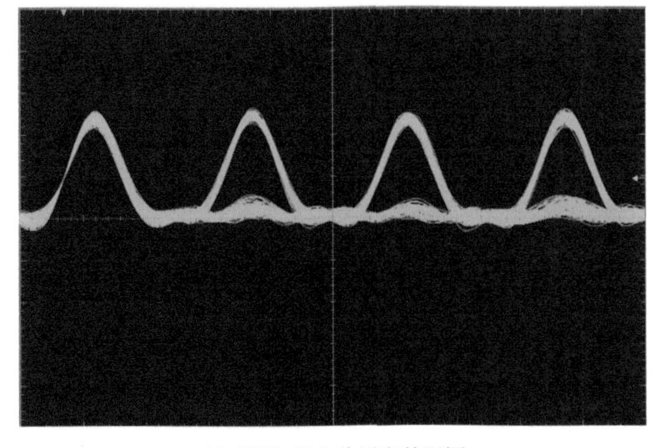

(c) 情况2下合法用户的眼图

图 5.19 弱湍流下合法用户的眼图

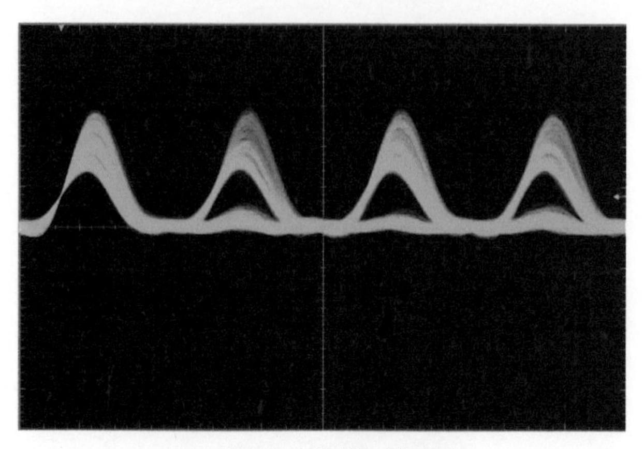

(a) 未分集下合法用户的眼图

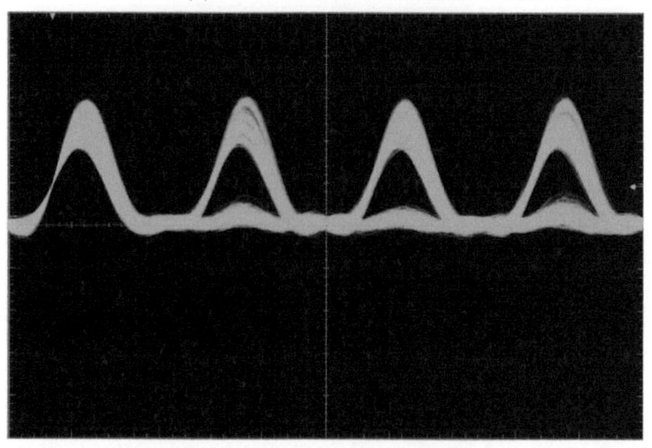

(b) 情况1下合法用户的眼图

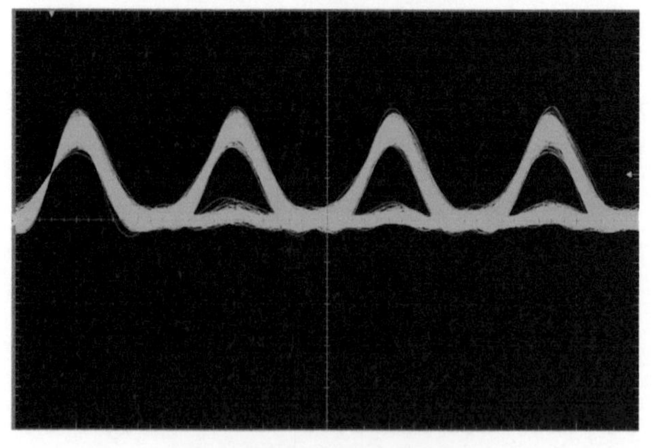

(c) 情况2下合法用户的眼图

图 5.20 强湍流下合法用户的眼图

图 5.21 表示在不同延时下合法用户的误码率。无论是情况 1 还是情况 2，采用时间分集都可以降低湍流效应的影响，改善 FSO-CDMA 系统的误码率。图 5.21(a) 与图 5.21(b) 相比，情况 2 的误码率改善更为明显。例如，在弱湍流条件下，接收功率为 2.58dBm 时，未分集、情况 1 和情况 2 下的误码率分别为 5.81×10^{-9}、2.86×10^{-9} 和 9.85×10^{-10}。在强湍流情况下，未分集、情况 1 和情况 2 下的误码率分别为 3.9×10^{-7}、1.59×10^{-7}、6.73×10^{-8}。这表明，当时间分集的两个信号之间的相关性较小时，可靠性提高将更为明显。

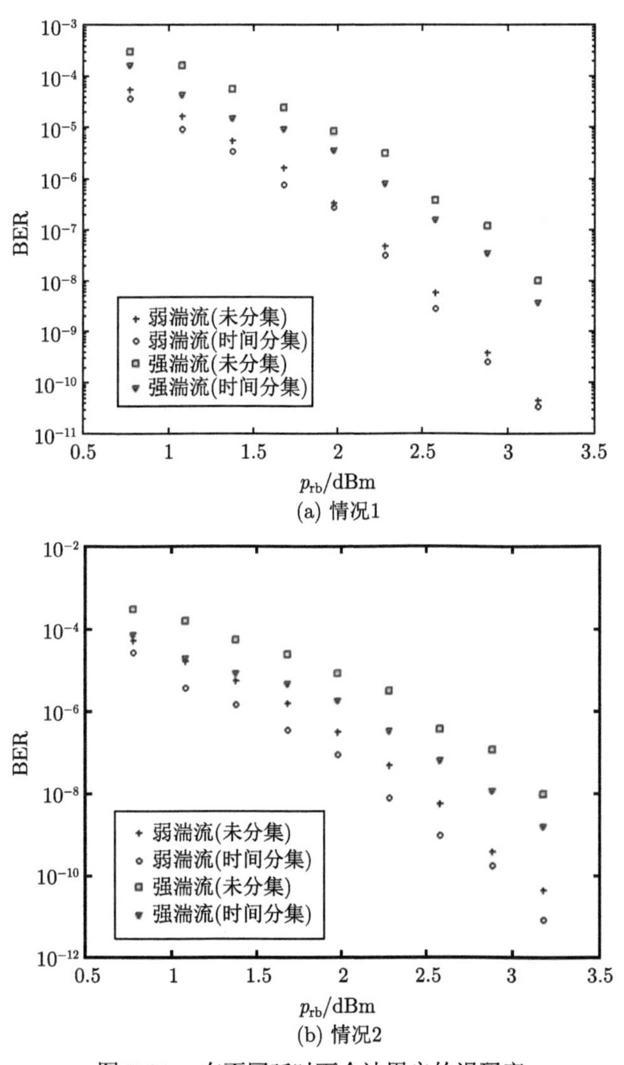

(a) 情况1

(b) 情况2

图 5.21 在不同延时下合法用户的误码率

5.5.3　物理层安全性分析

由于时间分集 FSO-CDMA 系统的延时设置是可调的，而且所采用的光地址码是可重构的，因此窃听用户不能准确地获得合法用户所采用的延时设置和具体的码字结构。因此，窃听用户只能采用未分集接收的非匹配解码器。本实验中，通过改变接收端准直器透镜的角度来模拟窃听用户窃取到的光信号功率，使得窃听用户的窃听比例均为 1%。然后，窃听用户将窃取到的光信号利用 EDFA 进行放大，使窃听用户接收到的功率与合法用户的功率一致。放大后的光信号通过非匹配解码器进行解码，最后经过光电转换，由示波器和误码仪进行测试。

图 5.22 是弱湍流下的窃听用户眼图，图 5.23 是强湍流下的窃听用户眼图。其中，合法用户的接收功率为 3.18dBm。从图 5.22 和图 5.23 可以看出，窃听用户的眼图在采用时间分集系统时变得更差，这是由于不同时间分集的 OCDMA 信号中存在多址干扰，会降低 Eve 的信噪比。

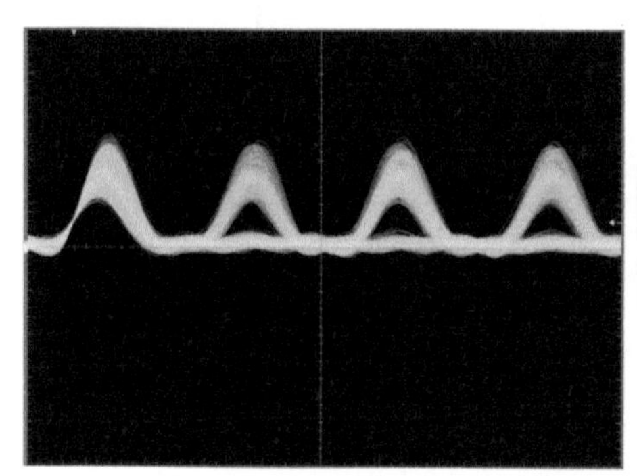

(a) 未分集窃听用户眼图

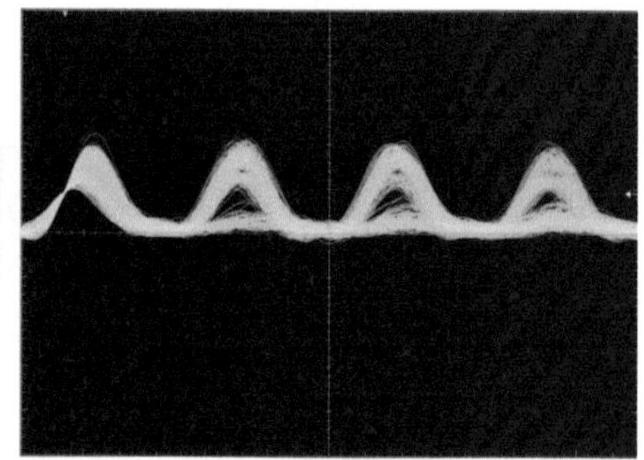

(b) 时间分集窃听用户眼图 (情况2)

图 5.22　弱湍流下的窃听用户眼图

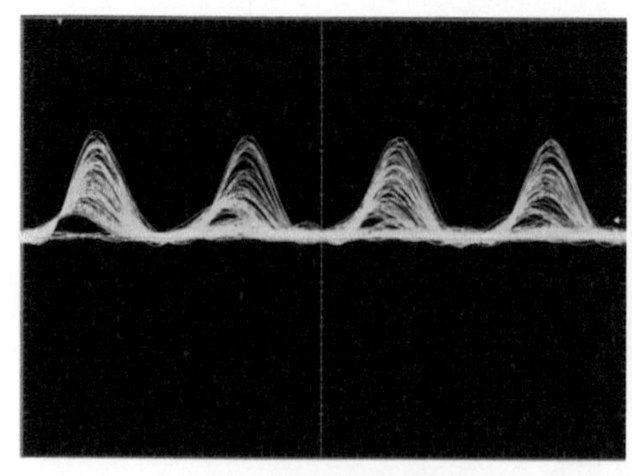

(a) 未分集窃听用户眼图

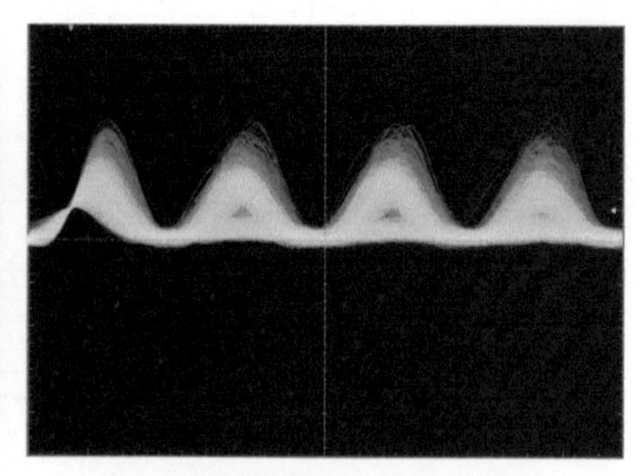

(b) 时间分集窃听用户眼图 (情况2)

图 5.23　强湍流下的窃听用户眼图

图 5.24 是 FSO-CDMA 搭线信道中 Eve 的误码率 (情况 2)。无论是弱湍流还是强湍流，在接收功率相同的情况下，时间分集系统提高了 Eve 的误码率。这是因为 Eve 不知道具体的延迟设置和编码，只能使用非分集接收和非匹配解码，导致 Eve 的信噪比下降。因此，时间分集可以增强 FSO-CDMA 搭线信道的物理层安全性。

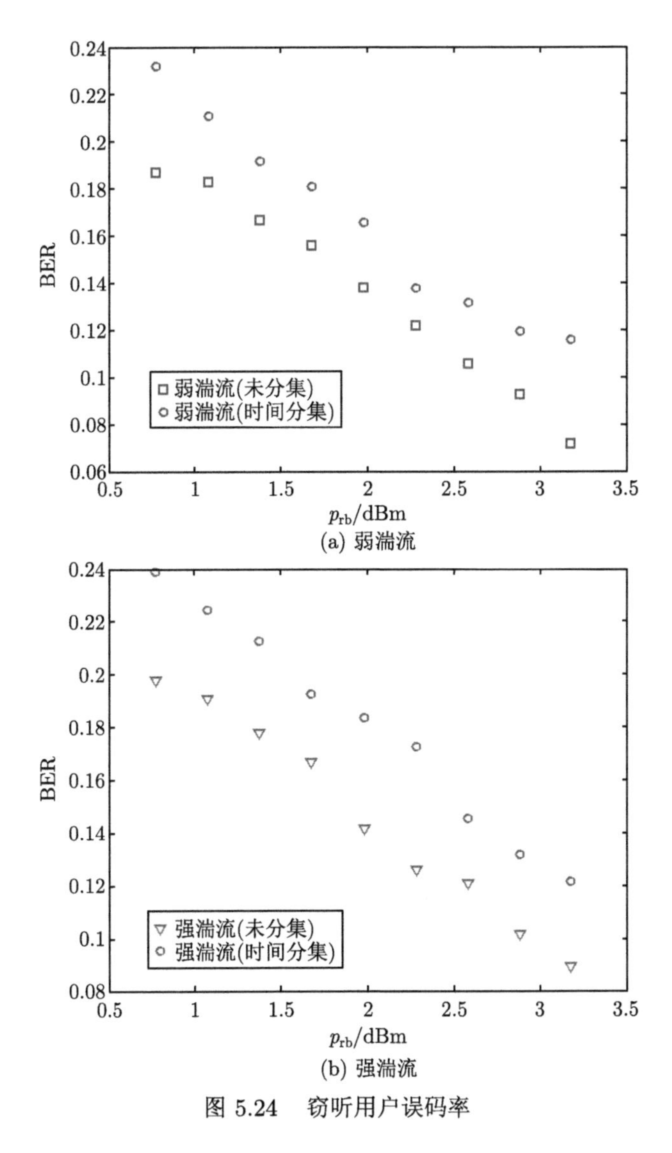

(a) 弱湍流

(b) 强湍流

图 5.24 窃听用户误码率

图 5.25 是 FSO-CDMA 搭线信道的保密容量。从图中可以看出，无论是在弱湍流还是在强湍流情况下，时间分集系统的保密容量均大于非分集系统的保密容

量，这说明时间分集可以提高 FSO-CDMA 搭线信道的物理层安全性。例如，在弱湍流情况下，接收功率为 2.28dBm 时，未分集和时间分集 (情况 2) 中的保密容量分别为 0.535bit/symbol 和 0.579bit/symbol。在强湍流情况下，未分集和时间分集 (情况 2) 的保密容量分别为 0.546bit/symbol 和 0.665bit/symbol。另一方面，在相同的接收功率下，强湍流的保密容量高于弱湍流的保密容量 15%左右。原因在于，当接收功率较高时，强湍流对合法用户的影响较小，而窃听用户由于信号功率较低，受强湍流影响较大。

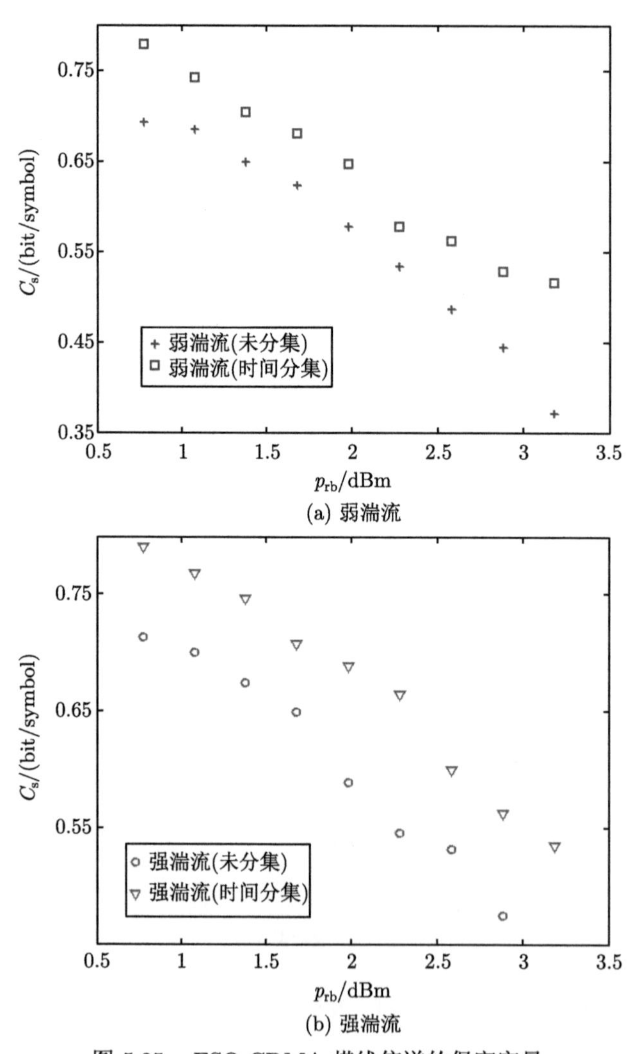

(a) 弱湍流

(b) 强湍流

图 5.25　FSO-CDMA 搭线信道的保密容量

参 考 文 献

[1] Liu P, Dat P T, Wakamori K, et al. A new scheme on time-diversity atmospheric OCDMA system over atmospheric turbulence channels. IEEE Globecom Workshops, 2010: 1020-1025.

[2] Liu P, Wu X, Wakamori K, et al. Bit error rate performance analysis of optical CDMA time-diversity links over gamma-gamma atmospheric turbulence channels. IEEE Wireless Communications and Networking Conference, 2011: 1932-1936.

第 6 章　空间分集 FSO-CDMA 物理层安全系统

6.1　引　　言

由于大气信道存在湍流效应，自由空间光通信的可靠性和安全性会受到严重影响。传统的算法加密和量子密钥分发技术存在一定的局限性，而物理层加密作为一种折中的安全方案，具有可证明的安全性。OCDMA 技术能够提高光纤通信系统的物理层安全，因此，OCDMA 也可以应用到 FSO 通信系统，提高 FSO 系统性能。基于 Gamma-Gamma 分布，本章我们分析一种准同步空间分集 FSO-CDMA 搭线信道模型。考虑大气湍流、大气衰减、多址干扰、热噪声、散粒噪声、背景光噪声对搭线信道的影响，理论分析该系统的误码率性能，并采用平均保密容量和截获概率作为安全性评估指标，理论分析其物理层安全性。

在此基础上，设计和制作了二维光编解码器，搭建了基于空间分集的 10Gb/s FSO-CDMA 搭线信道系统。测量了合法用户在不同分集情况下的误码率及眼图，证明了空间分集可以提高系统的可靠性。在编码与未编码情况下，分别测量窃听者的误码率与眼图。实验结果表明，该方案可以提高 FSO 系统的可靠性和安全性。

6.2　基于空间分集的准同步 FSO-CDMA 搭线信道

图 6.1 为准同步空间分集 FSO-CDMA 搭线信道系统结构图。在发送端，合法用户采用 OOK 调制，用户数据信号调制为光脉冲信号，经延时后进入光编码器进行编码。该系统采用 NHZ-FFH 序列作为地址码，其每个用户的相对延时控制在零相关区范围内。U 路信号经过各自 OCDMA 编码后，经耦合器合路为一路信号，通过准直透镜经过 FSO 信道传输。接收端有 N 个接收透镜，并经耦合器合路后，经过各自的光解码器进行匹配解码。然后，解码光信号由光电探测器进行光电转换，恢复用户数据。假设接收孔径之间距离大于空间相关距离，则 N 路接收信号互不相关。其中，相关距离即第一菲涅耳尺度为 $\sqrt{\lambda z}$[1]，λ 为光的波长，z 为链路长度。

由于激光束在 FSO 传输链路中会发散，因此对于窃听者来说，一种成功窃听的可能是将窃听模块置于光束发散区域中的某一个位置。尤其对于长距离的 FSO 通信系统，窃听者将有更大的机会截获合法用户的部分光信号。实际情况中，假设窃听者在 FSO 合法用户接收端后方的某个位置窃听。考虑对窃听者最有利情况，忽略窃听者和合法用户之间一段距离的衰减，即假设合法用户和窃听者在同一平面上接收。需要指出的是，当合法用户的码字重构速度足够快时，窃听者将不能有效拦截到合法用户的码字。因此，由于合法用户的码字可变，窃听者不知道合法用户的具体码字，而只能对接收信号进行非匹配解码。

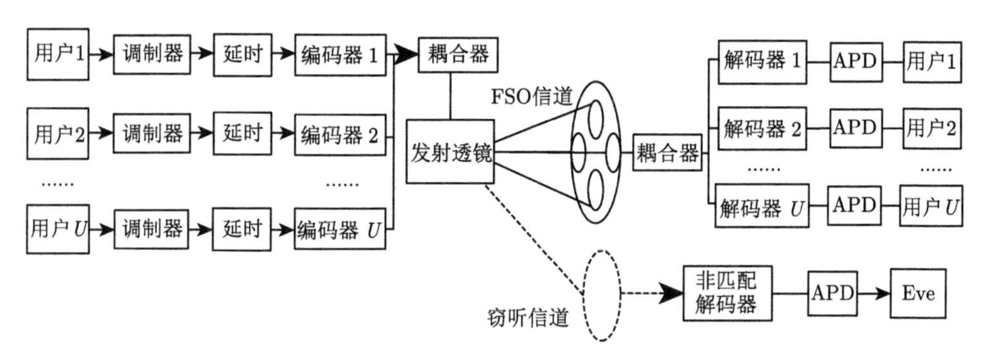

图 6.1 准同步空间分集 FSO-CDMA 搭线信道系统结构图

大气湍流引起的闪烁效应是影响 FSO 通信的主要因素，这往往是用一些分布模型来进行描述，如对数正态分布和 Gamma-Gamma 分布。本章中，我们采用 Gamma-Gamma 分布来模拟大气湍流的影响。在 N 路分集的情况下，其概率密度函数 $f_I^N(I)$ [2,3] 可以表示为

$$f_I^N\left(I\right)=\frac{2\left(\alpha_x N\alpha\right)}{\Gamma\left(\alpha_x\right)\Gamma\left(N\alpha\right)}I^{\frac{\alpha_x+N\alpha}{2}-1}K_{N\alpha-\alpha_x}\left(2\sqrt{\left(\alpha_x N\alpha\right)I}\right) \tag{6.1}$$

其中，α,α_x 可以表示为 [4,5]

$$\alpha=\left[\exp\left(\frac{0.49\delta^2}{\left(1+0.18d^2+0.56\delta^{12/5}\right)^{7/6}}\right)-1\right]^{-1} \tag{6.2}$$

$$\alpha_x=\left[\exp\left(\frac{0.51\delta^2}{\left(1+0.9d^2+0.62d^2\delta^{12/5}\right)^{5/6}}\right)-1\right]^{-1} \tag{6.3}$$

这里的 $d=\sqrt{ka^2/16z}$，k 为光波数 $(k=2\pi/\lambda)$，a 为接收透镜的半径，参数 δ^2 为 Rotov 方差 [5]，可以表示为

$$\delta^2=1.23C_n^2k^{7/6}z^{11/6} \tag{6.4}$$

其中，C_n^2 取决于湍流强度的大小并且范围在 $10^{-17} \sim 10^{-13}\text{m}^{-2/3}$ 变化。

假设在发送端编码之后，数据“1”的切普功率为 P_t，系统传输距离为 z，则因大气衰减到达接收端的切普功率为 P_z：

$$P_z = \frac{P_t}{10^{\frac{\alpha_1 z}{10}}} \tag{6.5}$$

其中，α_1 为衰减系数。由于光束的发散，接收端光斑大小随着传输距离的延长而增大，接收透镜与光斑中心的距离不同，获取的功率比例将不同 [6]。

合法用户接收到的切普功率为

$$P_\text{c} = P_z h(r, z) \tag{6.6}$$

假设窃听者在离光斑中心 r_e 处窃听，则接收到的切普功率为

$$P_\text{e} = P_z h(r_\text{e}, z) \tag{6.7}$$

其中，$h(r, z)$ 为接收透镜距离光斑中心 r 处接收到的功率比例，可以表示为 [7]

$$h(r, z) = A_0 \exp\left(-\frac{2r^2}{w_{z\text{e}}^2}\right) \tag{6.8}$$

其中，A_0 是 $r = 0$ 时接收到的功率比例；$w_{z\text{e}}$ 为等效波束宽度。

$$A_0 = [\text{erf}(v)]^2 \tag{6.9}$$

$$w_{z\text{e}}^2 = w_z^2 \frac{\sqrt{\pi}\text{erf}(v)}{2v\exp(-v^2)} \tag{6.10}$$

其中，$v = \sqrt{\pi}a/\left(\sqrt{2}w_z\right)$；$w_z$ 为光束到达接收端时的光斑半径，可表示为 [8]

$$w_z \approx w_0 \left[1 + \varepsilon\left(\frac{\lambda z}{\pi w_0^2}\right)^2\right]^{1/2} \tag{6.11}$$

其中，w_0 为 $z = 0$ 时的束腰，$\varepsilon = \left(1 + 2w_0^2/\rho_0^2(z)\right)$，$\rho_0(z) = \left(0.55C_n^2k^2z\right)^{-3/5}$。在本章中，未分集时使用单个半径为 $2a$ 的透镜，分集时接收端使用 N 个半径为 a 的透镜。

在跳频 OCDMA 中，当多个用户的同一波长出现在同一个时隙时，不同用户的码字之间就会发生碰撞，导致接收端出现多址干扰。多址干扰是制约 OCDMA

系统传输性能的重要原因，因此需要采取有效的方法来控制用户波长碰撞次数，从而抑制甚至消除系统的多址干扰。

理想状态下，采用完全正交的码序列就可以避免多址干扰，但完全正交的码序列需要严格的码字同步，目前难以实现。因此，为了抑制多址干扰，需要采用互相关性较弱的码序列。本章在 FFH-OCDMA 通信系统的基础上引入 NHZ-FFH 序列，并分析其物理层性能。

假设有集合 $F\left\{a^1,\cdots,a^u,\cdots,a^v,\cdots,a^M\right\}$，其中 $a^u=\{a_0^u,\cdots,a_i^u,\cdots,a_{Q-1}^u\}$，$M$ 为序列数目，Q 为序列的周期。分别用 Z_{AN} 和 Z_{CN} 表示自相关和互相关函数的无碰撞区宽度，用 Z_{N} 表示整个跳频序列集的无碰撞区宽度 [9]，则

$$Z_{\mathrm{AN}}=\min_{u\in F}\left\{\max_{\tau}\left\{Q\left|H_{uu}\left(\tau\right)=0\right.\right\},0<|\tau|\leqslant Q\right\} \tag{6.12}$$

$$Z_{\mathrm{CN}}=\min_{u,v\in F}\left\{\max_{\tau}\{Q|H_{uv}(\tau)=0\},|\tau|\leqslant Q\text{ 且 }u\neq v\right\} \tag{6.13}$$

$$Z_{\mathrm{N}}=\min\left(Z_{\mathrm{AN}},Z_{\mathrm{CN}}\right) \tag{6.14}$$

因此，NHZ-FFH 序列集 $H(Q,M,Z_{\mathrm{NH}})$ 有如下相关特性：

$$H_{uv}(\tau)=\sum_{i=0}^{Q-1}h\left[a_i^u,a_{i+\tau}^v\right]=\begin{cases}Q, & \tau=0\text{ 且 }u=v\\0, & 0<|\tau|\leqslant Z_{\mathrm{N}}\end{cases} \tag{6.15}$$

基于无碰撞区的理念来构造跳频序列集的思想，最早出现在跳频码分多址 (frequency hopping-code division multiple access, FH-CDMA) 系统中。对于 NHZ-FFH 码序列来说，将码字之间的相对延迟控制在一定区域内，跳频码序列的汉明互相关与自相关旁瓣均为 0。因此，在该系统中，如果不同用户信号的相对延时控制在无碰撞区范围内，那么就可以消除系统的多址干扰，提高系统的可靠性。

6.3 基于空间分集的准同步 FSO-CDMA 性能分析

NHZ-FFH 序列 (24, 12, 8, 2) 如下 [10]：

$$S^0=(f_6,f_{13},f_{18},f_1,f_{12},f_{22},f_4,f_{14},f_{21},f_5,f_{10},f_{19})$$

$$S^1=(f_7,f_{12},f_{19},f_0,f_{13},f_{23},f_5,f_{15},f_{20},f_4,f_{11},f_{18})$$

$$S^2=(f_4,f_{15},f_{16},f_3,f_{14},f_{20},f_6,f_{12},f_{23},f_7,f_8,f_{17})$$

$$S^3 = (f_2, f_9, f_{22}, f_5, f_8, f_{18}, f_0, f_{10}, f_{17}, f_1, f_{14}, f_{23})$$

$$S^4 = (f_5, f_{14}, f_{17}, f_2, f_{15}, f_{21}, f_7, f_{13}, f_{22}, f_6, f_9, f_{16})$$

$$S^5 = (f_0, f_{11}, f_{20}, f_7, f_{10}, f_{16}, f_2, f_8, f_{19}, f_3, f_{12}, f_{21})$$

$$S^6 = (f_1, f_{10}, f_{21}, f_6, f_{11}, f_{17}, f_3, f_9, f_{18}, f_2, f_{13}, f_{20})$$

$$S^7 = (f_3, f_8, f_{23}, f_4, f_9, f_{19}, f_1, f_{11}, f_{16}, f_0, f_{15}, f_{22})$$

该跳频 OCDMA 系统总共有 8 个用户，波长总数为 24，每个用户地址码码长 L 为 12，码重 W 为 12。无碰撞区宽度为 2 个切普周期。码序列在无碰撞区内的汉明互相关和自相关旁瓣均为 0，因此，只要不同用户的相对延时控制在 2 个切普周期以内，就可以消除系统的多址干扰。

对于合法用户来说，采用 NHZ-FFH 序列时，接收 “0” 码和 “1” 码的信号电流 I_0 和 I_1 分别表示为

$$I_0 = 0 \tag{6.16}$$

$$I_1 = RP_\mathrm{c}WI \tag{6.17}$$

“1” 码和 “0” 码的噪声 σ_1^2 和 σ_0^2 分别表示为

$$\sigma_1^2 = \sigma_\mathrm{shot}^2 + \sigma_\mathrm{thermal}^2 + \sigma_\mathrm{back}^2 \tag{6.18}$$

$$\sigma_0^2 = \sigma_\mathrm{thermal}^2 + \sigma_\mathrm{back}^2 \tag{6.19}$$

散粒噪声为 σ_shot^2：

$$\sigma_\mathrm{shot}^2 = 2eRWP_\mathrm{c}BI \tag{6.20}$$

热噪声 $\sigma_\mathrm{thermal}^2$：

$$\sigma_\mathrm{thermal}^2 = \frac{4k_\mathrm{B}T}{R_\mathrm{L}}B \tag{6.21}$$

背景噪声 σ_back^2：

$$\sigma_\mathrm{back}^2 = 2eRP_\mathrm{b}B \tag{6.22}$$

其中，k_B 为玻尔兹曼常量；e 为电子电荷；B 为接收机带宽 $(B = LR_\mathrm{b}/2)$；R_b 为比特传输速率；T 为温度；R_L 为负载电阻；P_b 为背景光平均功率。

对于 NHZ-FFH 序列 (24, 12, 8, 2)，主用户和干扰用户之间码字碰撞总数为 $\mu = 34$。假设窃听者非匹配解码的互相关值为 1，则窃听者接收 “0” 码和 “1” 码

的信号电流 I_{0_e} 和 I_{1_e} 分别表示为

$$I_{0\_e}=RP_eI_e\frac{\mu}{2L(U-1)} \tag{6.23}$$

$$I_{1\_e}=RP_eI_e+RP_eI_e\frac{\mu}{2L(U-1)} \tag{6.24}$$

其中，I_e 为窃听者的湍流因子，窃听者接收 “1” 码和 “0” 码的噪声 $\sigma_{1\_e}^2$ 和 $\sigma_{0\_e}^2$ 分别表示为

$$\sigma_{1\_e}^2=\sigma_{\text{MAI\_e}}^2+\sigma_{\text{shot\_e}}^2+\sigma_{\text{shot\_MAI\_e}}^2+\sigma_{\text{thermal}}^2+\sigma_{\text{back}}^2 \tag{6.25}$$

$$\sigma_{0\_e}^2=\sigma_{\text{MAI\_e}}^2+\sigma_{\text{shot\_MAI\_e}}^2+\sigma_{\text{thermal}}^2+\sigma_{\text{back}}^2 \tag{6.26}$$

其中，窃听者的多址干扰方差 $\sigma_{\text{MAI\_e}}^2$：

$$\sigma_{\text{MAI\_e}}^2=(RP_eI_e)^2\frac{\mu}{2L(U-1)}\left(1-\frac{\mu}{2L(U-1)}\right) \tag{6.27}$$

多址干扰引起的散粒噪声为 $\sigma_{\text{shot\_MAI\_e}}^2$：

$$\sigma_{\text{shot\_MAI\_e}}^2=2e(RP_eI_e)B\frac{\mu}{2L(U-1)} \tag{6.28}$$

设 γ_b 为合法用户接收机的瞬时信噪比，γ_e 为窃听用户的瞬时信噪比，分别表示为

$$\gamma_b=\frac{(I_1-I_0)^2}{(\sigma_1+\sigma_0)^2} \tag{6.29}$$

$$\gamma_e=\frac{(I_{1\_e}-I_{0\_e})^2}{(\sigma_{1\_e}+\sigma_{0\_e})^2} \tag{6.30}$$

则在未分集和采用空间分集的情况下，合法用户的平均误码率分别为

$$P_b(e)=\int_0^{\infty}\frac{1}{2}\text{erfc}\left(\sqrt{\frac{\gamma_b}{2}}\right)f_I(I)\,\text{d}I \tag{6.31}$$

$$P_b^N(e)=\int_0^{\infty}\frac{1}{2}\text{erfc}\left(\sqrt{\frac{\gamma_b}{2}}\right)f_I^N(I)\,\text{d}I \tag{6.32}$$

保密容量 C_s 是让窃听者无法获取任何信息的最大传输速率，定义为 [5]

$$C_s=C_b-C_e \tag{6.33}$$

合法用户的信道容量 C_{b}

$$C_{\mathrm{b}} = B_0 \log\left(1+\gamma_{\mathrm{b}}\right) \tag{6.34}$$

窃听者的信道容量 C_{e}:

$$C_{\mathrm{e}} = B_0 \log\left(1+\gamma_{\mathrm{e}}\right) \tag{6.35}$$

其中，B_0 为信道带宽，为计算方便，B_0 归一化为 1Hz。

由于保密容量 C_{s} 是非负量，因此在 FSO 系统中，保密容量 C_{s} 为 [11]

$$C_{\mathrm{s}} = \begin{cases} \log\left(1+\gamma_{\mathrm{b}}\right) - \log\left(1+\gamma_{\mathrm{e}}\right), & \gamma_{\mathrm{b}} \geqslant \gamma_{\mathrm{e}} \\ 0, & \text{其他} \end{cases} \tag{6.36}$$

由于大气湍流效应的影响，自由空间光通信系统接收到的光功率随机波动。实际上，γ_{b} 受随机波动影响，从而影响链路的信道容量，进而影响保密容量。保密容量是衡量 FSO 通信系统物理层安全传输性能的重要参数，然而由于大气湍流的存在，保密通信只能以一定的概率达成。因此，截获概率也是衡量系统物理层安全性能的重要参数，即当 $C_{\mathrm{s}} > 0$ 时，可以安全通信；当保密容量等于 0 时，合法用户的部分信息将被截获。截获概率 $P_{\mathrm{s}}(e)$ 可以表示为 [12]

$$P_{\mathrm{s}}(e) = P\left(C_{\mathrm{s}}=0\right) = P\left(\log\left(\frac{1+\gamma_{\mathrm{b}}}{1+\gamma_{\mathrm{e}}}\right) \leqslant 0\right) = P\left(\frac{1+\gamma_{\mathrm{b}}}{1+\gamma_{\mathrm{e}}} \leqslant 1\right) = P\left(\gamma_{\mathrm{b}} \leqslant \gamma_{\mathrm{e}}\right) \tag{6.37}$$

采用 NHZ-FFH 序列时，截获概率 $P_{\mathrm{s}}(e)$ 的闭合表达式形式为

$$P_{\mathrm{s}}(e) = \frac{1}{\Gamma\left(\alpha_x\right)\Gamma\left(\alpha\right)} G_{1,3}^{2,1}\left[\alpha_x \alpha I \,\middle|\, \begin{matrix} 1 \\ \alpha, \alpha_x, 0 \end{matrix}\right] \tag{6.38}$$

这里，$G_{m,n}^{p,q}[\cdot|\cdot]$ 是 Meijer G 函数。将 I 代入该累积分布函数中，即可得到截获概率的确切数值。这里的 I 可以表示为

$$I = \frac{eRWP_{\mathrm{c}}P_{\mathrm{e}}B + \sqrt{\left(eRWP_{\mathrm{c}}P_{\mathrm{e}}B\right)^2 + P_{\mathrm{c}}WP_{\mathrm{e}}\left(\sigma_{1\_\mathrm{e}}+\sigma_{0\_\mathrm{e}}\right)\left(\sigma_{\mathrm{thermal}}^2+\sigma_{\mathrm{back}}^2\right)}}{P_{\mathrm{c}}P_{\mathrm{e}}W\left(\sigma_{1\_\mathrm{e}}+\sigma_{0\_\mathrm{e}}\right)} \tag{6.39}$$

6.4 数值计算及分析

图 6.2 为两种码字在不同湍流情况下，分别采用空间分集 ($N=4$) 和未分集 ($N=1$) 时，不同的发送功率与平均误码率之间的关系。系统的用户数 $U=8$，

考虑两种不同情况的大气湍流：中湍流 ($C_n^2 = 1.7 \times 10^{-14}$)，强湍流 ($C_n^2 = 5.0 \times 10^{-14}$)[13]。由图 6.2 可以看出，空间分集能够有效地改善系统的误码率性能。另外，与 FFH 码字相比，采用 NHZ-FFH 序列能明显地降低 FSO 通信系统的误码率。以中湍流且分集的情况为例，当发送功率 $P_t = 5\text{mW}$ 时，快跳频码的平均误码率为 1.02×10^{-6}，NHZ-FFH 序列的平均误码率为 4.26×10^{-9}。以强湍流且分集的情况为例，发送功率 $P_t = 5\text{mW}$ 时，快跳频码的平均误码率为 8.66×10^{-6}，NHZ-FFH 序列的平均误码率为 6.85×10^{-6}。可见，在中强湍流情况下，不同码字对系统误码率性能的改善效果差别较大。这是由于，在湍流较弱时，快跳频码的多址干扰占据噪声的主导因素，而采用 NHZ-FFH 序列消除了多址干扰，从而大大地提升了系统可靠性。而在湍流较强时，大气闪烁效应对系统的误码率性能影响比较大，多址干扰不再是影响系统可靠性的主导因素，此时 NHZ-FFH 序列对误码率性能的提升相对较小。

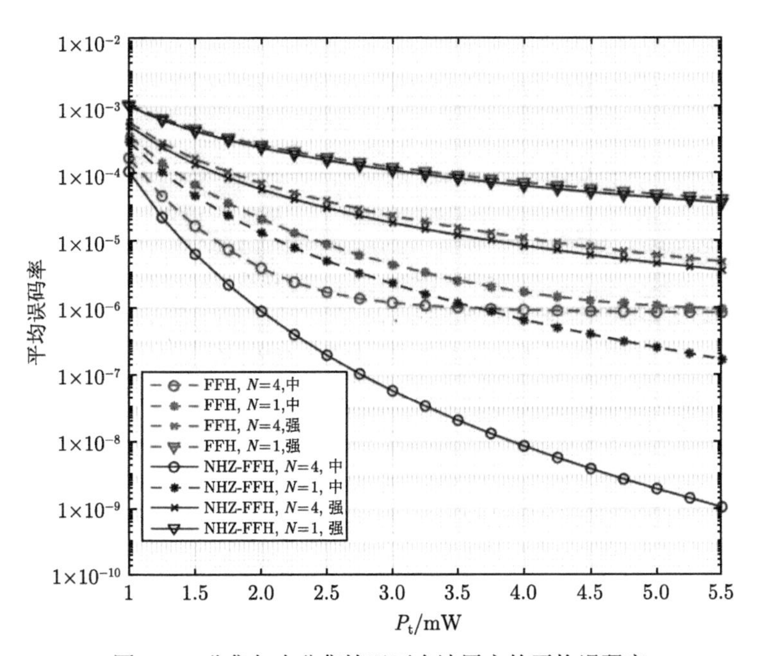

图 6.2 分集与未分集情况下合法用户的平均误码率

图 6.3 表示窃听者在不同窃听位置以及湍流情况下，两种码字的平均保密容量。横坐标表示窃听者的接收透镜与光斑中心的距离，纵坐标表示系统的平均保密容量。发送功率为 5mW，用户数设定为 $U = 8$。从图中可以看出，随着窃听者的接收透镜与光斑中心距离变远，平均保密容量增加，系统的物理层安全性提高。这是因为，随着窃听位置的边缘化，窃听者捕获到信号的信噪比降低，从而窃听

者的信道容量降低，因此系统的平均保密容量增加。与 FFH-OCDMA 系统相比，采用 NHZ-FFH 序列的平均保密容量会得到较大提升。以中湍流且采用分集的情况为例，窃听者距离光斑中心 $r = 1\mathrm{m}$ 时，快跳频码的平均保密容量为 4.72bit，而 NHZ-FFH 序列的平均保密容量为 8.38bit。相比 FFH 码字，采用 NHZ-FFH 序列时系统的平均保密容量提升了 3.66bit，这说明 NHZ-FFH 序列能有效地提高系统的安全性能。值得注意的是，采用 FFH-OCDMA 系统时，空间分集对系统的平均保密容量改善并不明显，这是因为 FFH-OCDMA 系统的多址干扰占据了噪声的主要因素，而大气闪烁的影响相对较小，因此空间分集对 FFH-OCDMA 系统的平均保密容量改善较小。而采用 NHZ-FFH 序列时，多址干扰被消除，此时大气闪烁对系统的影响相对较大，因此空间分集对 NHZ-FFH 系统的平均保密容量改善相对明显。

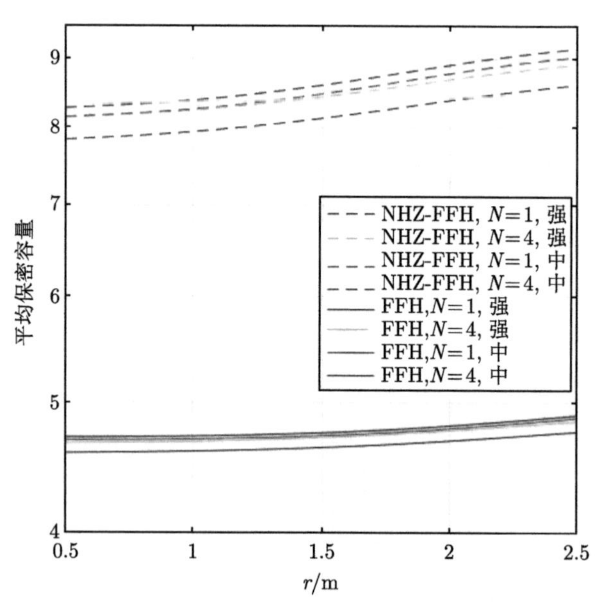

图 6.3　窃听者在不同窃听位置以及湍流情况下，两种码字的平均保密容量

图 6.4 表示采用 FFH 序列时，在不同的湍流情况及分集条件下 FSO 传输距离与合法用户的误码率和截获概率之间的关系。横坐标表示 FSO 传输距离，左纵坐标表示合法用户的误码率，右纵坐标表示截获概率。设定窃听者位置距离光斑中心 $r = 2\mathrm{m}$，发送功率为 5mW。综合考虑系统的可靠性和安全性，以中湍流且未分集的情况为例，若要同时满足系统的可靠性 (误码率在 10^{-6} 以下) 和安全性 (截获概率在 10^{-20} 以下)，可达到的最大安全传输距离为 1.0km。在中湍流且

空间分集的情况下，可达到的最大传输距离为 1.175km。可见，利用空间分集技术增加了最大安全传输距离。

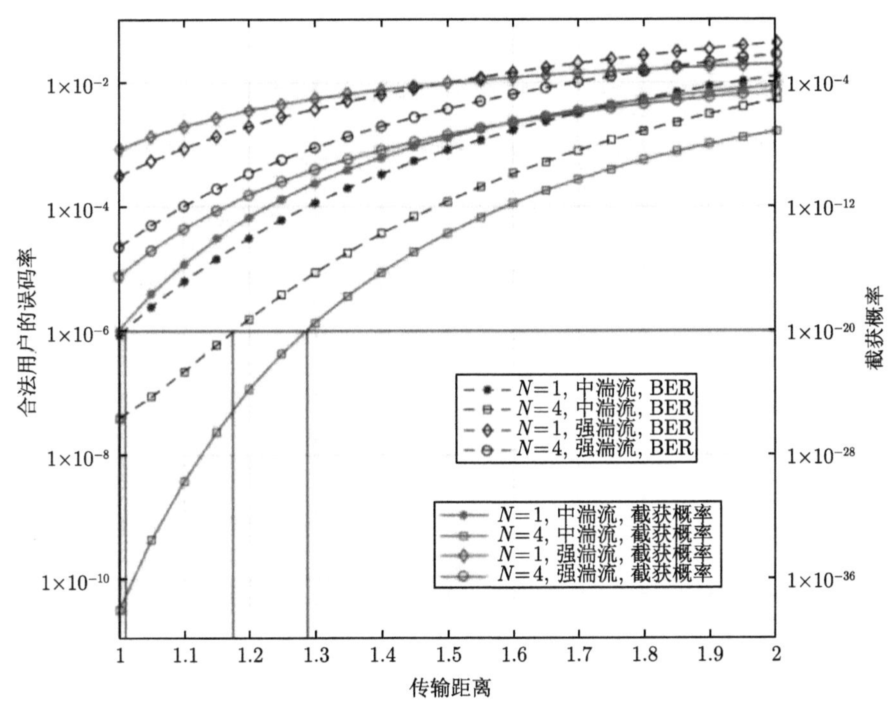

图 6.4 在不同的湍流情况及分集条件下 FSO 传输距离与合法用户的误码率和截获概率之间的关系 (FFH)

图 6.5 表示采用 NHZ-FFH 时，在不同的湍流及分集条件下 FSO 传输距离与合法用户的误码率和截获概率之间的关系。横坐标表示 FSO 传输距离，左纵坐标表示合法用户的误码率，右纵坐标表示截获概率。设定窃听者的位置距离光斑中心 $r = 2\text{m}$，发送功率为 5mW。结合图 6.4 和图 6.5 可以看出，随着传输距离的增大，截获概率升高，系统面临的安全风险增大。综合考虑系统的可靠性和安全性，以中湍流且未分集的情况为例，若要同时满足系统的可靠性 (误码率在 10^{-6} 以下) 和安全性 (截获概率在 10^{-20} 以下) 时，可达到的最大安全传输距离为 1.30km；而在中湍流且分集的情况时，可达到的最大传输距离为 1.569km。对比图 6.4 和图 6.5，在中湍流且未分集的情况下，采用 NHZ-FFH 序列增加了 0.3km，在中湍流且分集的情况下，采用 NHZ-FFH 序列增加了 0.394km。这表明，在相同的条件下，采用 NHZ-FFH 序列增加了安全传输距离。综合上述数值分析，准同步空间分集 FSO-CDMA 系统可以同时提高系统的可靠性及物理层安全性。

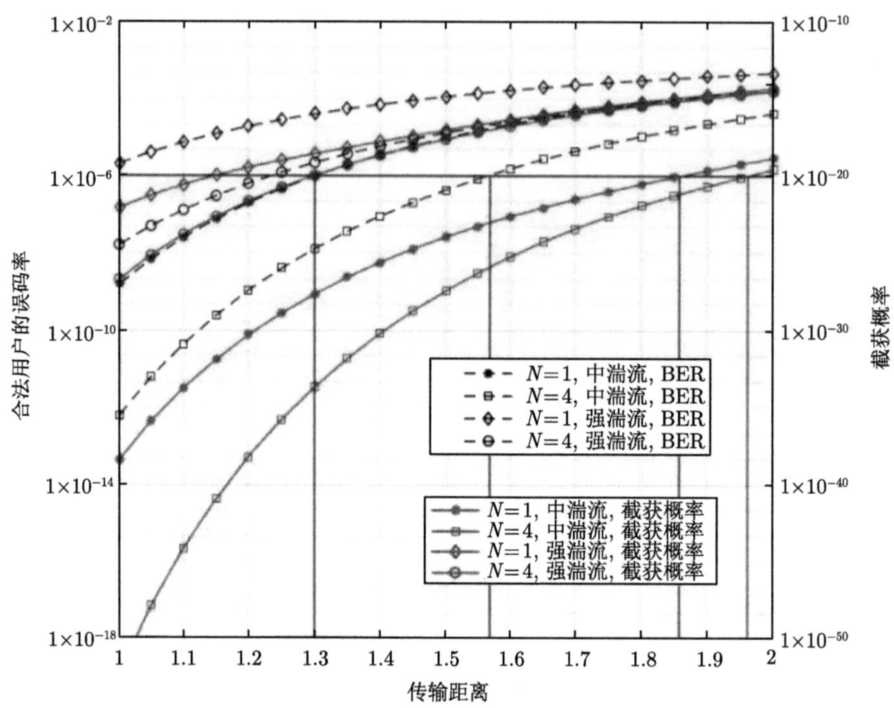

图 6.5 在不同的湍流及分集条件下 FSO 传输距离与合法用户的误码率和截获概率之间的关系 (NHZ-FFH)

6.5 OptiSystem 仿真

采用 OptiSystem 软件进行系统仿真，该 OCDMA 系统总共有 8 个用户，波长总数为 24，每个用户地址码码长 L 为 12，码重 W 为 12，波长间隔为 0.8nm，输出功率为 0dBm；数据比特速率为 $R_{\mathrm{b}} = 1\mathrm{Gb/s}$，FSO 传输距离为 1km，发送透镜直径为 5cm，接收端透镜直径为 16cm，折射率结构常数 C_n^2 在中湍流时设置为 $C_n^2 = 1.7 \times 10^{-14}$，强湍流时设置为 $C_n^2 = 5 \times 10^{-14}$。

图 6.6 中 (a) 表示采用 NHZ-FFH 序列时中湍流情况下的眼图，(b) 表示采用 NHZ-FFH 序列时强湍流情况下的眼图。图 6.7 中 (a) 为采用 FFH 序列时中湍流情况的眼图，(b) 为采用 FFH 序列时强湍流情况下的眼图。从眼图可以看出，无论是采用 NHZ-FFH 序列或是 FFH 序列，大气湍流越强，接收端眼图越差。另外，与采用 NHZ-FFH 序列时的眼图相比，利用 FFH 序列的眼图较差。其主要原因是 FFH 序列之间存在多址干扰，而 NHZ-FFH 序列消除了多址干扰，因此 NHZ-FFH 系统的可靠性得到了提高。

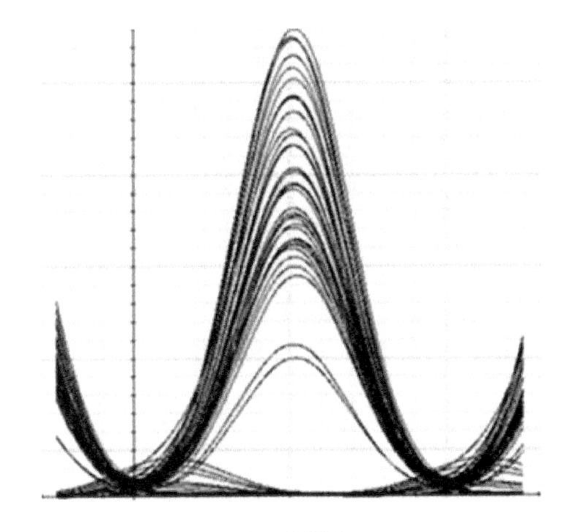

(a) 中湍流

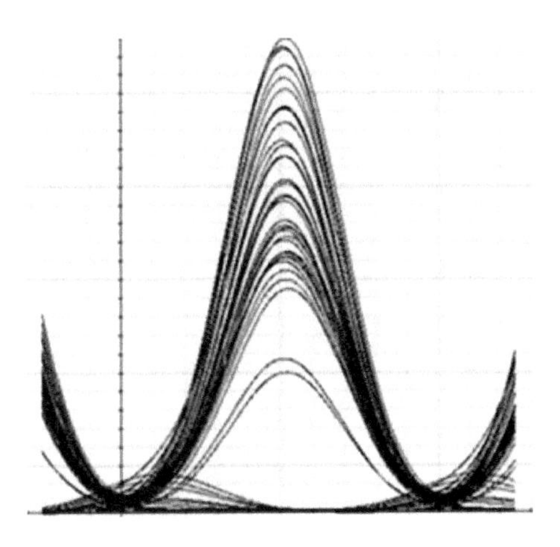

(b) 强湍流

图 6.6 采用 NHZ-FFH 序列时不同湍流情况下的眼图

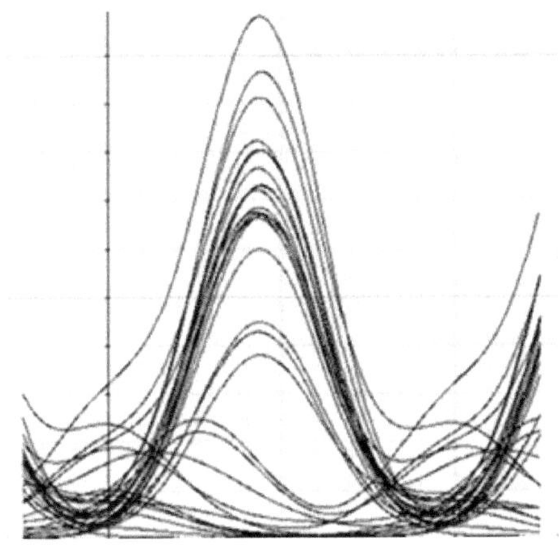

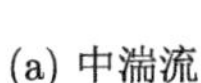

(a) 中湍流

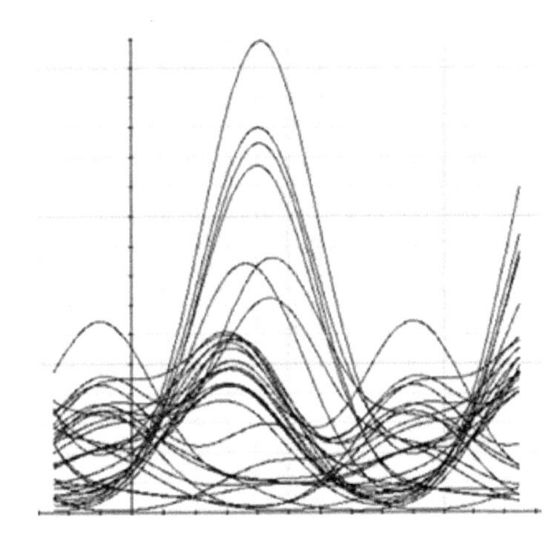

(b) 强湍流

图 6.7 采用 FFH 序列时不同湍流情况下接收端眼图

图 6.8 表示在不同的发送功率情况下合法用户的误码率。从图中可以看出，在采用 FFH 序列时，发送功率增加到一定值后，误码率性能的改善不明显。这是由于大气湍流引起的闪烁所造成的现象，已在文献 [14] 中有所阐述。因为多址干扰的影响，这一现象在 FSO-CDMA 系统中会得以增强。根据仿真结果可以看出，在相同的湍流情况下，采用 NHZ-FFH 序列的误码率性能优于 FFH 序列。例如，当发送功率为 4.5dBm 时，采用 FFH 序列的合法用户误码率为 8.13×10^{-4}，而采用 NHZ-FFH 序列的合法用户误码率为 8.97×10^{-9}。结果表明，准同步 FSO-CDMA 系统可靠性得到了提高。

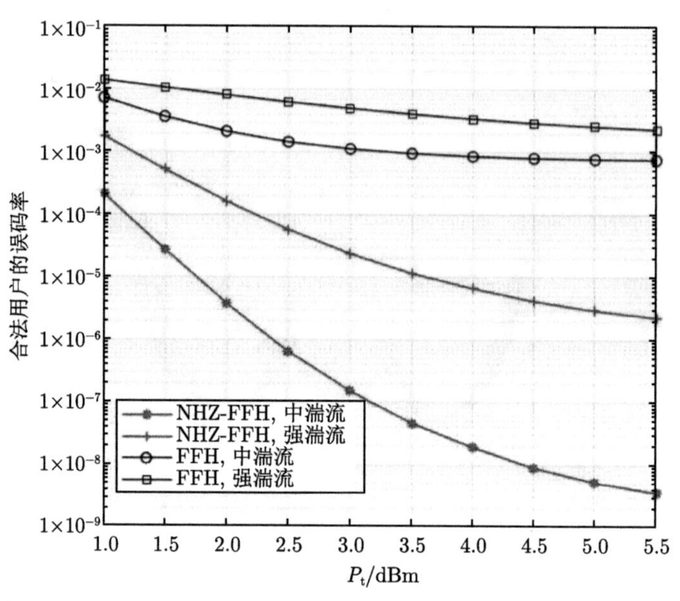

图 6.8　不同的发射功率时合法用户的误码率仿真图

图 6.9 表示不同的发送功率时窃听者的误码率。从仿真结果可见，采用 NHZ-

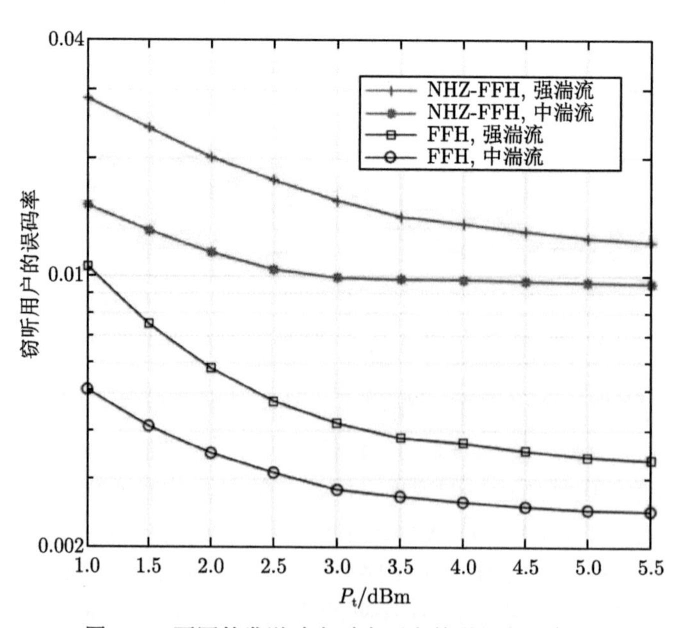

图 6.9　不同的发送功率时窃听者的误码率仿真图

FFH 序列时窃听者的误码率比采用 FFH 序列的误码率高，这表明采用 NHZ-FFH 序列时系统的物理层安全性优于采用 FFH 序列的情况。例如，在中湍流条件下，当发送功率为 2.0dBm 时，采用 FFH 序列时窃听者的误码率为 3.50×10^{-3}，而采用 NHZ-FFH 序列时窃听者的误码率达到 1.15×10^{-2}。由此可见，准同步 FSO-CDMA 方案可以提高物理层的安全性。系统的相关模型参数见表 6.1。

表 6.1 准同步 FSO-CDMA 搭线信道模型参数

符号	名称	数值
z	传输距离	1km
w_z	1km 对应波束半径	2.5m
P_t	传输切普功率	5mW
a	孔径半径	0.08m
R	光电探测器响应度	0.85A/W
k_B	玻尔兹曼常数	1.38×10^{-23}W/(K·Hz)
R_b	数据比特率	1Gb/s
R_L	接收负载电阻	50Ω
T	接收机噪声温度	300K
e	电子电荷	1.6×10^{-19}C
P_b	背景光噪声	−40dBm
N	接收器孔径数	4
λ	波长	1550nm

6.6 空间分集 FSO-CDMA 搭线信道实验

6.6.1 单用户 FSO-CDMA 系统实验

图 6.10 为基于空间分集的 FSO-CDMA 搭线信道实验系统。10G 发射机输出的光脉冲宽度为 15ps，光谱波长范围为 1548.7~1550.1nm，分别对应于 53 (1549.72nm)、54 (1550.12nm) 和 55 (1550.52nm) 的 WSS 波长。光发射机的输出功率为 −3.48dBm，在 EDFA 放大后，采用二维光编码器进行编码。我们使用改进的素数跳频码 {(13, 53), (52, 54), (65, 55)} 进行编码，其中的 $(i,\ j)$ 表示第 i 个码片脉冲的位置和第 j 个波长。

编码后的光信号经过 EDFA 放大后传输到光耦合器。每个输出端口连接 ODL 来调节相对延迟，然后再通过准直透镜将每个光编码信号发射到大气信道。两个准直透镜相距 0.12m，FSO 链路传输距离为 1.8m。

在接收端，每个准直透镜分别接收光信号，再由光耦合器合路。通过可调衰减器调整不同的接收功率，然后，使用匹配的二维光解码器进行光信号解码。经过 EDFA 放大后，进行光电检测，将光信号还原成电信号，最后采用 10G 误码仪进行误码检测，并采用 20G 实时示波器测量信号波形和眼图。同时，窃听者试图以一定的窃取比率截获传输光信号。

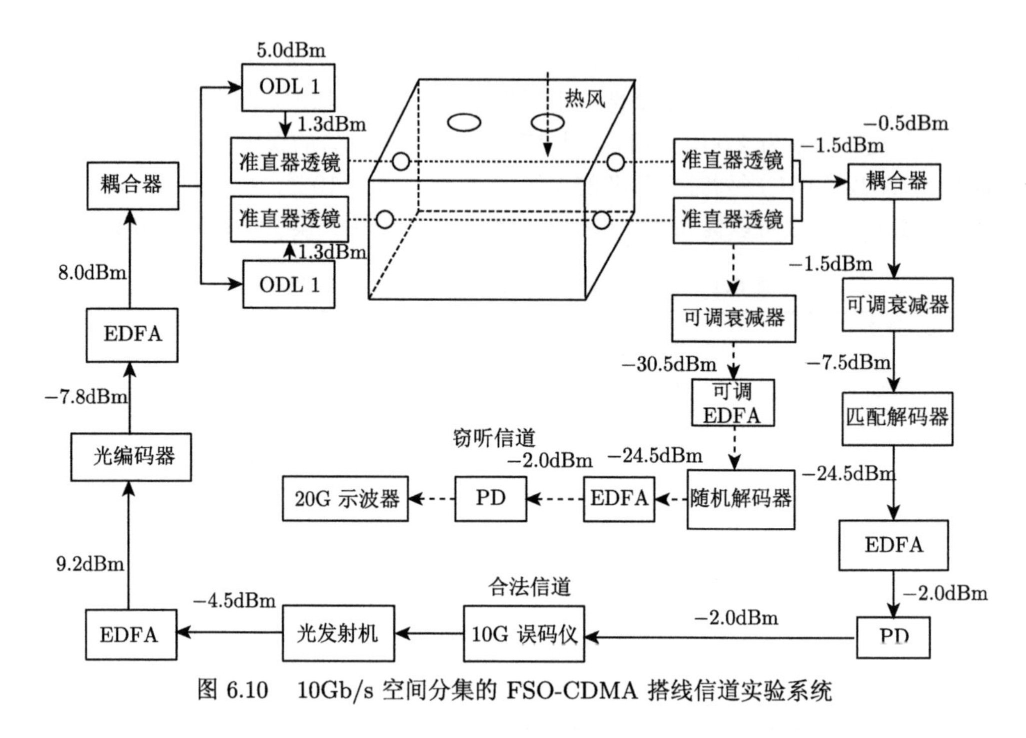

图 6.10 10Gb/s 空间分集的 FSO-CDMA 搭线信道实验系统

如第 4 章所示，我们采用基于 WSS 和 ODL 的二维可重构光编解码器。在本实验系统中，10G 光发射机输出三个波长对应于 WSS 的 (53、54、55)。因此，WSS DROP 和 WSS ADD 的三个端口 (2、5、6) 用于对光信号进行编码和解码。

图 6.11 是接收功率为 −9.3dBm 时中湍流条件下的眼图。图 6.11 中眼图的横坐标表示采样时间，40ps/div；纵坐标表示信号的振幅，30mV/div。从图中可以看出，合法用户可以恢复出原始信号，系统实现了可靠传输。另外，分集情况下的接收端解码眼图明显优于未分集情况下的眼图。

图 6.12 表示弱湍流和中湍流情况下合法用户的误码率，这里的横坐标 P_{r} (dBm) 是光解码器处的接收功率，纵坐标表示合法用户的误码率。从图中可以看出，与未分集情况下的方案相比，两路空间分集方案的误码率性能可提高约一个数量级。例如，在中湍流情况下接收功率为 −7.5dBm 时，两路空间分集和未分集 FSO-CDMA 搭线信道的误码率分别为 7.4×10^{-8} 和 4.8×10^{-7}。可见，空间分集能提高单用户情况下传输的可靠性。

图 6.13 表示在弱湍流情况时，窃听者在编码与未编码条件下的接收信号眼图。其中接收功率为 −9.3dBm，窃听者提取 1%的光功率 (对应于未分集情况下提取率为 0.5%)。根据眼图可以看出，对于经过 OCDMA 编码的系统，窃听者的接收信号眼图较差，这表明窃听者将无法恢复编码系统的原始用户数据。但是，在未编码条件下，窃听者接收信号眼图较好，即窃听者可以截获未编码系统中的

原始数据。可见，OCDMA 编码提高了通信传输的物理层安全性。

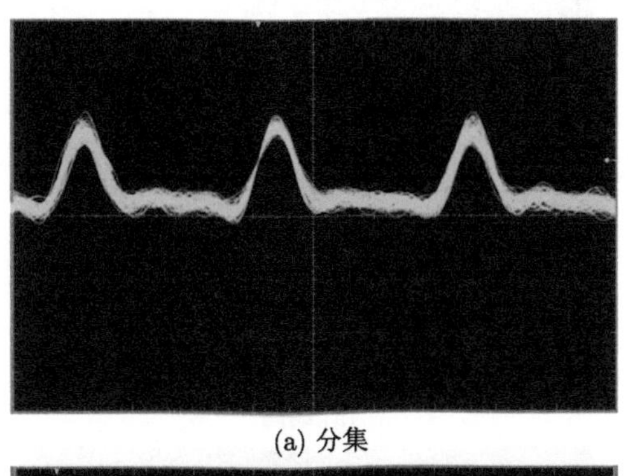

(a) 分集

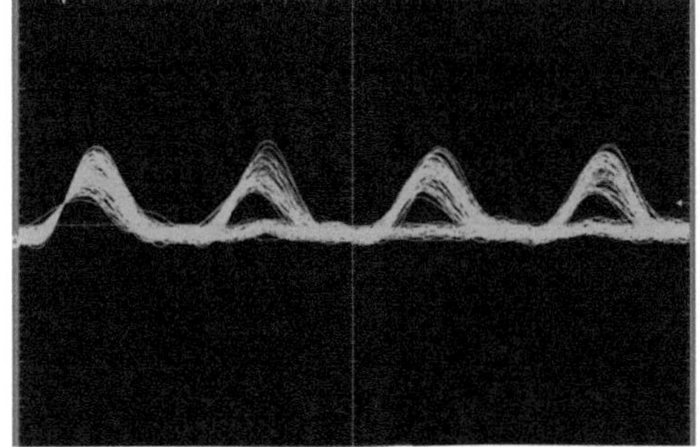

(b) 未分集

图 6.11 中湍流条件下的眼图

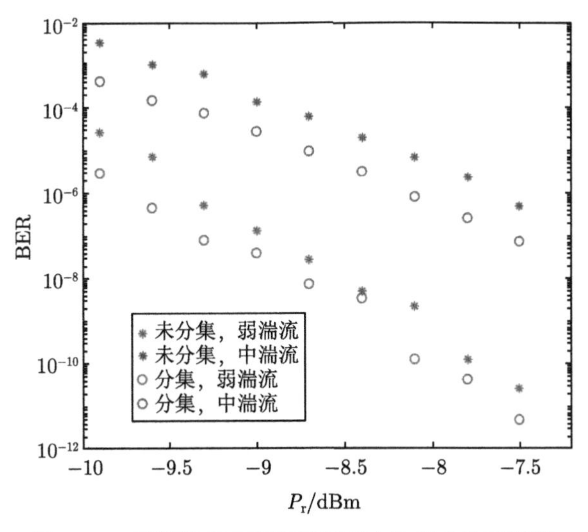

图 6.12 弱湍流和中湍流情况下合法用户的误码率

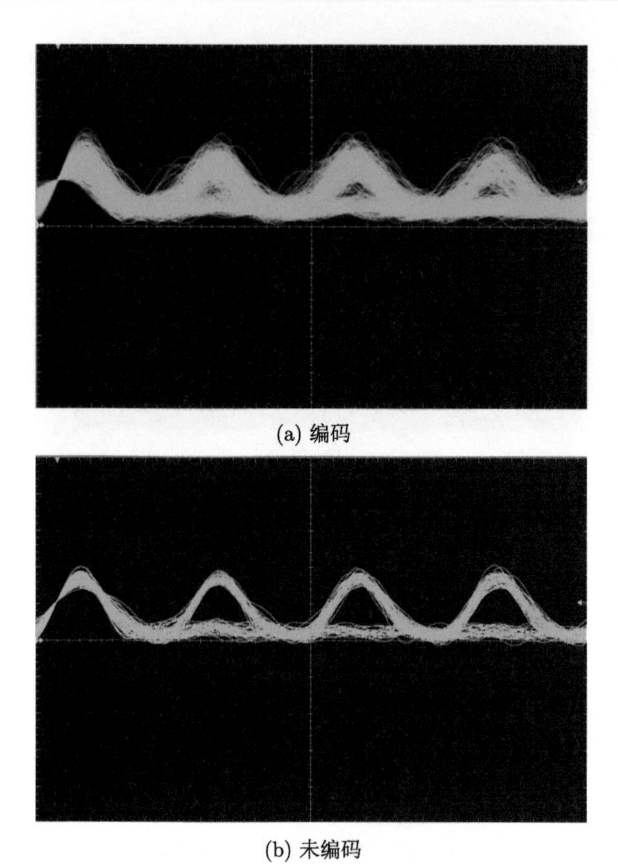

(a) 编码

(b) 未编码

图 6.13　窃听者抽取比例为 1%时的眼图

图 6.14 表示窃听者抽取比例为 1%时的误码率。此时窃听者经过 EDFA 后，PD 处的光功率为 -2dBm。在图 6.14 中，横坐标的 P_{r} (dBm) 表示光解码器处的接收功率，纵坐标表示窃听者的误码率。从图中可以看出，窃听者的误码率随接收功率的增加而降低，这是由于接收功率的增加会改善窃听者的信噪比，从而降低窃听者的误码率。相较于未编码情况，编码后窃听者的误码率将恶化，这表明经过 OCDMA 编码后，空间分集 FSO-CDMA 系统中物理层的安全性得到了提高。例如，在弱湍流下且接收功率为 -9dBm 时，编码和未编码的 FSO-CDMA 搭线信道的窃听者误码率分别为 1.02×10^{-2} 和 2.2×10^{-2}。

在本节中，我们验证了基于空间分集的 10Gb/s 的二维 FSO-CDMA 搭线信道。与未分集的 FSO 系统相比，空间分集的 FSO 系统可以提高系统的可靠性和安全性。然而，对于单用户空间分集的 FSO-CDMA 系统来说，窃听者可以通过能量检测直接恢复用户信号。因此，单用户空间分集 FSO 系统存在安全隐患。

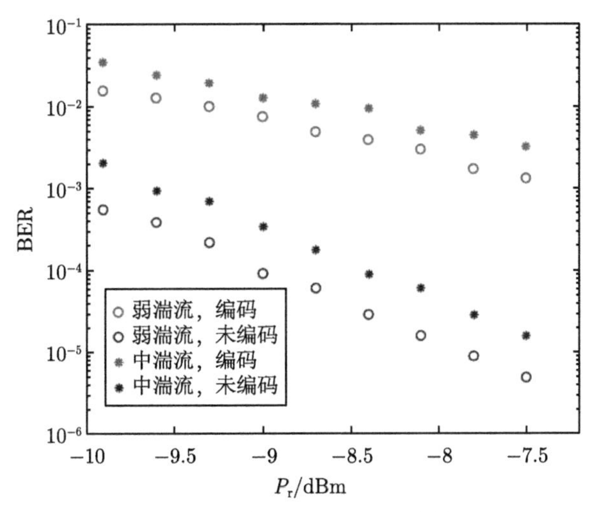

图 6.14 窃听者抽取比例为 1%时的误码率

6.6.2 双用户 FSO-CDMA 系统实验

为了克服单用户 FSO-CDMA 搭线信道的安全隐患，本节建立并验证了基于空间分集的双用户 10Gb/s 的 FSO-CDMA 搭线信道系统。通过测量不同湍流及不同分集情况下合法用户的误码率及眼图，证明了空间分集能有效地提高双用户 FSO-CDMA 系统的可靠性。同时，通过测量和对比单用户与双用户情况下窃听者的眼图与误码率，证明了双用户的 FSO-CDMA 通信系统物理层安全性得到了提高。

图 6.15 表示双用户的空间分集 FSO-CDMA 搭线信道模型。两路合法用户信号经过光编码后耦合成为一路信号，再经过 EDFA 放大后分为两路信号，各自通过准直透镜发送，通过 FSO 链路进行传输。在接收端，两个准直透镜分别对光信号进行接收，而窃听者在光束发散区域进行窃听。信号接收后，合法用户分别对各自的信号进行匹配解码，然后恢复为原始信号，而窃听者由于不知道具体的编码码字，只能对信号进行随机解码。为了提高系统传输的可靠性，采用了两个发射准直透镜和两个接收准直透镜组成空间分集系统。

图 6.16 表示 10Gb/s 的双用户空间分集 FSO-CDMA 搭线信道实验系统。10G 误码仪将数据信号传输到光发射机进行 OOK 调制。光发射机输出的光脉冲宽度为 15ps。光发射机的输出功率为 −3.48dBm，然后利用 EDFA 对调制光信号进行放大。放大后的光信号被耦合器均分为两路信号，分别采用两个不同的光编码器分别对两路光信号进行光编码。其中，编码器 1 为二维光编码器，编码器 2 为一维光编码器。可调衰减器用于确保两路编码后的信号功率相同。然后，利

用 EDFA 对编码后的两路信号进行放大。放大后的信号通过耦合器后分成两路信号，分别由两个不同的准直透镜进行传输。在实验中，FSO 的传输距离为 1.8m，两个准直器透镜相距 0.12m。

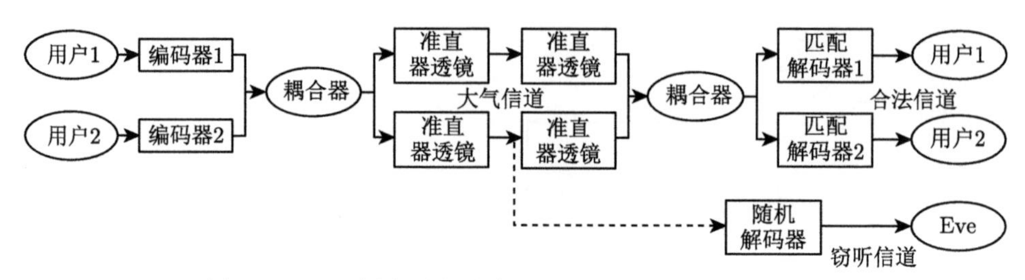

图 6.15　双用户的空间分集 FSO-CDMA 搭线信道模型

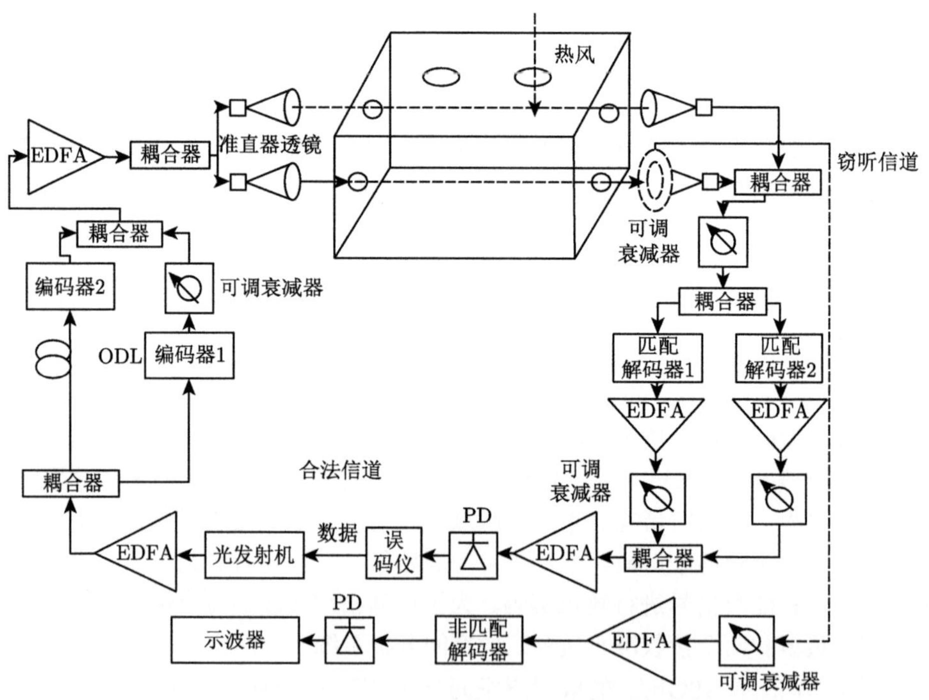

图 6.16　10Gb/s 的双用户空间分集 FSO-CDMA 搭线信道实验系统

在接收端，准直器透镜接收到的两路信号，经过耦合器合路并由 EDFA 放大后，再经过耦合器分为两路光信号，各自进行匹配解码。然后，通过各自的可调衰减器，使两路解码后的信号光功率相同。两路解码后的光信号经过耦合后，再通过 PD 转换为电信号，并将电信号输入 10G 误码仪进行误码检测。同时，利用接收端的可调衰减器来模拟不同的大气衰减。

由于窃听者无法获得合法用户的光编码码字，窃听者只能采用非匹配的光解码器。在实验中，通过窃听链路的可调衰减器改变窃听者获取的光功率大小。假设 Eve 的窃取比例为 1%，窃听者使用 EDFA 来放大窃取的光信号，使接收功率与合法用户的接收功率保持一致。

在本实验中，对于一维可重构光编码器，我们使用光正交码 {0110010}，而对于二维可重构光编码器，我们使用了素数跳频码 $\{\lambda_{53}0\lambda_{54}0000\}$。码字的互相关性取决于两个光码字的相对延迟。两个码字的不完全正交性将会导致多址干扰。在实验中，我们通过调整两路编码信号的相对延迟来减小码字的互相关性。

图 6.17(a) 是编码器 1 的编码信号波形，(b) 是编码器 2 的编码信号波形，(c) 是两路编码信号合路后的信号波形。横坐标 100ps/div 表示时间，纵坐标 20mV/div 表示信号幅度。从图 6.17(a) 和 (b) 可以看出，对于单用户的 FSO-CDMA 系统，窃听者可以通过比特信号能量检测直接恢复出用户原始数据，而无需光解码器。因此，对于单用户 FSO-CDMA 系统，物理层的安全性存在安全漏洞。从图 6.17(c) 可以看出，对于合路信号，窃听者不能通过能量检测直接恢复原始信号。

图 6.18 表示用户 1 在接收功率为 −2.3dBm 时，不同湍流强度和分集情况时的信号眼图及相应的误码率。横坐标 100ps/div 表示采样时间，纵坐标 50mV/div 表示信号幅度。从接收信号眼图及其误码率可以看出，空间分集提高了用户 1 的可靠性。

图 6.19 表示用户 2 在接收功率为 −2.3dBm 时，不同湍流强度和分集情况时的信号眼图及相应的误码率。横坐标 100ps/div 表示采样时间，纵坐标 50mV/div 表示信号幅度。从接收信号眼图及误码率可以看出，空间分集提高了用户 2 的可

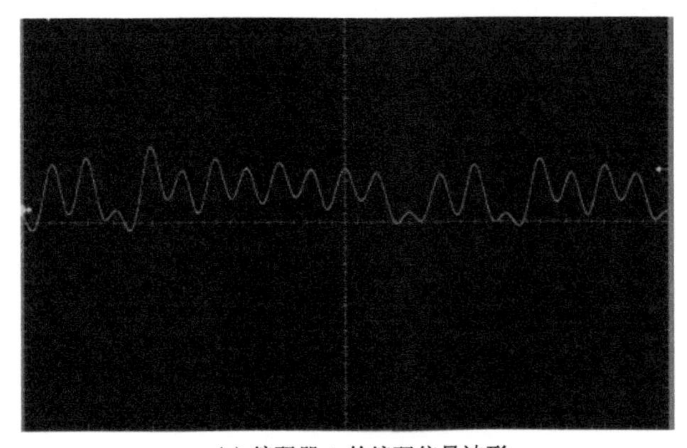

(a) 编码器 1 的编码信号波形

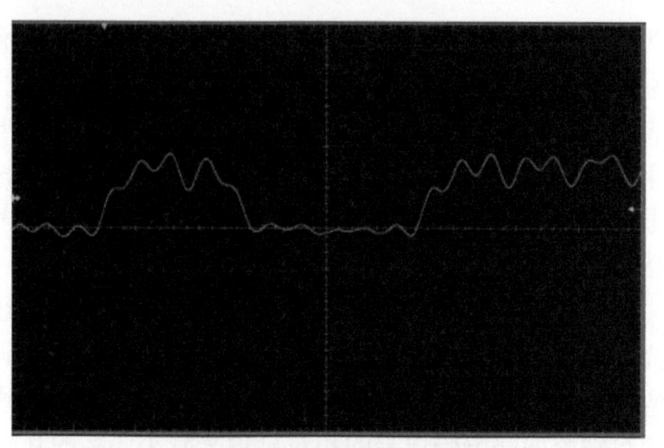

(b) 编码器 2 的编码信号波形

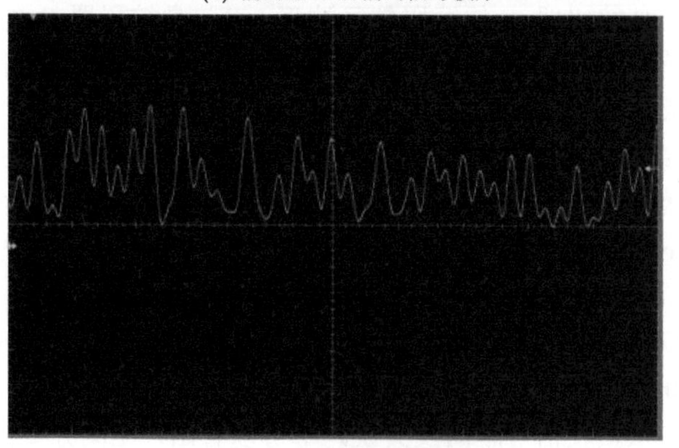

(c) 合路信号波形

图 6.17　编码信号波形

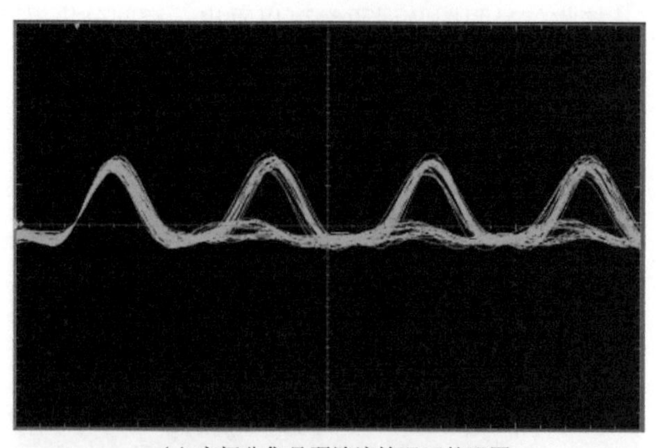

(a) 空间分集且弱湍流情况下的眼图

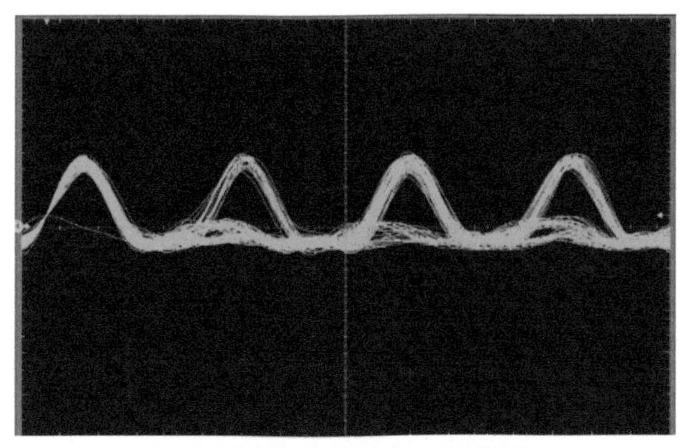

(b) 未分集且弱湍流情况下的眼图

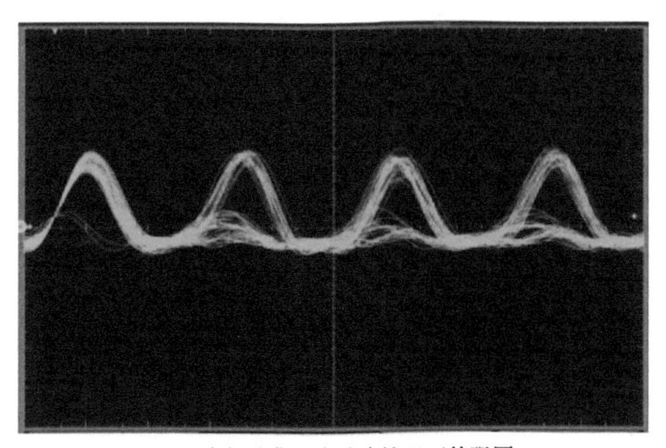

(c) 空间分集且中湍流情况下的眼图

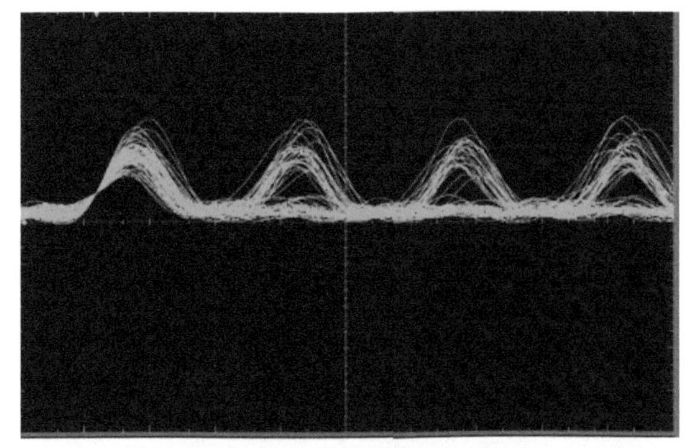

(d) 未分集且中湍流情况下的眼图

图 6.18 用户 1 的接收信号眼图及相应的误码率

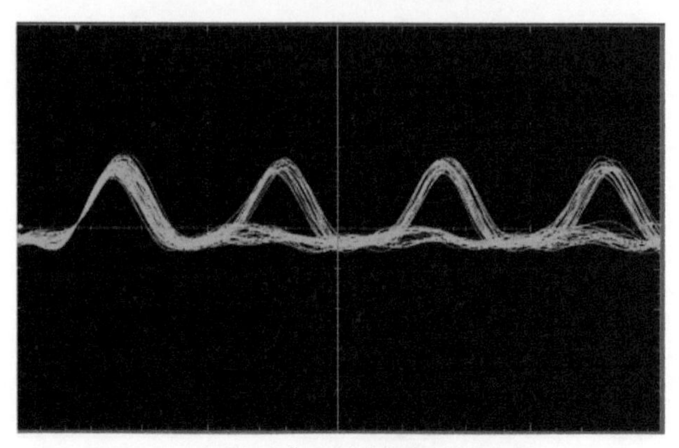

(a) 空间分集且弱湍流情况下的眼图

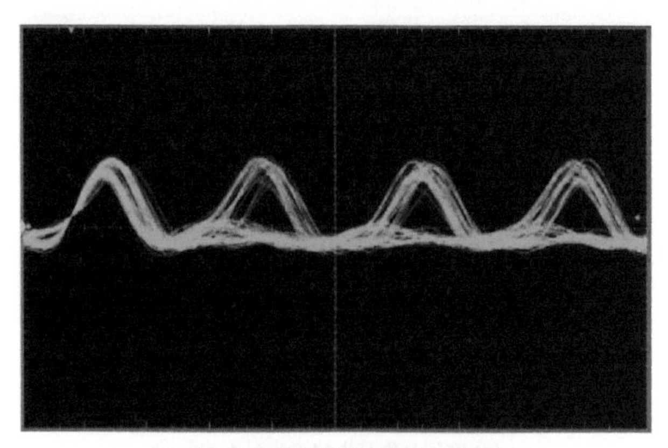

(b) 未分集且弱湍流情况下的眼图

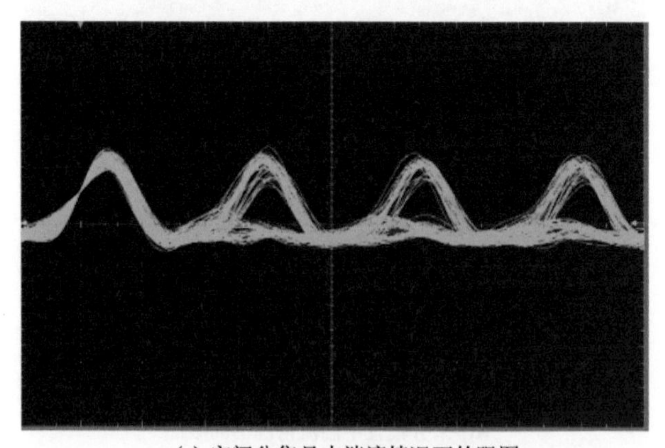

(c) 空间分集且中湍流情况下的眼图

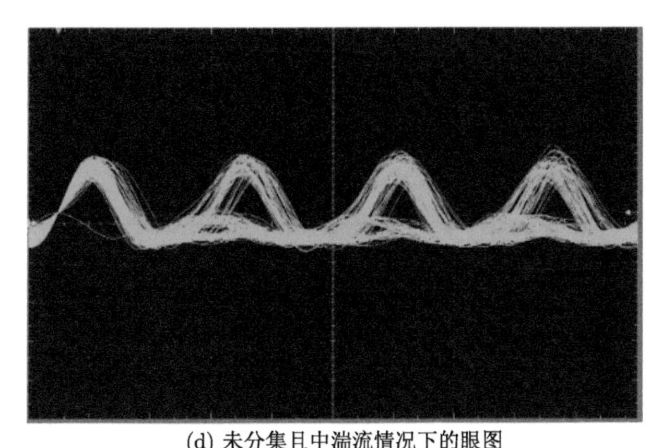

(d) 未分集且中湍流情况下的眼图

图 6.19 用户 2 的接收信号眼图及相应的误码率

靠性。结合图 6.18 和图 6.19 可以看出，在相同的湍流条件下，空间分集下的眼图质量优于未分集下的眼图质量，这表明空间分集可以提高 FSO-CDMA 系统的可靠性能。在相同的分集情况下，弱湍流的眼图质量优于中湍流情况下的眼图。这表明湍流越强时，由于大气闪烁效应的影响，系统的可靠性能越差。

图 6.20 表示合法用户的误码率，这里的接收功率是光电探测器的信号功率。从图中可以看出，空间分集系统的误码率低于未分集系统的误码率。例如，对于用户 1 来说，在弱湍流及接收功率为 -2.6dBm 的情况下，空间分集和未分集系统的误码率分别为 2.6×10^{-8} 和 1.2×10^{-7}。在中湍流情况下，空间分集和未分集系统的误码率分别为 1.9×10^{-6} 和 3.4×10^{-6}。对于用户 2 来说，在弱湍流情况下，空间分集和未分集系统的误码率分别为 2.8×10^{-8} 和 1.9×10^{-7}。在中湍流下，空间分集和未分集系统的误码率分别为 1.8×10^{-7} 和 5.8×10^{-7}。由于系统实验误差的存在，少数几个分集情况的误码率点对可靠性能提升较小，但总体上说，空间分集可以提高双用户 FSO-CDMA 系统的可靠性。

对于双用户的空间分集 FSO-CDMA 搭线信道，窃听者不能直接通过能量检测进行窃听。图 6.21 表示接收功率为 2dBm 时窃听者的眼图。对比眼图可以看出，双用户空间分集系统的窃听者的眼图比单用户空间分集系统的窃听者的眼图更差，这表明双用户传输可以提高 FSO-CDMA 系统的物理层安全性。

图 6.22 表示双用户空间分集 FSO-CDMA 搭线信道中窃听者的误码率。在相同的湍流条件下，双用户空间分集系统的窃听者的误码率要高于单用户空间分集系统的窃听者的误码率。例如，在中等湍流及接收功率为 -2.6dBm 的情况下，双用户空间分集系统和单用户空间分集系统的误码率分别为 9.1×10^{-2} 和 1.5×10^{-2}。因此，与单用户系统相比，双用户可以提高空间分集 FSO-CDMA 搭线信道的物理层安全性。

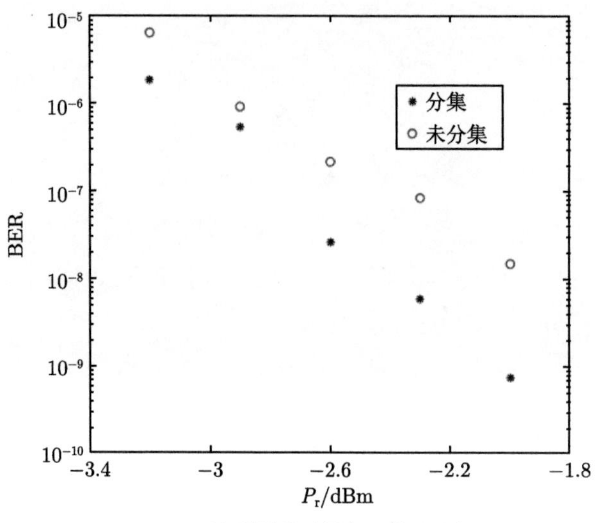

(a) 弱湍流时用户 1 的误码率

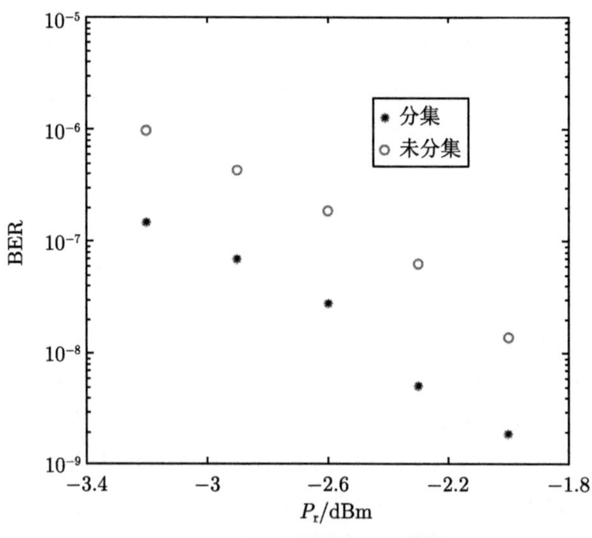

(b) 中湍流时用户 1 的误码率

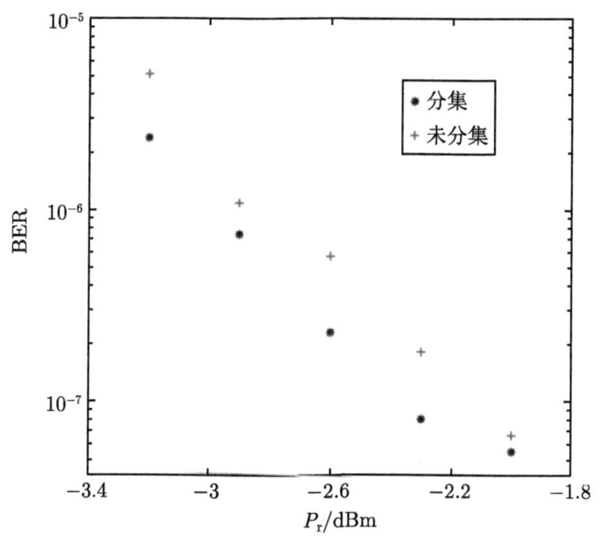

(c) 弱湍流时用户 2 的误码率

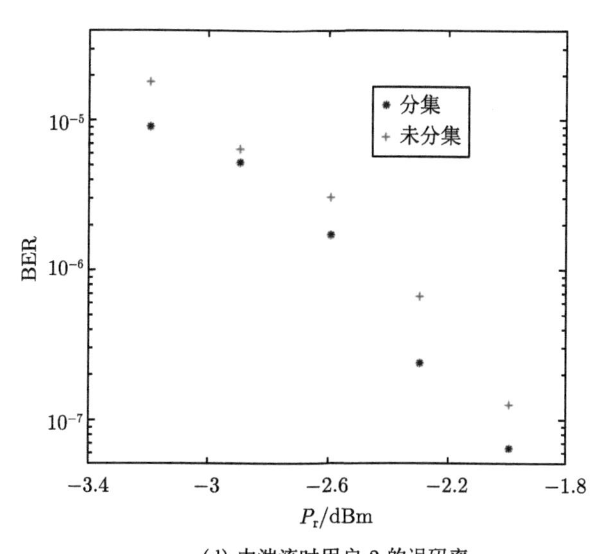

(d) 中湍流时用户 2 的误码率

图 6.20 合法用户的误码率

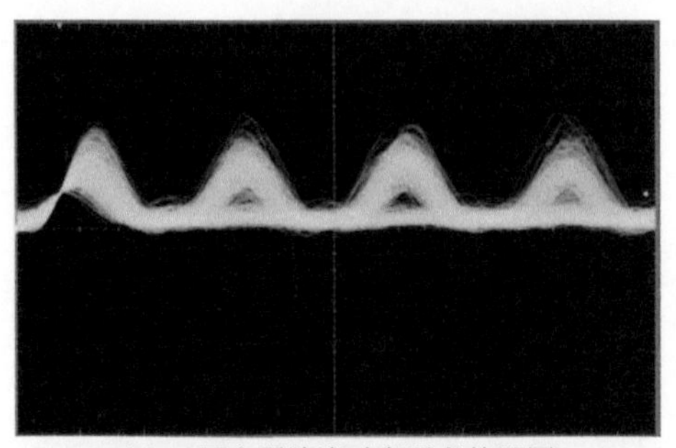

(a) 双用户弱湍流时窃听者的眼图

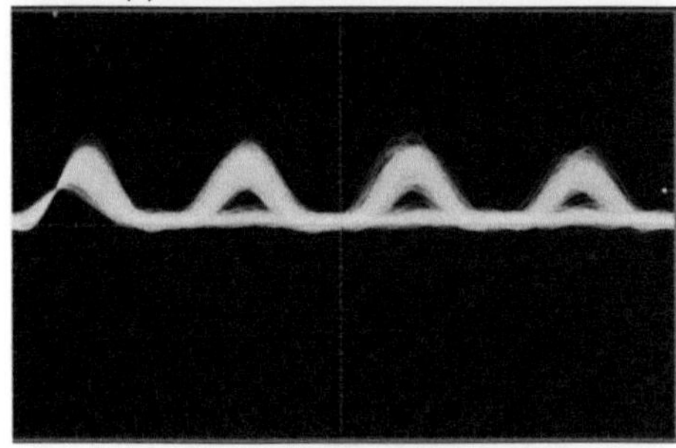

(b) 单用户弱湍流时窃听者的眼图

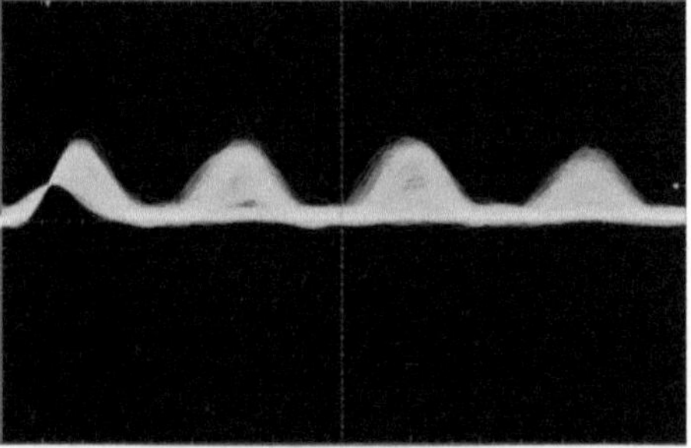

(c) 双用户中湍流时窃听者的眼图

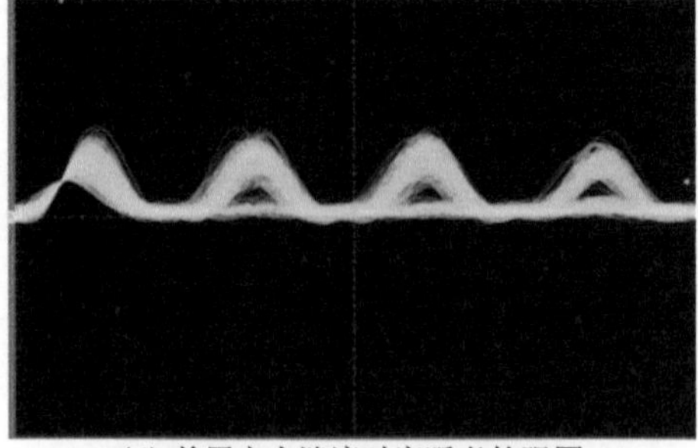

(d) 单用户中湍流时窃听者的眼图

图 6.21　窃听者的眼图

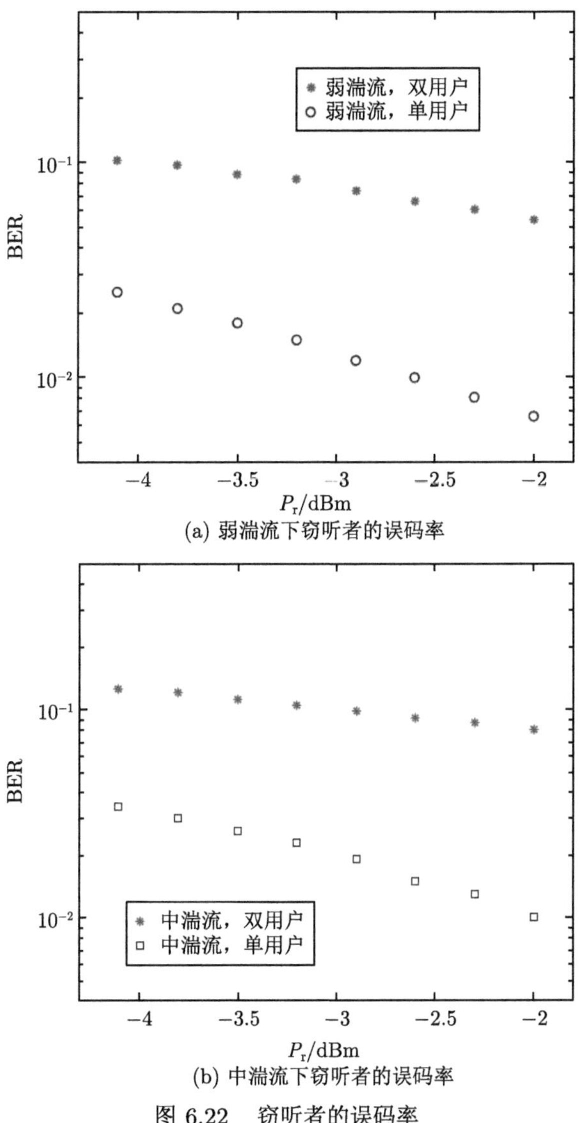

(a) 弱湍流下窃听者的误码率

(b) 中湍流下窃听者的误码率

图 6.22 窃听者的误码率

参考文献

[1] Phillips R L. Laser Beam Propagation through Random Media. Second Edition. Bellingham, Washington USA: SPIE Press, 2005.

[2] Navidpour S M, Uysal M, Kavehrad M. BER performance of free-space optical transmission with spatial diversity. IEEE Transactions on Wireless Communications, 2007, 6(8): 2813-2819.

[3] Uysal M, Li J, Yu M. Error rate performance analysis of coded free-space optical links

over gamma-gamma atmospheric turbulence channels. IEEE Transactions on Wireless Communications, 2006, 5(6): 1229-1233.

[4] Hassan M Z, Bhuiyan T A, Tanzil S M S, et al. Turbo-coded MC-CDMA communication link over strong turbulence fading limited FSO channel with receiver space diversity. ISRN Communications & Networking, 2011, 2011: 26.

[5] Nistazakis H E, Tsiftsis T A, Tombras G S. Performance analysis of free-space optical communication systems over atmospheric turbulence channels. IET Communications, 2009, 3(8): 1402-1409.

[6] Kim I I. Comparison of laser beam propagation at 785nm and 1550nm in fog and haze for optical wireless communications. Proc. SPIE, 2001, 4214(2): 26-37.

[7] Farid A A, Hranilovic S. Outage capacity optimization for free-space optical links with pointing errors. Journal of Lightwave Technology, 2007, 25(7): 1702-1710.

[8] Ricklin J C, Davidson F M. Atmospheric turbulence effects on a partially coherent Gaussian beam: Implications for free-space laser communication. J. Opt. Soc. Am. A-Opt. Image Sci. Vis., 2002, 19(9): 1794-1802.

[9] Wang X, Fan P. A class of frequency hopping sequences with no hit zone// International Conference on Parallel & Distributed Computing. IEEE, 2003.

[10] Ji J, Liu L, Wang K, et al. A novel scheme of fast-frequency hopping optical CDMA system with no-hit-zone sequence. J. Opt. Commun., 2013, 34(3): 205-208.

[11] Lopez-Martinez F J, Gomez G, Garrido-Balsells J M. Physical-layer security in free-space optical communications. IEEE Photonics Journal, 2015, 7(2): 7901014.

[12] Gysel P, Staubli R K. Statistical properties of Rayleigh backscattering in single-mode fibers. Lightwave Technology Journal of, 2002, 8(4): 561-567.

[13] Nistazakis H E, Tsiftsis T A, Tombras G S, et al. Performance analysis of free-space optical communication systems over atmospheric turbulence channels. IET Communications, 2009, 3(8): 1402-1409.

[14] Jurado-Navas A. Closed-form expressions for the lower-bound performance of variable weight multiple pulse-position modulation optical links through turbulent atmospheric channels. IET Communications, 2012, 6(4): 390-397.

第 7 章　基于光编码的跨层安全光通信系统

7.1　引　　言

无论 OCDMA 技术还是密码算法，它们所提供的光通信系统安全性都是有限的，窃听者在一定条件下采取一些手段就可以破解。因此，单层安全的光通信系统仍存在安全隐患。本章讨论基于 OCDMA 与加密算法的跨层安全光通信系统，该系统结合了两者安全性的优点，进一步增强了光通信系统的安全性，以满足高安全性的业务需求。本章主要定量分析窃听信噪比、码字类型、系统用户数、异步/同步、码字拦截时间、密码分析时间等参数对跨层安全光通信系统的影响。另外，采用仿真软件 OptiSystem 与 Matlab，搭建了单用户和三个用户的仿真系统模型。

OCMDA 为跨层安全光通信系统的物理层提供了一定的安全保障，增加了窃听者从物理信道截获密码分析所需密文的难度，因而也为数据层的加密算法提供了额外的安全保障。但是，该光网络的安全性是有限的、相对的，且容易受到各种攻击，其中包括能量检测、差分检测和码字拦截等。由于 OOK 调制的 OCDMA 传输 “1” 和 “0” 比特的能量是不一样的，因此系统在单用户传输时，窃听者使用能量检测就能区分不同能量的数据比特，而不需要匹配的解码器。在数据速率不高时，即使在多用户传输时，窃听者只要在监测到特定用户传输 “1” 比特，而其他用户传输 “0” 比特时刻，使用码字拦截策略，也能破译出特定用户的地址码。因此，OOK 调制的 OCDMA 为跨层安全光通信系统提供的安全性是有限的。而且，如果用户采用固定的地址码和光编码器，地址码容易被窃听者拦截和破解。因此，本章提出一种基于 WSS 的二维可重构 OCDMA 与加密算法的跨层光通信系统。此外，进一步探讨了跨层光通信系统安全性融合的可行性。

7.2　单用户跨层安全光通信系统

7.2.1　单用户跨层安全光通信系统性能分析

单用户 OCDMA 的跨层安全光通信系统结构如图 7.1 所示。在该系统中，用户的明文经密码算法加密后生成密文，密文信息通过光调制器调制为光信号，光编码器对输出的光信号进行编码，编码后光脉冲在光纤中传输。在接收端，对光脉冲进行匹配解码得到用户密文信息，然后使用正确密钥对用户的密文解密，恢复用户明文信息。

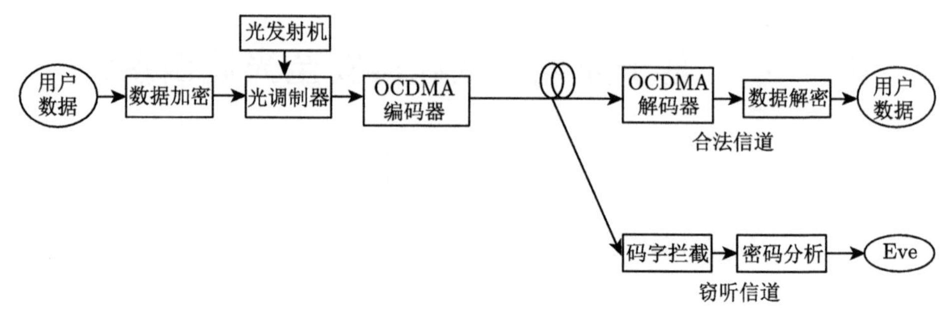

图 7.1　单用户跨层安全光通信系统结构框图

在通信系统中，系统的安全性能主要是指系统可实现的对用户数据的保密性程度。因此，对跨层安全光通信系统的安全性能分析即是评估系统对用户数据的保密性能，而安全性能的评价可采用窃听者成功破译系统所需要的时间及信息量、成功的概率、窃听设备所需的性能指标等参数来衡量。Kerckhoffs 原则表明，我们可假设窃听者知道跨层安全光通信系统中 OCDMA 和加密算法的一切信息，除了系统每个用户使用的具体地址码字和密钥。所以，分析跨层安全光通信系统的安全性能，就是分析各种窃听策略成功获取系统地址码字和密钥所需的时间长短、概率大小等参数。

首先，为了获取密码分析所需要的密文信息，窃听者就需要先拦截到正确的地址码，进而解码窃听信道中的编码信息。所以，窃听者攻击系统的顺序是先码字拦截，然后密码分析。当窃听者先使用码字拦截策略攻击跨层安全光通信系统 OCDMA 时 [1,2]，窃听者正确拦截到目标用户整个地址码字的概率用 P_{C} 表示，该概率与窃听者探测的方法、判决地址码所需时间、窃听信号的信噪比、接收机参数等有关。OOK 调制的 OCDMA 系统一般用两个量来定义窃听者接收机的性能：发送端发出一个切普脉冲而接收机没有检测出的概率 P_{M}；发送端没有发出一个切普脉冲而接收机错误判决为切普脉冲的概率 P_{FA}。若地址码字长度用 L 表示，码字重量用 W 表示，波长数量用 λ 表示，则

$$P_{\mathrm{C}} = (1 - P_{\mathrm{M}})^{W} (1 - P_{\mathrm{FA}})^{(L\times\lambda - W)} \tag{7.1}$$

码字拦截策略有两种方案，分别是码字拦截包络窃听方案及相干窃听方案。首先，假定两个方案的信道噪声都是加性高斯白噪声 $n(t)$，其均值为 0 和方差为 σ^2。对于包络窃听方案，根据 Landau-Pollak 定理 [3]，一个时域宽为 T、带宽为 B 的能量有限信号在空间上可以用 $2BT+1$ 维的正交函数来描述。而当 $2BT+1$ 取

很大值时，可以近似为 $2M$。当系统使用光放大器时，发送端发送“1”信号 $x(t)$ 的瞬时值的一维概率密度如下：

$$f_E(x)=\frac{(x/E)^{M-1/2}I_{M-1}\left(2\sqrt{Ex}/N_0\right)\exp\left[(E+x)/N_0\right]}{N_0},\quad x>0 \tag{7.2}$$

其中，I_n 是 n 阶修正贝塞尔函数。发送端发送“0”信号 $x(t)$ 的一维概率密度服从 χ 方分布 (自由度为 $2M$)，如式 (8.3)。

$$f_0(x)=\frac{(x/N_0)^{M-1}\exp(-x/N_0)}{N_0(M-1)!},\quad x>0 \tag{7.3}$$

由此可以得出，发送端发出一个切普脉冲而接收机没有检测出的概率 P_{M}，发送端没有发出一个切普脉冲而接收机错误判决为一个切普脉冲的概率 P_{FA}。

$$P_{\mathrm{FA}}=\int_{\gamma}^{\infty}f_0(x)\,\mathrm{d}x=\exp\left(\frac{-\gamma}{N_0}\right)\sum_{i=0}^{M-1}\frac{1}{i!}\left(\frac{\gamma}{N_0}\right)^i\Bigg|_{M=1}=\exp\left(\frac{-\gamma}{N_0}\right) \tag{7.4}$$

$$P_{\mathrm{M}}=\int_0^{\gamma}f_{2E}(x)\,\mathrm{d}x=1-Q\left(\sqrt{2E/N_0},\sqrt{2\gamma/N_0}\right) \tag{7.5}$$

其中，$Q(a,b)$ 定义为式 (7.6) 的马库姆函数；$I_0(x)$ 是第一类零阶修正贝塞尔函数；γ 取接收机最佳检测阈值。

$$Q(a,b)=\int_b^{\infty}xI_0(ax)\exp\left[-\left(x^2+a^2\right)/2\right]\mathrm{d}x \tag{7.6}$$

对于码字拦截的相干窃听方案，发送端分别发送“0”和“1”信号 $x(t)$ 的瞬时值的一维概率密度 $f_0(x)$、$f_1(x)$ 都是正态分布函数，它们的方差皆为 σ^2，前者的均值为 0，后者的均值为 A，如式 (7.7) 和 (7.8)。

$$f_0(x)=\frac{1}{\sqrt{2\pi}\sigma}\exp\left[-\frac{(x)^2}{2\sigma^2}\right] \tag{7.7}$$

$$f_1(x)=\frac{1}{\sqrt{2\pi}\sigma}\exp\left[-\frac{(x-A)^2}{2\sigma^2}\right] \tag{7.8}$$

这时，P_{FA} 和 P_{M} 又分别表示为式 (7.9) 和 (7.10)。

$$P_{\mathrm{FA}}=\int_{\gamma}^{\infty}f_0(x)\,\mathrm{d}x=\int_{\gamma}^{\infty}\frac{1}{\sqrt{2\pi}\sigma}\exp\left[-\frac{x^2}{2\sigma^2}\right]\mathrm{d}x \tag{7.9}$$

$$P_{\mathrm{M}}=\int_{\infty}^{\gamma} f_{1}(x)\,\mathrm{d}x=\int_{\infty}^{\gamma}\frac{1}{\sqrt{2\pi}\sigma}\exp\left[-\frac{(x-A)^{2}}{2\sigma^{2}}\right]\mathrm{d}x \tag{7.10}$$

综上，可得窃听者分别采用包络窃听方案、相干窃听方案正确拦截到地址码字的概率 P_{C} 为

$$P_{\mathrm{C}}=\begin{cases}\left[Q\left(\sqrt{\dfrac{2E}{N_0}},\sqrt{\dfrac{2\gamma}{N_0}}\right)\right]^{W}\left[1-\exp\left(\dfrac{-\gamma}{N_0}\right)\right]^{L\times\lambda-W}, & \text{包络窃听拦截}\\ \left\{\operatorname{erfc}\left[\dfrac{1}{2}\sqrt{(E-\gamma)/N_0}\right]\right\}^{W}\left\{\operatorname{erfc}\left[\dfrac{1}{2}\sqrt{\gamma/N_0}\right]\right\}^{L\times\lambda-W}, & \text{相干窃听拦截}\end{cases} \tag{7.11}$$

窃听者在拦截到码字后，通过解码获取一定量的“密文”，然后就能利用这些“密文”对系统的加密算法进行密码分析攻击。密码分析是一种利用输出密文进行选择或已知明文攻击 [4]，因此只有正确的密文，密码分析才可能有效。这就要求窃听者拦截到的码字必须先是正确的，进而获取到正确密文，然后密码分析才能有效破译出密钥。由于窃听者在未破译出正确密钥前是不知道拦截到的地址码字是否正确，所以，只要未破译出正确密钥，窃听者就必须先拦截 OCDMA 地址码，然后解码获取密文，最后对系统加密算法进行密码分析，如此循环，直至破译出正确密钥为止。综上，窃听者破解跨层安全光通信系统所需时间复杂度的期望值 $\overline{T}$ 表示为

$$\overline{T}=\sum_{n=1}^{\infty} n\left(T_{\mathrm{e}}+T_{\mathrm{i}}\right)P_{n} \tag{7.12}$$

式中，T_{e} 是采用密码分析方法破解加密算法所需要的时间；T_{i} 是一次码字拦截所需的时间；P_n 是窃听者第 n 次才正确拦截到目标用户地址码字的概率，表示为

$$P_{n}=\left(1-P_{\mathrm{C}}\right)^{n-1}P_{\mathrm{C}} \tag{7.13}$$

仿真系统数据层采用完整 AES 加密算法，根据文献 [5]，采用相关密钥分析 (related-key cryptanalysis, RKC) 和时间存储密钥 (time memory-key, TMK) 攻击方法，在专用的硬件下分别破解完整 AES 所需时间大约是 365d 和 30d。该仿真系统物理层采用单用户 OOK 调制的 OCDMA，其编码器的地址码字为光正交地址码 (80, 5, 2, 1)，取码长 $L=80$，码重 $W=5$。如果窃听者采用包络窃听码字拦截方法 (如不说明，在本章中假设窃听者码字拦截都是采用包络窃听方案)，一次码字拦截时间 $T_{\mathrm{i}}=60\mathrm{s}$。破解该跨层安全光通信系统所需时间复杂度期望值 $\overline{T}$ 与窃听信号的信噪比 E/N 的关系曲线如图 7.2 所示。图 7.2 表示在 RKC ($T_{\mathrm{e}}=365\mathrm{d}$) 和 TMK ($T_{\mathrm{e}}=30\mathrm{d}$) 攻击下，基于 AES 与光正交码 (80, 5, 2, 1) 的

跨层安全光通信系统的安全性能。在两种情况下，该系统的安全性能都随着窃听信号信噪比的增大而减小，并都逐渐趋于恒定值。显然，窃听信号的信噪比在相同情况下，密码分析破解所需时间越长，系统的安全性越高。

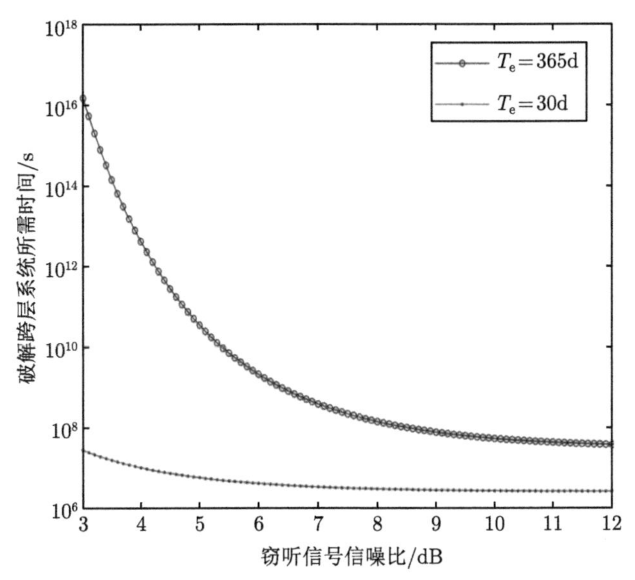

图 7.2 单用户跨层安全光通信系统的安全性能分析

图 7.3 表示了不同地址码字的系统安全性能比较，两条曲线分别表示地址码

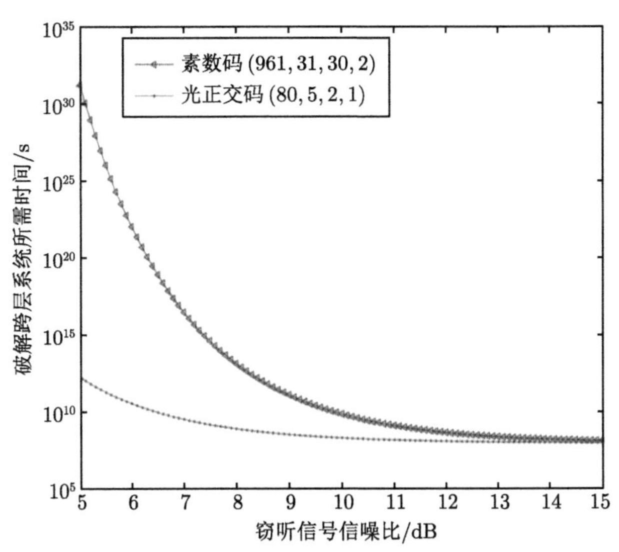

图 7.3 不同地址码字的跨层安全光通信系统的安全性能分析

为素数码 (961, 31, 30, 2) 和光正交码 (80, 5, 2, 1) 的跨层安全光通信系统的安全性能。当窃听信号的信噪比逐渐减小时，两种码字的系统安全性都是逐渐增大，并且素数码 (961, 31, 30, 2) 系统的安全性增幅是远大于光正交码 (80, 5, 2, 1) 系统。在信噪比较低时，前者的安全性始终优于后者的安全性，且两者的安全性都是高于 AES 的安全性。这说明该系统采用的地址码越复杂，系统的安全性就越高，且跨层安全光通信系统的安全性始终优于数据加密系统的安全性。

7.2.2 单用户跨层安全光通信系统仿真

在 OptiSystem 和 Matlab 软件平台上，搭建如图 7.4(a) 和 (b) 所示的单用户跨层安全光通信系统的仿真模型。

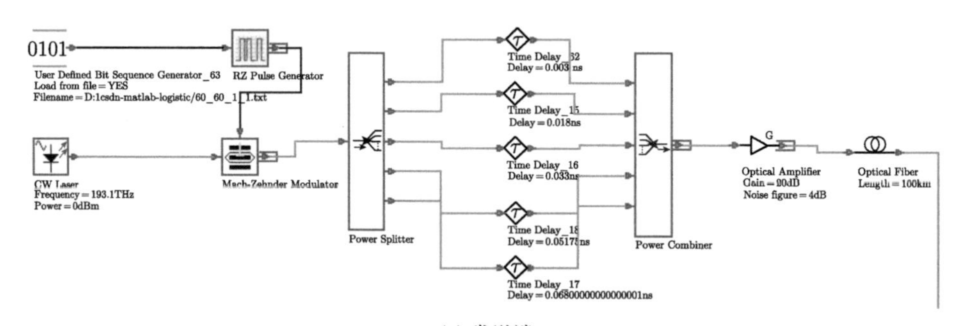

(a) 发送端

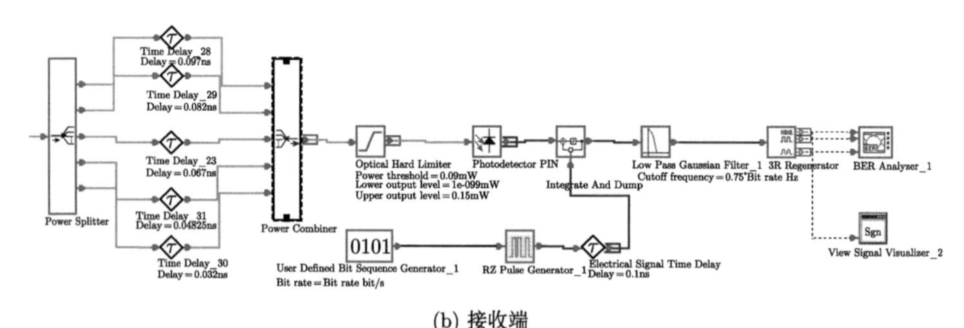

(b) 接收端

图 7.4　单用户跨层安全光通信系统的发送端与接收端

发送端的用户原始图像如图 7.5 (a) 所示，经 Matlab 上 AES 加密后的图像如图 7.5(b) 所示。加密后的图像密文数据，经光调制器输出光脉冲信号，光源的发射功率是 1mW，光源的中心波长是 1550nm。该信号经过光编码器，产生光编码信号，编码器所用的地址码字为光正交地址码 (80, 5, 2, 1) 中的 {1, 13, 25, 40, 53}。光编码信号经光放大器放大后 (20dB)，在光纤中传输 200km，传输速率是 10Gb/s，光纤损耗是 0.2dB/km。在合法用户接收端，采用匹配光解码器恢复出图像密文数据，然后，该数据在 Matlab 上经 AES 正确密钥解密，还原出原始图像，如图 7.5(c) 所示。但是，同样的数据经 AES 错误密钥解密后，无法还原出原始图像，如图 7.5(d) 所示。在窃听信道中，窃听者使用与编码器不匹配的、地址码字为光正交地址码字 (80, 5, 2, 1) 中 {1, 11, 21, 32, 43} 的解码器 2 解码信号输出数据，该数据在 Matlab 上经 AES 正确密钥解密，也无法还原出原始图像，如图 7.5(e) 所示。图 7.5 的仿真结果表明，当窃听者使用码字拦截和密码分析攻击跨层安全光通信系统时，窃听者只有成功拦截 OCDMA 地址码字和破译出加密算法的密钥后，才能成功破解系统。

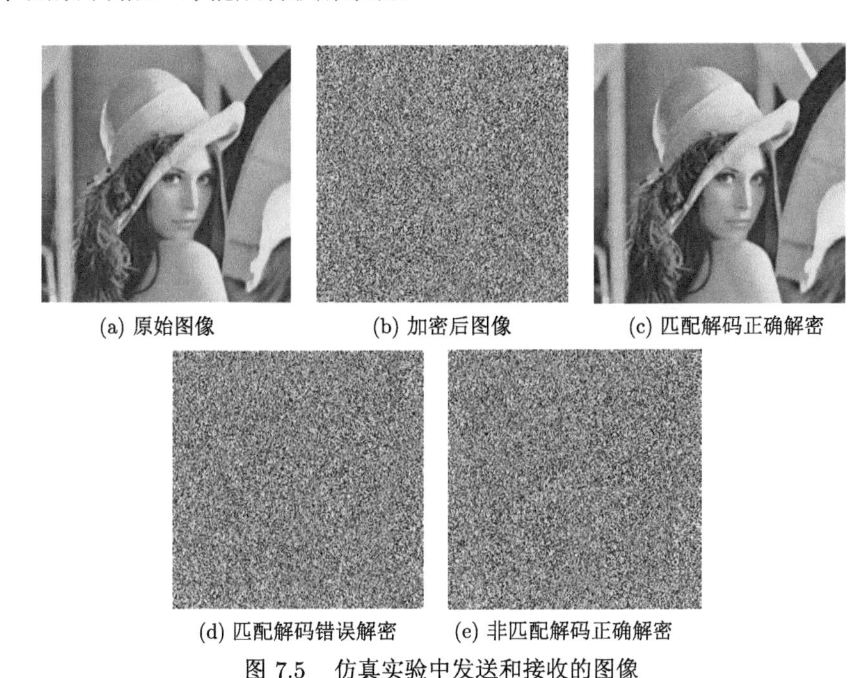

(a) 原始图像　(b) 加密后图像　(c) 匹配解码正确解密　(d) 匹配解码错误解密　(e) 非匹配解码正确解密

图 7.5 仿真实验中发送和接收的图像

7.3 多用户跨层安全光通信系统

7.3.1 多用户跨层安全光通信系统的性能分析

单用户 OCDMA 与加密算法结合的光纤通信系统具有一定安全性，但是，如果窃听者采用能量检测的攻击方式，不需要知道系统地址码，就能够破解物理层信息。因此，单用户的跨层安全光通信系统存在较大的安全隐患。多用户 OCDMA 与加密算法结合的跨层安全光通信系统可实现更高的安全性能，增强了系统抵抗能量检测、差分检测攻击的能力，以满足对安全性能要求更高的业务需求。同时，通过 OCDMA 的多址/复用技术，增加了光纤通信系统容量，也增加了窃听者暴力搜索的难度。本节主要讨论多用户 OCDMA 与加密算法的跨层安全光通信系统，定量分析各种系统参数对该系统安全性的影响，并且在 OptiSystem 和 Matlab 软件平台上搭建系统仿真模型。

多用户 OCDMA 与加密算法结合的跨层安全光通信系统的结构如图 7.6 所示。在该系统发送端，各个用户信息经加密算法后，产生密文信息。密文信息经光调制器调制后，采用各自不同的光编码器进行编码，产生密文的光编码信号。所有用户的光编码信号通过光耦合器进行合路，在光纤中进行传输。在接收端，分路后的光编码信号进入相应的光解码器进行匹配解码，得到对应的密文光信号，并采用光接收机将密文光信号转换成密文信息。最后，密文信息经正确加密算法密钥解密，恢复出发送端的各用户信息。

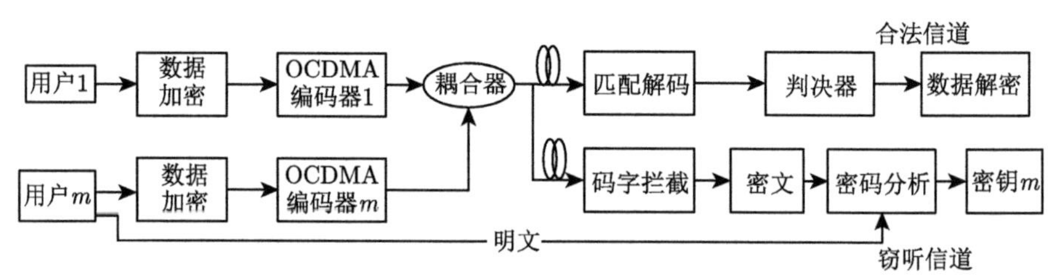

图 7.6　多用户跨层安全光通信系统的结构框图

在单用户跨层安全光通信系统中，窃听者在光纤上截取的是单个用户编码信号，所以使用能量检测和差分检测就能正确恢复用户信号。但是，在多用户跨层安全光通信系统中，窃听者在光纤上截取到的是多个用户叠加的编码信号，这就使得能量检测和差分检测无法有效检测合法用户信号。至于码字拦截策略，只有当单个用户信号在传输时，窃听者才可以用码字拦截方法破解特定用户的地址码。所以，在多用户跨层安全光通信系统中，如果系统仍使用 OOK 调制方式，那么系统还是会存在安全隐患。因为对于 OOK 调制的多用户跨层安全光通信系统，在某个给定时间，系统可能会出现某个用户发送 “1” 比特，而其他用户发送 “0” 比特的情形。此时，窃听者就能隔离出传送 “1” 比特的用户编码信号，并使用码字拦截方法破解该用户的地址码。假设窃听者知道通信中的并发用户数，本章主要考虑在两种传输机制下系统的安全性能分析：同步传输系统和异步传输系统。

1. 同步传输系统

假设传输中的并发用户数为 N，每个用户都使用 OOK 调制 OCDMA 进行光编码，数据速率是 D b/s。当所有用户都是同步传输时，假设用户发送 “1” 比特和 “0” 比特的概率一样。在一个比特周期内，一个用户发送 “1” 比特的概率是 1/2，而其他 $N-1$ 个用户都发送 “0” 比特的概率是 $1/2^{N-1}$。假设用户每个比特值与该用户其他比特位的值无关，也与其他用户的比特位的值无关，那么在一个比特周期内，一个用户发送“1”比特而其他用户都发送“0”比特的概率为 $N/2^N$。因此，窃听者等待单个用户信号传输的时间期望值为 $2^N/(D\times N)$。

当窃听者监测到单个用户传输时，他就可以使用码字拦截方法破解该用户的地址码，并使用拦截到的码字进行光解码，获得密文信息。最后，窃听者就可根据已获得的信息，使用密码分析策略攻击系统加密算法，进而破译出加密算法的密钥。在此情况下，窃听者成功破解跨层安全光通信系统所需时间的期望值 $\overline{T_{\rm s}}$ 表示为

$$\overline{T_{\rm s}}=\sum_{n=1}^{\infty}n\left(T_{\rm e}+T_{\rm i}+\frac{2^N}{D\times N}\right)P_{\rm cn} \tag{7.14}$$

式中，$T_{\rm e}$ 是窃听者采用密码分析策略攻击加密算法一次所需的时间；$T_{\rm i}$ 是窃听者码字拦截用户地址码一次所需的时间；$P_{\rm cn}$ 是窃听者在已知系统并发用户数情况下第 n 次才正确拦截到目标用户地址码的概率，表示为

$$P_{\rm cn}=\frac{(1-P_{\rm C}/N)^{n-1}P_{\rm C}}{N} \tag{7.15}$$

在同步系统中，用户数 N 分别等于 1、3 和 9 的跨层安全光通信系统的安全性能如图 7.7 所示，系统传输速率为 1Gb/s。图 7.7 表示多用户系统的安全性能随着窃听信噪比的增大而减小，并且降幅逐渐趋于平缓。当窃听信噪比大于 11dB 后，系统的安全性能几乎不变。在相同窃听信噪比情况下，系统用户数越多，系统的安全性越高。图 7.7 中的直线表示 AES 的安全性。

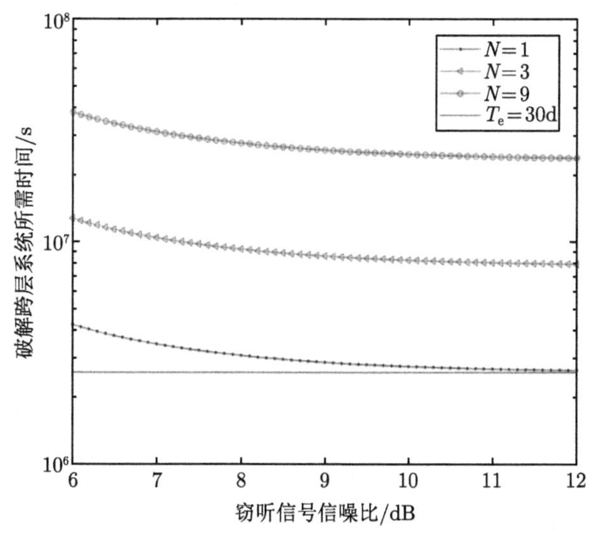

图 7.7 不同用户数下跨层安全光通信系统的安全性能 (同步传输)

9 个用户的跨层安全光通信系统的安全性能分析如图 7.8 所示。图 7.8 表明，在相同窃听信号信噪比情况下，密码分析破解时间越长，系统的安全性越高。

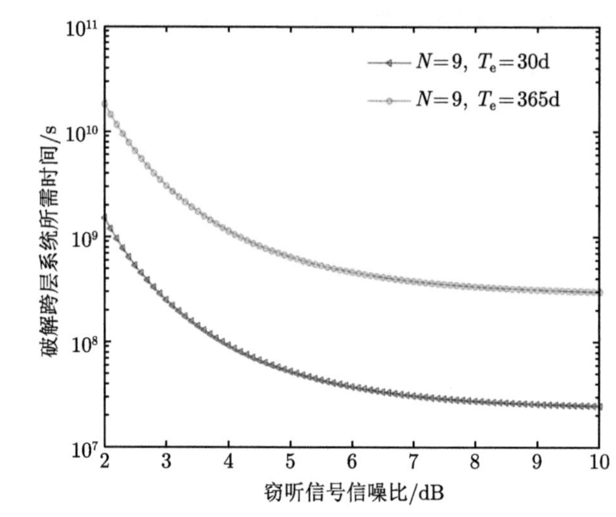

图 7.8　不同密码分析时间下跨层安全光通信系统的安全性能 ($N = 9$)

2. 异步传输系统

对于异步传输系统，在一个比特周期内，系统可能出现一个用户传输的 “1” 比特，与其他 $N-1$ 个用户正在传输的两个连续比特信号重叠的情形。窃听者为了隔离出单个用户，需要一个用户传输 “1” 比特时，其他 $N-1$ 个用户传输连续的两个 “0” 比特。在任何给定时间上，一个用户传输 “1” 比特的概率是 1/2，其他 $N-1$ 个用户在连续两位都传输 “0” 比特的概率是 $1/2^{2N-2}$。这两个事件同时发生的概率是 $N/2^{2N-1}$，那么窃听者隔离出单个用户码字所需要的时间期望值是 $2^{2N-1}/(D\times N)$。在异步传输系统中，窃听者破解跨层安全光通信系统所需时间期望值 $\overline{T_a}$ 表示为

$$\overline{T_a}=\sum_{n=1}^{\infty}n\left(T_e+T_i+\frac{2^{2N-1}}{D\times N}\right)P_{cn} \tag{7.16}$$

在异步传输系统中，用户数 N 分别等于 1、3 和 9 的跨层安全光通信系统的安全性能分析如图 7.9 所示。同样，系统传输速率为 1Gb/s。从图 7.7 和图 7.9 可以看出，在相同的用户数时，异步与同步传输系统的安全性几乎相同，原因如图 7.10 所示。

图 7.10 表示同步与异步传输系统的安全性能与系统用户数的关系，这里取窃听信噪比 E/N= 6dB，$T_e = 30$d，$T_i = 60$s。从图 7.10 可以看出，当系统用户数 $N < 26$ 时，同步传输系统与异步传输系统的安全性是近似相等的，它们的安全

性都是随着用户数的增多而缓慢增强。但是，当系统用户数 $N > 26$ 时，同步传输系统的安全性依旧随着用户数的增多而缓慢增强，但是，异步传输系统的安全性增幅远远大于同步传输系统的安全性。这是因为，当用户数较小时，异步传输系统等待单用户传输的时间 $2^{2N-1}/(D \times N)$ 与同步传输系统等待单用户传输的时间 $2^N/(D \times N)$ 差异不大，因此两者的安全性相当。但是，当用户数较大时，异步传输系统等待单用户传输的时间远大于同步传输系统等待单用户传输的时间，因此，前者的安全性远大于后者的安全性，并且用户数越多，它们的安全性能差距就越大。

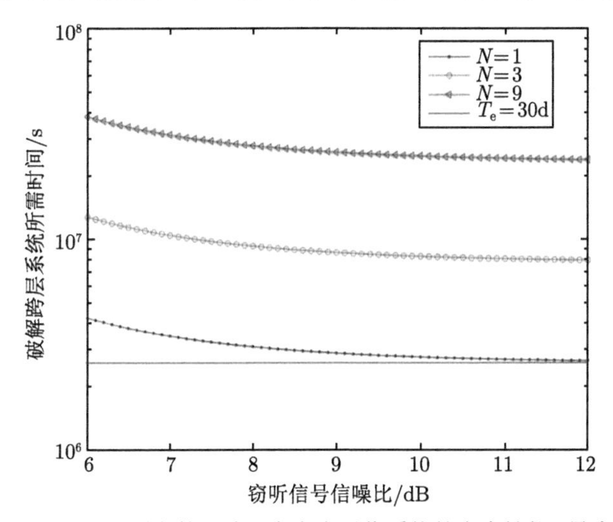

图 7.9 不同用户数下跨层安全光通信系统的安全性能 (异步)

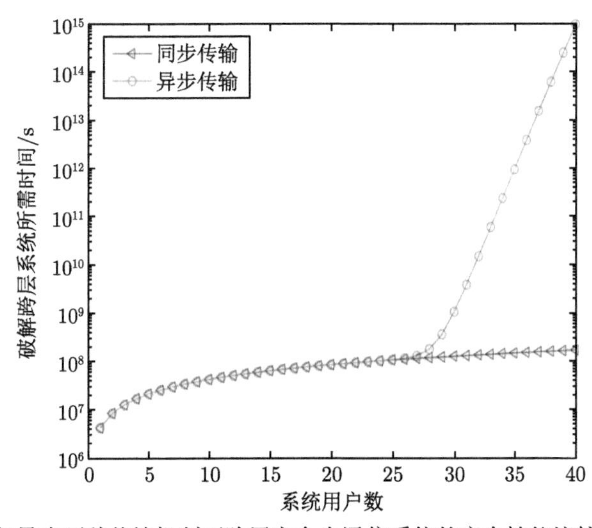

图 7.10 同步与异步两种传输机制下跨层安全光通信系统的安全性能比较 ($E/N = 6$dB)

3. 讨论

如果窃听者无法探测系统的并发用户数，那么窃听者只能每间隔一个比特周期就码字拦截目标用户的地址码。对于同步系统，窃听者第 n 次才正确拦截到目标用户整个码字的概率 P_{cns} 表示为

$$P_{\mathrm{cns}}=\frac{\left(1-P_{\mathrm{C}}/2^{N}\right)^{n-1}P_{\mathrm{C}}}{2^{N}} \tag{7.17}$$

对于异步传输系统，窃听者第 n 次才正确拦截到目标用户整个码字的概率 P_{cna} 表示为

$$P_{\mathrm{cna}}=\frac{\left(1-P_{\mathrm{C}}/2^{2N-1}\right)^{n-1}P_{\mathrm{C}}}{2^{2N-1}} \tag{7.18}$$

根据式 (7.14)、(7.16)~(7.18)，可分别计算出窃听者破解同步和异步跨层安全光通信系统所需时间的期望值。

在窃听者未能探测到系统并发用户数情况下，同步与异步传输系统的安全性能与系统用户数的关系如图 7.11 所示。从图 7.11 可以看出，无论用户数 N 取何值 ($N=1$ 除外)，异步传输系统的安全性能始终优于同步传输系统的安全性能。另外，在图 7.12 中，斜线表示窃听者不知道系统并发用户数时，同步传输系统的安全性能与系统用户数的关系；曲线表示了窃听者知道系统并发用户数时，同步传输系统的安全性能与系统用户数的关系。图 7.12 表明，如果窃听者可以探测到系统并发用户数，那么跨层安全光通信系统的安全性能就会降低。

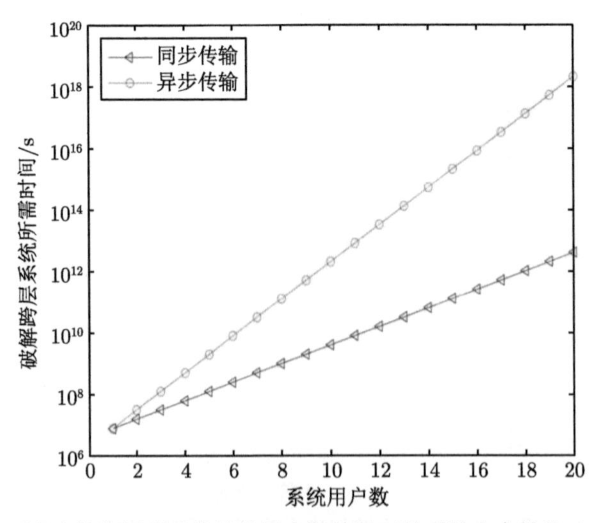

图 7.11　窃听者未能探测到系统并发用户数情况下的系统安全性能 ($E/N=6\mathrm{dB}$)

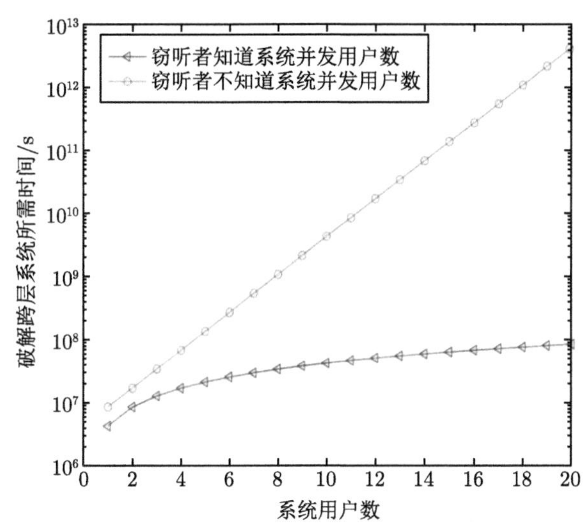

图 7.12 窃听者能否探测并发用户数对系统安全性能的影响 ($E/N = 6$dB，同步)

7.3.2 多用户跨层安全光通信系统仿真

在 OptiSystem 和 Matlab 软件平台上，搭建三个用户的跨层安全光通信系统仿真实验，如图 7.13(a) 和 (b) 所示。

发送端，三个用户的加密前图像分别如图 7.14(a)、(b)、(c) 所示，它们经 Matlab 上 AES 加密后图像分别如图 7.14(d)、(e)、(f) 所示。每个用户加密后的图形数据，利用光调制器调制。其中，光源的发射功率是 1mW，光源的中心波长是 1550nm。每个用户采用各自对应的光编码器，这 3 个编码器所用的地址码分别为光正交地址码 (80,5,2,1) 中的 {1, 13, 25, 40, 53}、{1, 11, 21, 32, 43} 和 {1, 9, 17, 26, 35}。3 个编码信号经光耦合器合路在光纤中传输。光纤传输距离是 200km，传输速率是 1Gb/s，光纤损耗是 0.2dB/km。在合法用户接收端，经匹配解码器 1 解码后，可恢复出用户 1 的密文数据，该数据在 Matlab 上经 AES 正确解密，可恢复出用户 1 的图像，如图 7.14(g) 所示。同理可得，用户 2 和用户 3 接收端的图像如图 7.14(h)、(i) 所示。但是，如果光匹配解码后用户 1 的图像数据经 AES 错误密钥解密后，就无法恢复出用户 1 图像，如图 7.14(j) 所示。在窃听信道 1 中，窃听者使用与编码器 1、2、3 都不匹配的地址码字为 {1, 11, 21, 32, 44} 的解码器 4，产生解码后数据，此数据在 Matlab 上经 AES 正确密钥解密，也无法恢复出用户的图像，如图 7.14 (k) 所示。同时，在窃听信道 2 中，仿真模拟了窃听者使用能量检测攻击多用户跨层安全光通信系统，通过能量检测后的数据在 Matlab 上经 AES 正确密钥解密，也无法恢复出用户的图像，如图 7.14(l) 所示。

图 7.14 表示，当窃听者使用码字拦截和密码分析策略攻击跨层安全光通信系

统时，窃听者只有成功拦截 OCDMA 地址码字和破译出加密算法的密钥后，才能成功破解跨层安全光通信系统。同时，也说明了多用户跨层安全光通信系统可以有效抵抗能量检测攻击，比单用户跨层安全光通信系统的安全性更高。

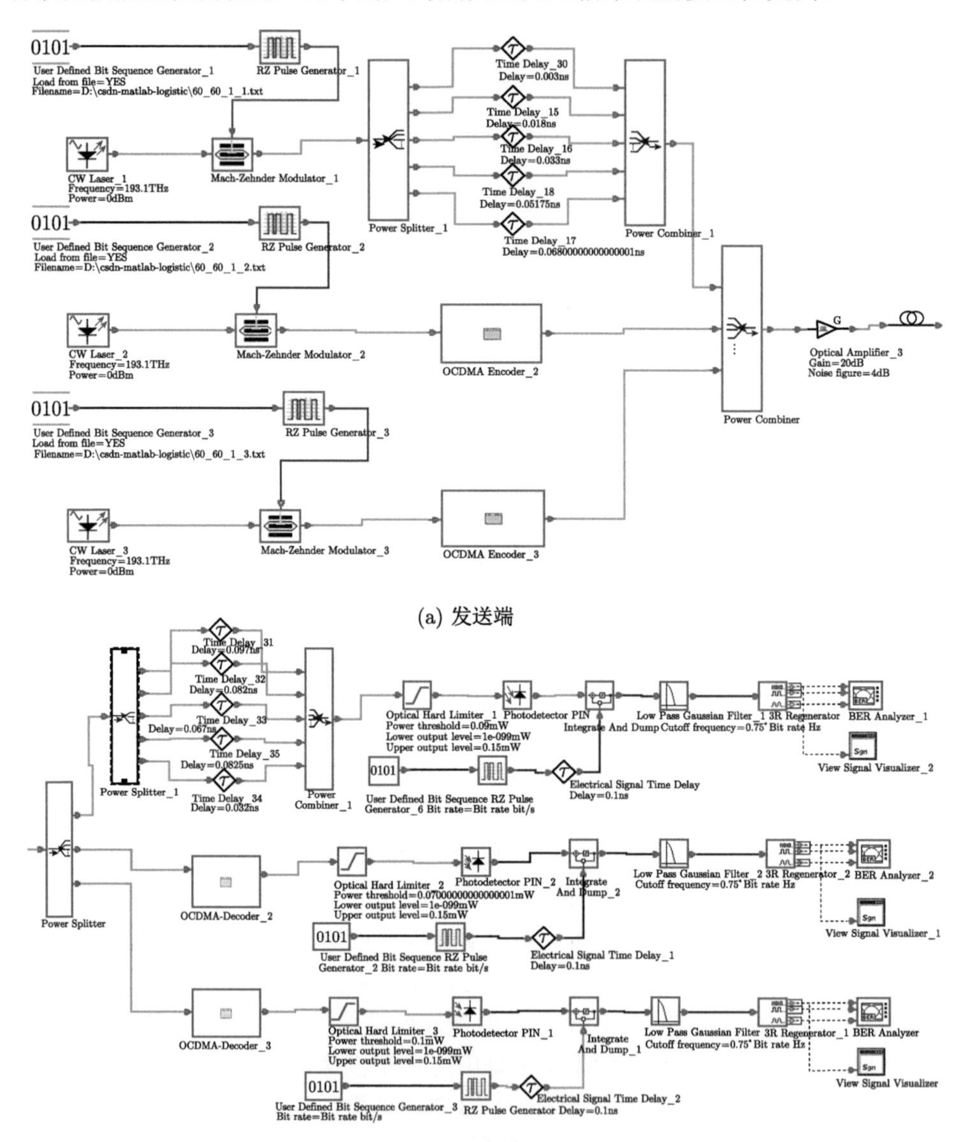

(a) 发送端

(b) 接收端

图 7.13　多用户跨层安全光通信系统

仿真实验还截取了经 AES 加密后用户 1、2、3 的一部分图像密文数据，即各用户在 OCDMA 系统发送端的一部分数据波形图，分别如图 7.15(a)、(b) 和 (c)

所示。相应地，在 OCDMA 合法用户接收端的一部分数据，如图 7.15(d)、(e) 和 (f) 所示。系统合法信道的眼图分别如图 7.15(g)、(h) 和 (i) 所示。仿真结果表明，用户加密后的信息在跨层安全光通信系统的 OCDMA 中实现了正确传输。

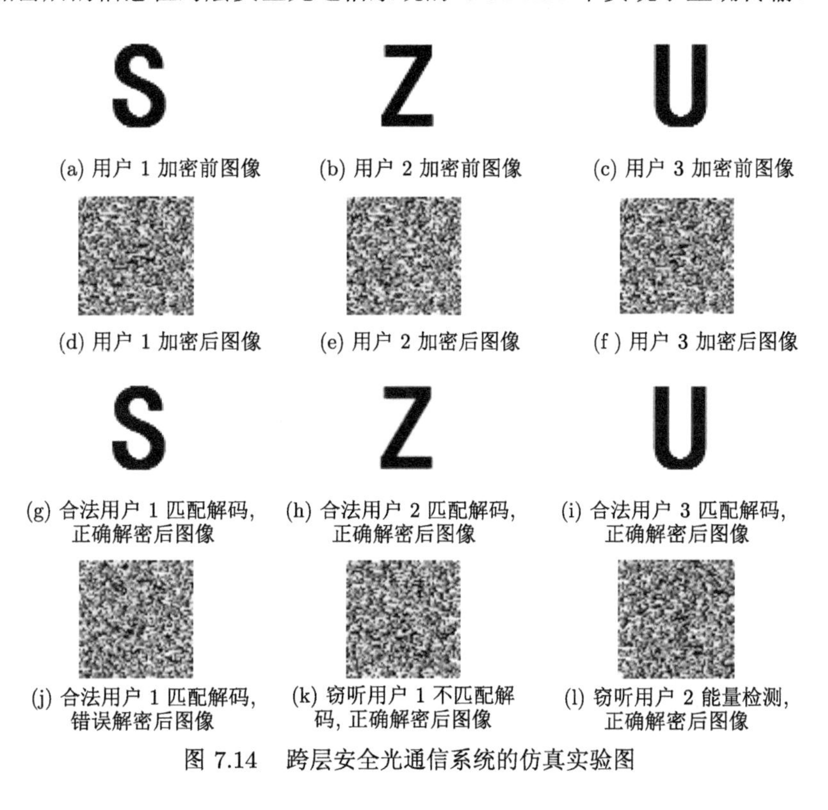

(a) 用户 1 加密前图像　(b) 用户 2 加密前图像　(c) 用户 3 加密前图像

(d) 用户 1 加密后图像　(e) 用户 2 加密后图像　(f) 用户 3 加密后图像

(g) 合法用户 1 匹配解码，正确解密后图像　(h) 合法用户 2 匹配解码，正确解密后图像　(i) 合法用户 3 匹配解码，正确解密后图像

(j) 合法用户 1 匹配解码，错误解密后图像　(k) 窃听用户 1 不匹配解码，正确解密后图像　(l) 窃听用户 2 能量检测，正确解密后图像

图 7.14　跨层安全光通信系统的仿真实验图

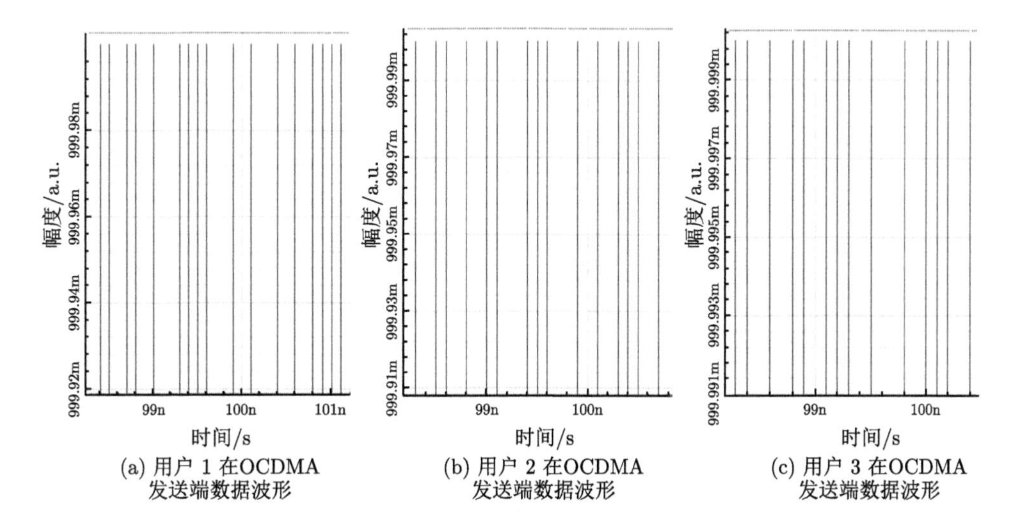

(a) 用户 1 在OCDMA 发送端数据波形　(b) 用户 2 在OCDMA 发送端数据波形　(c) 用户 3 在OCDMA 发送端数据波形

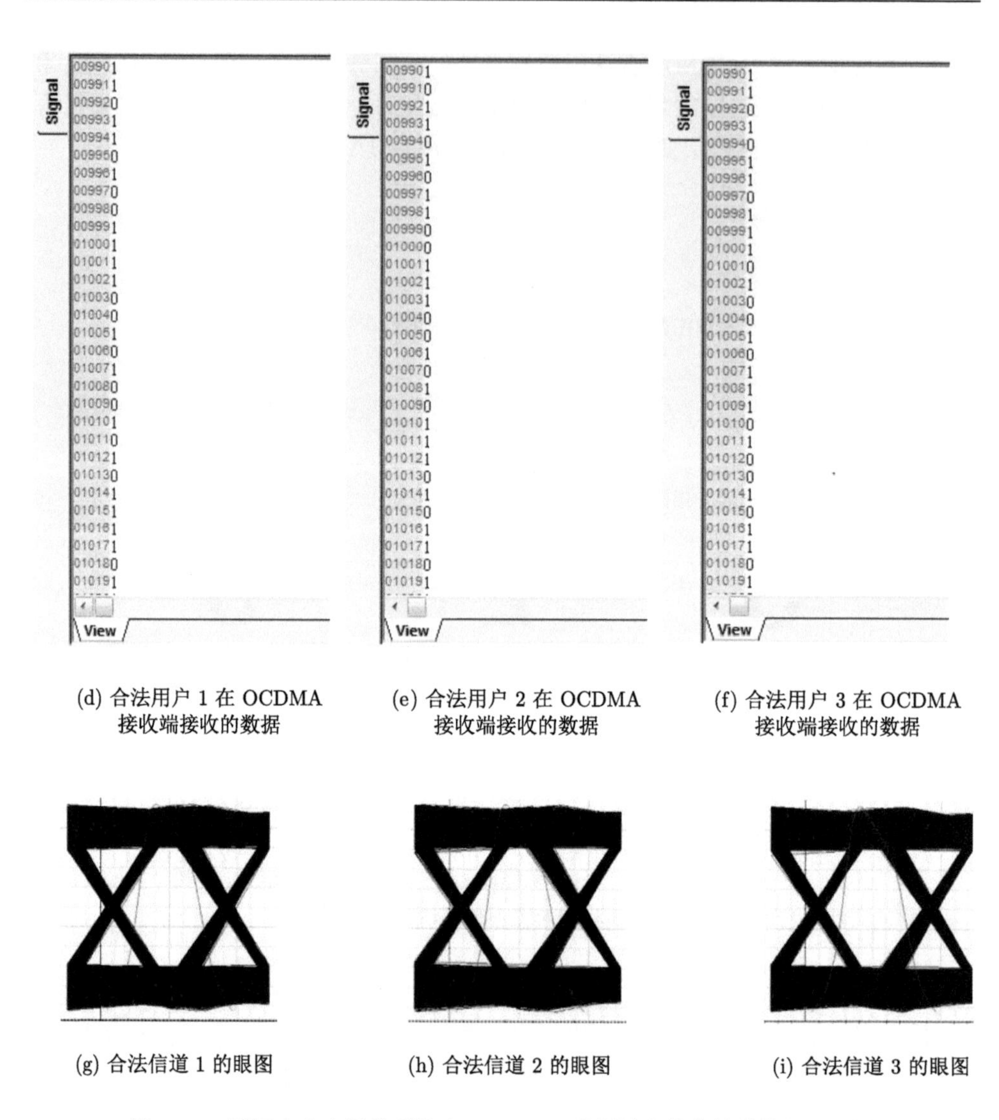

(d) 合法用户 1 在 OCDMA 接收端接收的数据　(e) 合法用户 2 在 OCDMA 接收端接收的数据　(f) 合法用户 3 在 OCDMA 接收端接收的数据

(g) 合法信道 1 的眼图　(h) 合法信道 2 的眼图　(i) 合法信道 3 的眼图

图 7.15　跨层安全光通信系统中 OCDMA 发送端和接收端的数据及眼图

7.4　可重构跨层光通信安全系统

7.4.1　基于 WSS 的二维可重构 OCDMA

该方案使用了波长选择开关与可调光延时线相结合的时频域二维动态光编码器。光编码器主要由波长选择开关、光分路器、可调光延时线和码字管控模块构成，如图 7.16 所示。

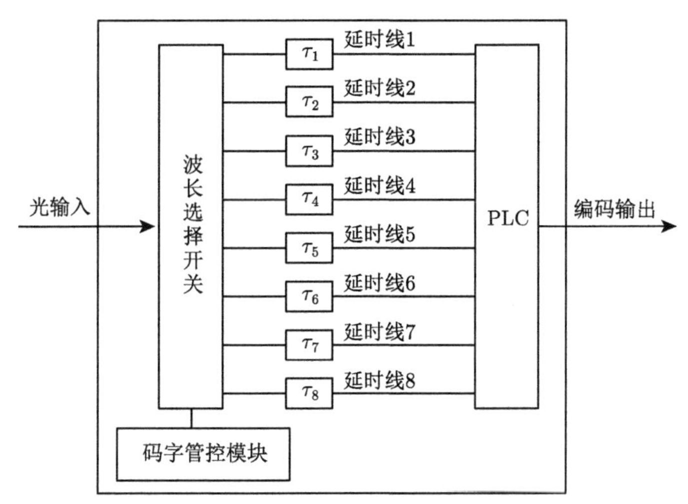

图 7.16 二维可重构光编码器框图

二维可重构光编码技术是利用 WSS 和光纤延时网络，分别在频域和时域上进行的光编解码，并且可以实现码字重构。WSS 的两种模块分别是 WSS DROP 和 WSS ADD。其中，WSS DROP 有 1 个输入端口和 8 个输出端口，作为码字重构光编码器；WSS ADD 有 8 个输入端口和 1 个输出端口，作为码字重构光解码器。为了实现频域上的变换，WSS DROP 共有 96 个信道间隔为 50GHz 的波长信号，在软件控制下，可以控制输入光的任一波长信道，并且可以控制在任意一个输出端口输出一个或多个任意波长信号。WSS ADD 也具备相应的功能。同时，WSS 的每个端口是连接着可调光纤延时线，可调光纤延时线对光脉冲的传输进行不同的延时，实现时域上的变换。最后，码字管控模块根据通信系统具体的光地址码和数据速率要求，控制具体的波长选择和延时时间，实现光编码器和光解码器的码字重构。

7.4.2 可重构的跨层安全光通信系统

可重构的跨层安全光通信系统的结构如图 7.17 所示。在发送端，合法用户 Alice 发送的明文信息首先经过数据层的密码算法加密，然后物理层的二维可重构 OCDMA 编码器对加密后的密文信息进行时域和频域上的编码，编码后光信号经耦合器合路，在光纤中进行传输。在接收端，合法用户 Bob 采用二维可重构 OCMDA 解码器，进行匹配解码，恢复出密文信息，最后通过正确密钥解密，获得 Alice 发送的明文信息。

窃听者知道数据速率、码字类型、码字结构和加密算法等细节，因为这些参数不易改变，若要改变，则需要重新设计整个系统。但是，可重构的跨层安全光通信系统使用的是二维可重构的 OCDMA，通过码字管控模块控制波长变换，实现动态改变码字的功能。由于波长可以动态变换，所以可以假设窃听者知道系统采用的总波长数，但不知道具体的地址码。实际应用中，系统的最大波长数 $\lambda=76$ (实际最大波长数是由超连续谱脉冲光源决定的，是不易改变的值，即窃听者知道 $\lambda=76$)。如图 7.17 所示，窃听者 Eve 从通信光纤中截取出光信号，进行码字拦截攻击，Eve 成功地拦截合法用户 Bob 的地址码的概率是

$$P_{\mathrm{Eve}}=(1-P_{\mathrm{M}})^{W}(1-P_{\mathrm{FA}})^{(76\times L-W)} \tag{7.19}$$

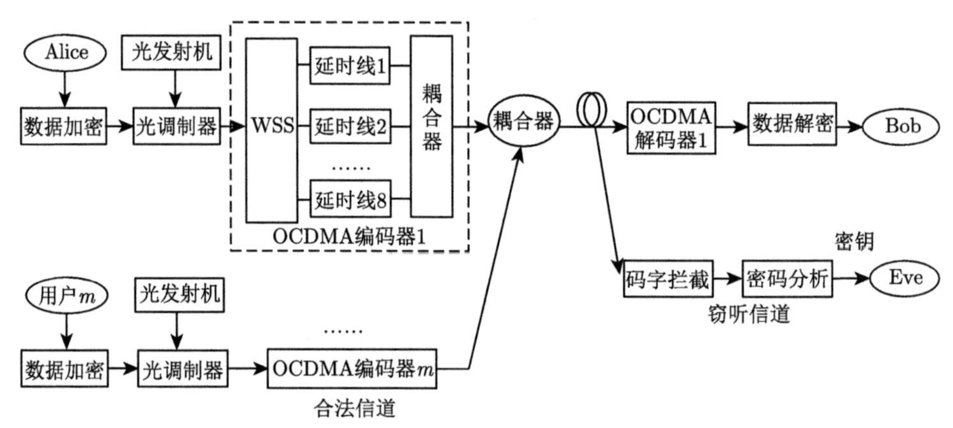

图 7.17　可重构的跨层安全光通信系统的结构框图

窃听者 Eve 使用拦截到的地址码，采用匹配的光解码器，截获 Alice 加密后的信息。然后，Eve 使用密码分析方法攻击系统的加密算法。由于这是一种选择或已知明文的攻击，所以 Eve 事先知道一部分 Alice 发送的明文信息，如果这部分明文信息可以与窃取的“Alice 加密后的信息”组成明密文对，那么只要有足够多正确的明密文对信息就能破译出系统加密算法的密钥，这时 Eve 就能破解跨层安全光通信系统 (即密钥和码字都被破解了)。但是，如果一开始 Eve 拦截的地址码是错误的，那么窃取的“Alice 加密后的信息”肯定是错误的，密码分析攻击所需的明密文对也是错误的，这时 Eve 不可能破译加密算法的密钥，只能重新攻击系统。

7.2 节和 7.3 节已经分析得出，当系统用户数达到一定值时，异步传输与同步传输的安全性不同。相同条件下，前者的安全性是优于后者的。同理，7.2 节和 7.3 节的安全性分析也是适用于可重构的跨层安全光通信系统。因此，本节分别从异步传输与同步传输两种情况下，分析二维可重构 OCDMA 与加密算法的跨层安全光通信系统的安全性。

图 7.18 表示可重构跨层安全光通信系统在同步传输时安全性能与窃听信噪比 E/N 的关系。为了进行对比，各参数取与 7.2 节、7.3 节相同的值。可重构和

不可重构系统所使用的地址码字都是修正素数跳频码 $\{C_0H_1, C_1H_2, C_2H_3\}$，如表 7.1 所示，其中码长 $L=169$、波长数 $\lambda=13$、码重 $W=8$，用户数 $N=3$。从图 7.18 可以看出，在窃听信噪比 $E/N<15\text{dB}$ 时，可重构系统与不可重构系统的安全性能都是随着窃听信号信噪比的增大而减小，前者的安全性能是始终优于后者的，而且窃听信号信噪比越低，两者的安全性能差距越大。

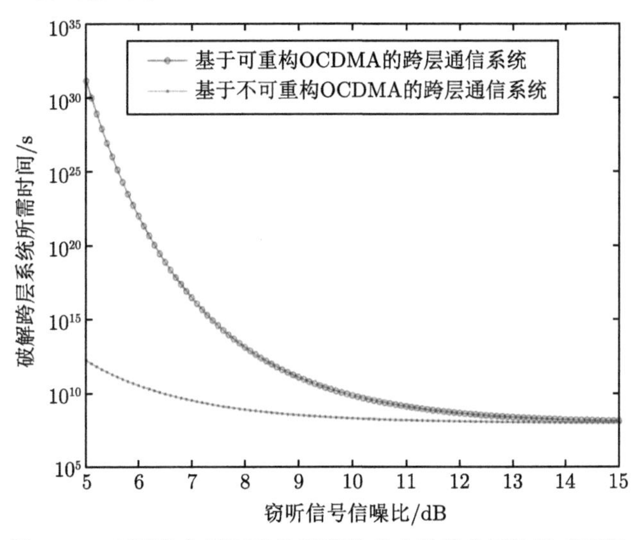

图 7.18 可重构与不可重构系统的安全性能分析比较 (同步)

表 7.1 $P=13$ 修正素数跳频码

码字	码字序列				
C_0H_1	$\lambda_0$000000000000	$\lambda_1$000000000000	$\lambda_2$000000000000	$\lambda_3$000000000000	$\lambda_4$000000000000
	$\lambda_5$000000000000	$\lambda_6$000000000000	$\lambda_7$000000000000	0000000000000	0000000000000
	0000000000000	0000000000000	0000000000000		
C_1H_2	$\lambda_0$000000000000	0$\lambda_2$00000000000	00$\lambda_4$0000000000	000$\lambda_6$000000000	0000$\lambda_8$00000000
	00000λ_{10}0000000	000000λ_{12}000000	00000000$\lambda_1$0000	0000000000000	0000000000000
	0000000000000	0000000000000	0000000000000		
C_2H_3	$\lambda_0$000000000000	00$\lambda_3$0000000000	0000$\lambda_6$00000000	000000$\lambda_9$000000	00000000λ_{12}0000
	0000000000$\lambda_2$00	000000000000λ_5	0$\lambda_8$00000000000	0000000000000	000000000000
	0000000000000	0000000000000	0000000000000		
C_3H_4	$\lambda_0$000000000000	000$\lambda_4$000000000	000000$\lambda_8$000000	000000000λ_{12}000	000000000000λ_3
	00$\lambda_7$0000000000	00000λ_{11}0000000	00000000$\lambda_2$0000	0000000000000	000000000000
	0000000000000	0000000000000	0000000000000		

同理，当系统异步传输时，窃听者 Eve 破解可重构跨层安全光通信系统所需时间的期望值与窃听信号信噪比 E/N 的关系，如图 7.19 所示。在前面的分析中，当用户数较少时，无论是异步传输还是同步传输，系统安全性能近似，故图 7.19 与图 7.18 相似。

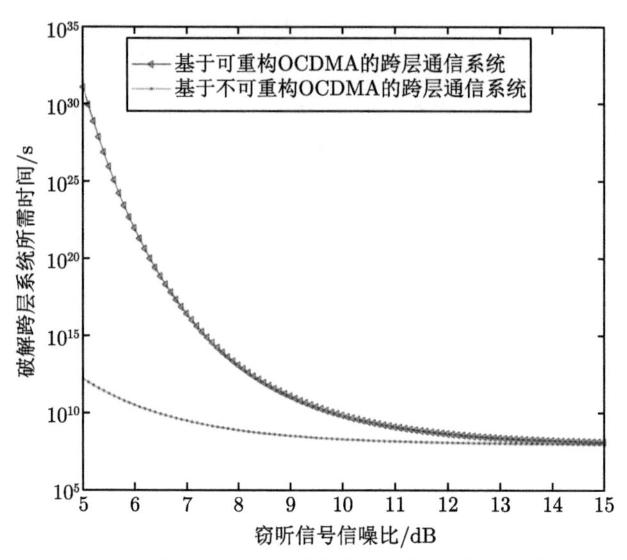

图 7.19　可重构与不可重构系统的安全性能分析比较 (异步)

OCDMA 系统可以通过选用构造复杂的地址码 (一维码、二维码、三维码) 和不同的调制方式等来实现其安全性能的提高。但是，在实际应用中，码字越复杂对光器件制作工艺的要求越高，随之制作成本也越高。同样，增强加密算法的安全性能也受制于其实现方式难度、运算速率和适用的场合等。因此，无论是物理层的 OCDMA 还是数据层的密码算法，它们提供的安全性都不是无条件的、不受制约的。可重构跨层安全光通信系统可以有效解决这个问题，它可以根据实际应用场合、用户需求 (安全性强度、运算速率和成本)、系统实施的难易度动态调整系统的码字和加密算法，实现物理层与数据层的安全性互补，使得整个系统以最低的代价达到最高的安全性。

图 7.20 表示了可重构跨层安全光通信系统的控制模块。加密算法选择模块通过选择不同的加密算法动态调整数据层的安全性。码字管控模块根据不同的码字控制 OCDMA 的光编码，可动态调整物理层的安全性。中央系统控制模块控制着加密算法选择模块和码字管控模块，并将两个模块有机地结合起来，实现跨层的安全性能的互补融合。

图 7.21 表示两种不同安全模式的跨层安全光通信系统的安全性能，物理层分别使用安全性较弱的 $P = 5$ 素数跳频码 (25×5, 5, 0, 1) 和安全性较强的 $P = 7$ 的素数跳频码 (49×7, 7, 0, 1)，前者数据层使用的是较强的加密算法或较弱的密码攻击方法，而后者数据层使用的是较弱的加密算法或较强的密码攻击方法，它们用户数都是 $N = 3$。从图 7.21 可以看出，这两种不同安全模式存在交叉点，此处的安全性能相同。如果窃听信号信噪比在交叉点信噪比附近，那么系统管理者

可以根据适用场合、用户需求和实施难易度，选择低成本、高效率、性能好且满足安全要求的模式。发射功率是影响系统误码率的关键因素之一，而窃听者截取信号功率的比例一般为 0.1%~1%，窃听者截取信号功率越大 (即窃听信号信噪比越大)，就越容易破解系统。如果系统为了降低误码率而提高发射机功率，或窃听者为了提高拦截成功率而增大窃听信号信噪比时，系统管理者可以通过中央系统控制模块变换成后者的安全模式 (码字较弱但加密算法较强)，在窃听信号信噪比较高时，此模式的安全性能更好。相反，如果窃听信号信噪比较低时，系统管理者又可变换成前者的安全模式 (码字较强但加密算法较弱)，此时它的安全性能更好。

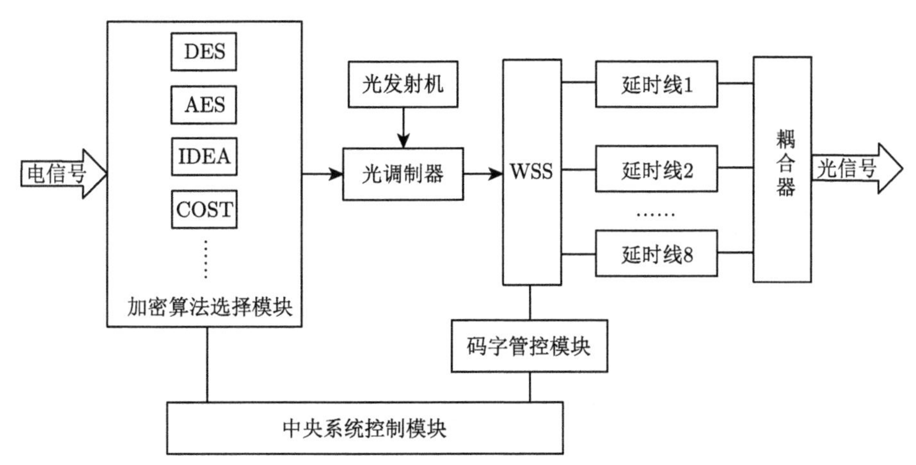

图 7.20 可重构跨层安全光通信系统的控制模块

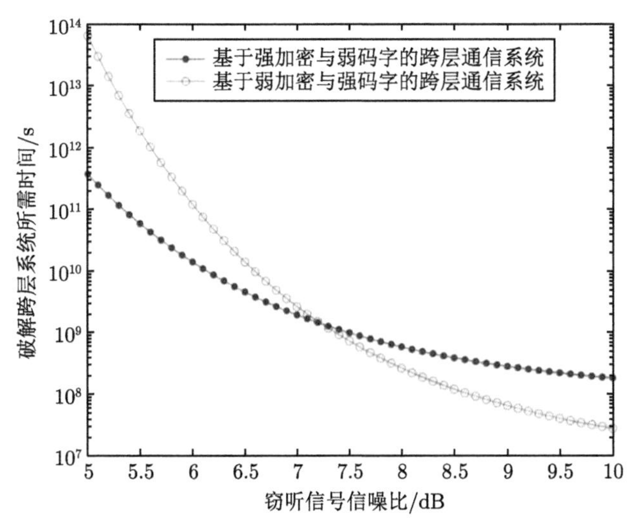

图 7.21 不同安全模式的跨层安全光通信系统的安全性能

参 考 文 献

[1] Shake T H. Confidentiality performance of spectral-phase-encoded optical CDMA. Journal of Lightwave Technology, 2005, 23(4): 1652-1663.

[2] Shake T H. Security performance of optical CDMA Against eavesdropping. Journal of Lightwave Technology, 2005, 23(2): 655-670.

[3] Humblet P A, Azizoğlu M. On the bit error rate of lightwave systems with optical amplifiers. Journal of Lightwave Technology, 1991, 9(11): 1576-1582.

[4] De Canniere C, Biryukov A, Preneel B. An introduction to block cipher cryptanalysis. Proceedings of the IEEE, 2006, 94(2): 346-356.

[5] Biryukov A, Großschädl J. Cryptanalysis of the full AES using GPU-like special-purpose hardware. Fundamenta Informaticae, 2012, 114(3-4): 221-237.